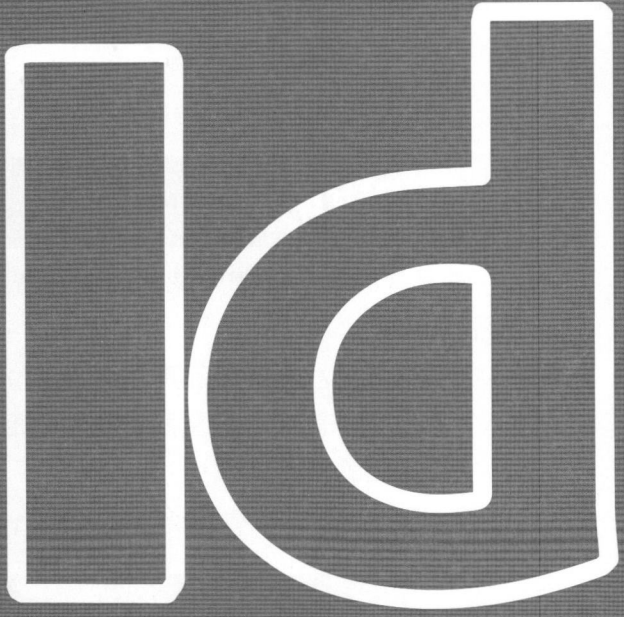

王智立　編著

Adobe InDesign CC

從入門到專業，出版必備的排版美學超精通指南

含 WIA 職場智能應用國際認證　版面設計 Using Adobe InDesign CC (Specialist Level)

國際認證說明

為方便讀者取得 WIA 國際認證的詳細資訊，請前往艾葆國際認證中心（https://ipoetech.jyic.net）。
1. 進入首頁後，於左側選擇所屬《發證單位》。
2. 進入對應的國際認證介紹頁面，並點擊相關認證圖像，即可查看詳細說明，取得 WIA 國際認證的相關資訊。

PS：本書末附有 WIA 國際認證介紹及說明。

WIA 職場智能應用國際認證說明

本書為 WIA 國際認證-版面設計-Using Adobe InDesign CC（Specialist Level）指定用書，內容涵蓋版面設計基礎概念、操作案例及相關知識，並設計多元課後習題，幫助讀者加深理解與實踐能力。本書「課後習題」結合 WIA 國際認證-版面設計-Using Adobe InDesign CC（Specialist Level）題庫範圍，透過熟讀本書內容與習題，能有效提升應試能力，協助取得 WIA 國際認證。

版權聲明

- 書中提及之各註冊商標，分屬各註冊公司所有。
- 書中所引述之圖片，純屬教學及介紹之用，著作權屬於法定原著作權享有人所有，絕無侵權之意，在此特別聲明並表達深深的感謝。

檔案下載說明

為方便讀者學習，本書範例檔案請至本公司 MOSME 行動學習一點通網站（https://www.mosme.net）下載。於首頁的關鍵字欄輸入本書相關字（例：書號、書名、作者）進行書籍搜尋，尋得該書後即可於 [學習資源] 頁籤下載範例檔案使用。

序 PREFACE

　　版面設計實為一門學問，圖文的配置與動線，直接影響著閱讀體驗。數位資訊發展趨勢，促使出版業從傳統印刷，發展成為數位內容表現形式，國內外出版業者亦與時俱進的數位轉型，達成紙本書與電子書同步的雙贏局面。本書整合了業界實務與教學經驗，從初學者角度思考規劃內容架構，實務上常用且實用的功能，以及版面設計基礎觀念。圖文並茂的註解說明，基本功能融合實務範例，達到 InDesign 編排設計學習成效，並期望能培養資訊素養中的數位設計能力。

　　這本書非常適合剛接觸 InDesign 者參考閱讀，期望藉由淺顯易懂的豐富內容，提升設計排版技能，對於專業知識與實務操作皆有助益。非常感謝業界前輩好友的支持，促使本書能夠順利完成。對於文本內容亦歡迎各界先進不吝指教，為 InDesign 使用者提供更多且專業的知識內容。

謹識

目錄

序

01 WIA 職場智能應用國際認證｜領域範疇 1
InDesign 概述與基本操作

InDesign 概述與工作區

1-1 認識 InDesign	2
1-2 知識小學堂	2
1. 點陣圖	2
2. 向量圖	3
3. 檔案格式	3
4. 色彩模式	4
5. 解析度	5
1-3 工作區介紹	7
1. 首頁	7
2. 工作區	8
1-4 偏好設定	16
1. 介面外觀	16
2. 使用者介面縮放	16
課後習題	17

02 WIA 職場智能應用國際認證｜領域範疇 1
InDesign 概述與基本操作

InDesign 基本操作

2-1 建立和開啟文件	20
1. 建立文件	20
2. 開啟文件	26
2-2 關閉和儲存檔案	27
1. 關閉檔案	27
2. 儲存檔案	27
3. 另存新檔	27
4. 轉存	29
2-3 文件視窗	30
1. 檔案標籤	30
2. 文件資訊	30
3. 移動文件	30
2-4 檢視文件	31
1. 縮放顯示工具	31
2. 手形工具	32
2-5 輔助工具與功能	33
1. 尺標	33
2. 參考線	34
3. 智慧型參考線	35
4. 格點	36
5. 滴管工具	39
6. 度量工具	40
2-6 回復步驟	41
2-7 頁面工具	42
課後習題	43

03 WIA 職場智能應用國際認證｜領域範疇 2
頁面與圖層

3-1 頁面
1. 頁面面板 … 46
2. 主版頁面 … 47
3. 內頁頁面 … 48
4. 製作頁碼 … 50
5. 編頁與章節選項 … 51

3-2 圖層
1. 新增圖層 … 54
2. 移動圖層 … 54
3. 複製圖層 … 55
4. 刪除圖層 … 55
5. 顯示隱藏圖層 … 55
6. 鎖定圖層 … 56

3-3 物件與圖層
1. 移動物件 … 57
2. 群組物件 … 57

課後習題 … 58

04 WIA 職場智能應用國際認證｜領域範疇 3
圖形與路徑

4-1 圖形工具
1. 矩形工具 … 62
2. 橢圓形工具 … 63
3. 多邊形工具 … 63

4-2 框架工具
1. 矩形框架工具 … 64
2. 橢圓框架工具 … 65
3. 多邊形框架工具 … 65

4-3 路徑線條
1. 直線工具 … 67
2. 鋼筆工具 … 67
3. 路徑管理員 … 69

4-4 綜合工具
1. 鉛筆工具 … 71
2. 平滑工具 … 71
3. 擦除工具 … 72
4. 剪刀工具 … 72

課後習題 … 73

05 WIA 職場智能應用國際認證｜領域範疇 4
色彩與上色

5-1 色票
1.「印刷色」色票 … 77
2.「特別色」色票 … 78
3.「無」色票 … 79
4.「拼板標示色」色票 … 79
5.「漸層」色票 … 80
6. 顏色群組 … 81

5-2 圖形上色
1. 填色與線條 … 82
2. 漸層色票工具 … 85

5-3 顏色主題工具 … 86

課後習題 … 87

06 WIA 職場智能應用國際認證｜領域範疇 5
物件

- 6-1 選取物件 — 92
  - 1. 選取工具 — 92
  - 2. 直接選取工具 — 93
- 6-2 調整物件 — 94
  - 1. 移動物件 — 94
  - 2. 複製物件 — 94
  - 3. 變形物件 — 95
  - 4. 對齊和均分物件 — 97
  - 5. 間隙工具 — 98
- 6-3 變形物件 — 99
  - 1. 任意變形工具 — 99
  - 2. 旋轉工具 — 100
  - 3. 縮放工具 — 101
  - 4. 傾斜工具 — 102
- 6-4 物件特效 — 103
  - 1. 物件效果 — 103
  - 2. 物件樣式 — 108
- 課後習題 — 109

07 WIA 職場智能應用國際認證｜領域範疇 6
文字

- 7-1 建立文字 — 112
  - 1. 文字工具 — 112
  - 2. 垂直文字工具 — 116
  - 3. 路徑文字工具 — 117
  - 4. 垂直路徑文字工具 — 117
  - 5. 排文方法 — 118
- 7-2 編輯文字 — 120
  - 1. 字元 — 120
  - 2. 字元樣式 — 122
  - 3. 段落 — 123
  - 4. 段落樣式 — 125
  - 5. 複合字體 — 126
  - 6. 文字上色 — 127
  - 7. 繞圖排文 — 129
- 7-3 版面格點 — 134
- 7-4 項目符號和編號 — 137
- 7-5 尋找變更 — 139
  - 1. 文字 — 140
  - 2. GREP — 141
- 7-6 定位點 — 142
- 課後習題 — 144

08 WIA 職場智能應用國際認證｜領域範疇 7
影像與連結

影像與連結

- 8-1 影像 — 148
  - 1. 置入影像 — 148
  - 2. 物件符合 — 151
  - 3. 編輯影像 — 152
  - 4. 剪裁路徑 — 154
- 8-2 連結 — 156
- 8-3 效果 — 158
  - 1. 不透明度 — 158
  - 2. 混合模式 — 159
- 課後習題 — 161

09 WIA 職場智能應用國際認證｜領域範疇 8
表格

表格製作

- 9-1 表格 — 166
  - 1. 建立表格 — 166
  - 2. 選取欄列 — 167
  - 3. 表格設定 — 168
  - 4. 表格樣式 — 171
  - 5. 置入 word 表格 — 172
  - 6. 轉換表頭列和表尾列 — 172
  - 7. 插入與刪除欄列 — 173
  - 8. 調整欄列 — 174
  - 9. 表格面板 — 175
- 9-2 儲存格 — 176
  - 1. 儲存格設定 — 176
  - 2. 儲存格樣式 — 179
  - 3. 合併儲存格 — 180
  - 4. 取消合併儲存格 — 180
  - 5. 分割儲存格 — 180
- 課後習題 — 181

10 WIA 職場智能應用國際認證｜領域範疇 9
目錄、預檢輸出與資料儲存

目錄與轉檔

- 10-1 預檢 — 186
- 10-2 製作目錄 — 187
- 10-3 書冊 — 190
- 10-4 封裝輸出 — 192
  - 1. 轉存 PDF — 192
  - 2. 檔案封裝 — 194
- 課後習題 — 196

11 WIA 職場智能應用國際認證｜領域範疇 9
預檢輸出與資料儲存

資料管理與加值功能

- 11-1 內容收集與置入 — 200
- 11-2 程式庫 — 202
- 11-3 資料庫（CC Libraries） — 203
  - 1. 建立新資料庫 — 203
  - 2. 存取資料 — 204
  - 3. Capture — 205
- 11-4 指令碼 — 208
- 11-5 產生 QR 碼 — 210
- 課後習題 — 212

12 WIA 職場智能應用國際認證｜領域範疇 10
EPUB 電子書

12-1 EPUB 介紹　　　　　　　　216
　　1. EPUB 發展　　　　　　　216
　　2. EPUB 格式與特性　　　　216

12-2 可重排版面 Reflow layout　217
　　1. EPUB 格式架構　　　　　217
　　2. EPUB 編輯媒介　　　　　218
　　3. EPUB 製作重點　　　　　218
　　4. 物件轉存選項　　　　　　219
　　5. 錨定物件　　　　　　　　220
　　6. EPUB 電子書目錄　　　　221
　　7. 編輯所有轉存標記　　　　222
　　8. 轉存 EPUB　　　　　　　223
　　9. 編輯 html 與 CSS　　　　225
　　10. EPUB 驗證檢查　　　　　226

12-3 固定版面 Fixed layout　　227

12-4 EPUB 檢閱　　　　　　　229

課後習題　　　　　　　　　　　230

13 實作範例練習

13-1 文字書籍　　　　　　　　234
13-2 圖文書籍　　　　　　　　239

附錄

課後習題解答　　　　　　　　　243

WIA 國際認證：版面設計 - Using Adobe InDesign CC（Specialist Level）領域範疇

項次	領域範疇	能力指標	對應本書
1	InDesign 概述與基本操作 Overview and Basic Operations of InDesign	• InDesign 軟體基本知識 Basics of InDesign Knowledge • 工作區與設定 Workspace and Settings • 基本操作 Basic Operations	第 1 章 InDesign 概述與工作區 第 2 章 InDesign 基本操作
2	頁面與圖層 Pages and Layers	• 頁面 Pages • 圖層 Layers • 物件與圖層 Objects and Layers	第 3 章 頁面與圖層
3	圖形與路徑 Graphics and Paths	• 圖形工具 Shape Tools • 框架工具 Frame Tools • 路徑線條 Path Lines • 綜合工具 Comprehensive Tools	第 4 章 圖形與路徑
4	色彩與上色 Color and Coloring	• 色票 Swatches • 圖形上色 Fill Graphics • 顏色主題工具 Color Themes Tool	第 5 章 色彩與上色
5	物件 Objects	• 選取物件 Select Objects • 調整物件 Adjust Objects • 變形物件 Transform Objects • 物件特效 Object Effects	第 6 章 物件

項次	領域範疇	能力指標	對應本書
6	文字 Text	• 建立文字 Create Text • 編輯文字 Edit Text • 版面格點 Grids • 項目符號和編號 Bullets and Numbering • 尋找變更與 GREP Find Change and GREP	第 7 章 文字
7	影像與連結 Images and Links	• 影像 Images • 連結 Links • 效果 Effects	第 8 章 影像與連結
8	表格 Tables	• 建立表格 Create Tables • 儲存格樣式 Cell Styles • 表格樣式 Table Styles	第 9 章 表格製作
9	目錄、預檢輸出與資料儲存 Table of Contents, Preflight, Output, and Data Storage	• 預檢 Preflight • 製作目錄 Generate Table of Contents • 書冊 Book • 封裝輸出 Package • 內容收集器與置入器 Content Collector and Placer • 程式庫 Library • 資料庫（CC Libraries） CC Libraries	第 10 章 目錄與轉檔 第 11 章 資料管理與加值功能
10	EPUB 電子書 EPUB eBooks	• EPUB 介紹 Introduction to EPUB • 可重排版面 Reflow layout Reflow Layout • 固定版面 Fixed layout Fixed Layout	第 12 章 EPUB 電子書

InDesign 概述與工作區

InDesign 適用於多頁式的版面設計,像是文字書籍、簡介、手冊和型錄,報章雜誌更是將其用作主要編排的工具軟體。數位時代驅使之下,多數人的閱讀行為已轉移至行動裝置上,InDesign 亦提供可將設計排版的檔案,轉製為 EPUB 電子書的內容架構,無論是紙張印刷還是數位內容,都能得到廣泛的應用。

- ▶ 1-1 認識 InDesign
- ▶ 1-2 知識小學堂
- ▶ 1-3 工作區介紹
- ▶ 1-4 偏好設定
- ▶ 課後習題

01 InDesign 概述與工作區

1-1 認識 InDesign

InDesign 為 Adobe 開發的版面設計軟體，支援 Wins 和 MacOS 作業系統，起初從 InDesign 1.0 至 2.0 版本，歷經 InDesign CS（CS 為 Creative Suite 縮寫）至 CS6 的套裝版本，直到現今 InDesign CC（CC 為 Creative Cloud 縮寫）的雲端版本。

InDesig 相容性非常高，支援 .jpg、.tif、.psd、.eps、.pdf、.ai 等多種檔案，並且可轉存符合各種出版條件的格式。軟體繪製的圖形具備向量特性外，還可以快速處理多頁編排的大量內容，無論是以數位形式呈現、印表機列印、還是印刷輸出，很適合用於創作內容的出版。若以軟體功能的完善程度來說，建議至少要使用 CS6 以上版本。Adobe 公司不斷推陳出新，進化更新軟體與創作圖形功能，不僅可以跨平台與跨裝置，數位雲端功能更是為使用者增加很多創作上的便利性。

1-2 知識小學堂

InDesign 應用範疇廣泛，設計基礎知識不可或缺，不僅會影響設計構圖與檔案設定，更會直接影響最終呈現的結果。以下針對使用 InDesign 軟體時，常用之基本觀念來說明。

1 點陣圖

「像素（pixel）」即是組成數位點陣影像的最小單位。若將影像圖片放大顯示，可見數個各種色彩的小方格，這些小方格即是像素；而像素的位置與色彩決定該影像圖片呈現的樣貌。在相同的尺寸之下，像素越多越密集，解析度越高，畫面越細緻。像素越少越稀疏，解析度越低，畫面越模糊，圖像的輪廓邊緣可見鋸齒狀小方格像素。

正常顯示

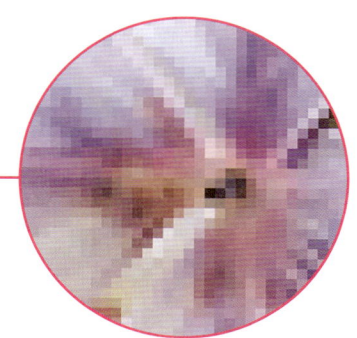
放大顯示

點陣圖影像結構屬於易破壞性，無論放大或縮小影像皆會導致影像品質被破壞而失真。點陣圖亦具備多元豐富色彩顯現的優點特性，適合呈現陰影和漸層等各種效果，常應用於螢幕呈現的數位影像設備，如個人電腦、筆電、手機和平板等。

2 向量圖

向量圖是以點、線、面的數學運算為基礎，將圖形表現出來。向量圖形越複雜，表示錨點與路徑也越密集，相對的直接影響電腦處理效能和檔案容量大小。每個向量物件皆為獨立個體，任意縮放、旋轉或變形，仍能維持平滑的清晰度，不會失真產生鋸齒狀而降低品質解析，但是無法產生高品質色彩的色階呈現，以及自然漸層的細膩度。向量圖適合建立文字表現與繪製幾何圖形，常應用於標誌、插畫、廣告、大圖輸出、工商業設計，以及數位設計創作。

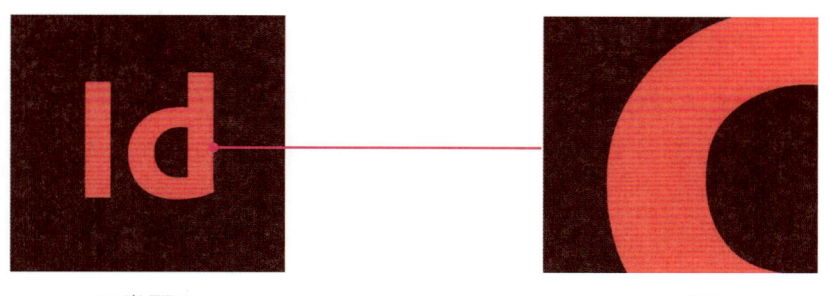

正常顯示　　　　　　　　　　　　放大顯示

3 檔案格式

認識檔案格式對於 InDesign 軟體使用極為重要，不僅需要了解各式檔案的屬性和支援程度，跨軟體和跨平台裝置彼此的相容性，對於檔案本身影響甚鉅，常見的檔案格式及其特性如下。

檔案格式	說明
jpg	最廣泛使用的一種破壞性壓縮的檔案格式；不支援透明度和動態圖像。
png	「可攜式網路圖形」即無失真壓縮點陣圖格式；支援透明度，不支援動態圖像。
tif	橫跨各影像處理軟體、排版軟體和作業系統的檔案格式；圖像品質高，高階印刷和色彩控制皆很精確，檔案容量較大。
psd	Photoshop 標準格式。具備保留圖層、圖文編輯和特效資訊等屬性，檔案容量較大。
eps	標準印刷輸出的檔案格式；橫跨各作業系統，向量及點陣皆可存取。

檔案格式	說明
ai	Illustrator 標準檔案格式。向量屬性，檔案容量較小，常用於插畫設計。
indd	InDesign 標準檔案格式。跨媒體出版軟體，檔案相容性高，常用於設計排版。
pdf	「可攜式文件格式」即檔案可保有完整描述，包括文字、字型、圖像及其他資訊。
gif	非破壞性壓縮，僅能存取 256 色以下的檔案格式；支援透明度和動態圖像。
svg	「可縮放向量圖形」即基於可延伸標記式語言（XML），描述向量圖形的檔案格式。

※資料來源：Alex Wang 彙整製作

使用 InDesign 軟體時，必然會接觸各種形式的檔案，無論是開啟還是儲存，了解各種檔案格式特性，存取適合的檔案。

4 色彩模式

使用設計軟體，對於色彩需要有一定程度的瞭解，除了「顏色」和「色票」面版需要設定配色數值，編排設計與色彩配置亦須具備色相、近似色和互補色等色彩基礎概念。

RGB

色光三原色，由 RGB 三個色光組成；相互混色時，色彩愈明亮，學理稱為加法混合。色彩光線投射到眼睛越多，人眼感知到的色彩越亮。常用於電視、電腦、行動裝置等螢幕顯示器。

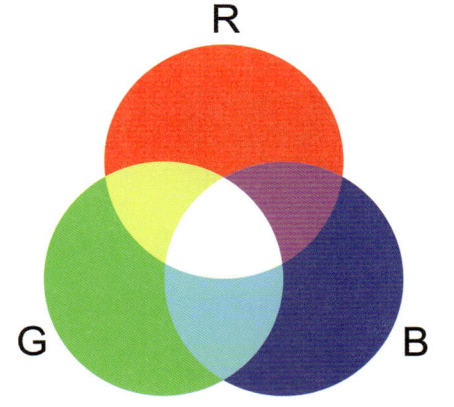

R（Red） 色域 0～255 表示
G（Green） 色域 0～255 表示
B（Blue） 色域 0～255 表示

CMYK

　　印刷四原色,由 CMYK 四個色料油墨組成,相互混色時,色彩愈混濁,學理稱為減法混合。其特性與光線相反,吸收光線而非增強光線。CMY 三原色必須是可個別吸收 RGB 三個顏色,CMY 亦即 RGB 的互補色。常用於印刷和列印。

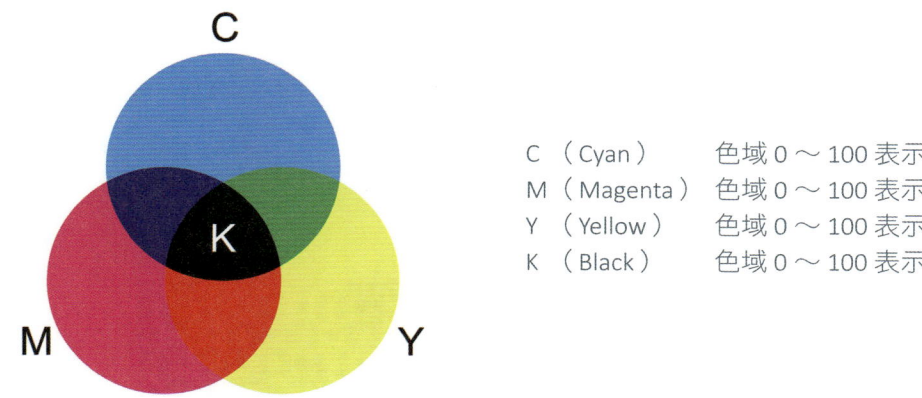

C（Cyan）　　　色域 0～100 表示
M（Magenta）　色域 0～100 表示
Y（Yellow）　　色域 0～100 表示
K（Black）　　 色域 0～100 表示

5 解析度

　　解析度不一定是越高越好,但解析度過低,呈現的畫面品質必然會不如預期,而且解析度的高低亦會直接影響檔案大小。先確定所要呈現的媒材或設備,再設定適當對應的解析度,才是正確設定解析度的觀念。「螢幕」呈現以「ppi」進行設定,「印刷輸出」呈現以「dpi」進行設定。

ppi（pixels per inch）

　　每一英吋中**像素**的數量。適用螢幕呈現之數位影像,例如:電腦、手機和平板等。每英寸像素值越高,顯示的圖像也越精細。

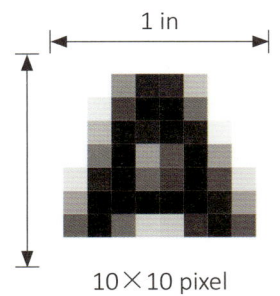
10×10 pixel

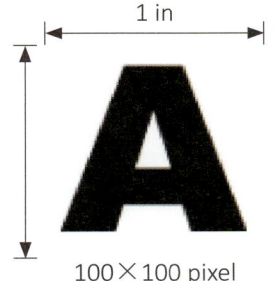
100×100 pixel

dpi（dot per inch）

每一英吋中**點**的數量。適用於設備之輸出，例如：印刷、大圖輸出、相片等。dpi 解析度建議如下。

項目	解析度（DPI）	適用範圍
印刷	300～350	名片、DM、雜誌、型錄、彩盒、海報
印刷	200～240	報紙、粗糙之印刷用紙
大圖輸出	96～150	大型海報、廣告看板、帆布

※資料來源：Alex Wang 彙整製作

印刷圖

印刷網點（電腦模擬畫面）

將一張印刷完成的圖片，以高倍率放大顯示，即可觀察到 CMYK 不同角度陣列交錯的油墨網點。

1-3 工作區介紹

1 首頁

安裝完成 InDesign 並啟動軟體後,即顯示 InDesign 首頁畫面。

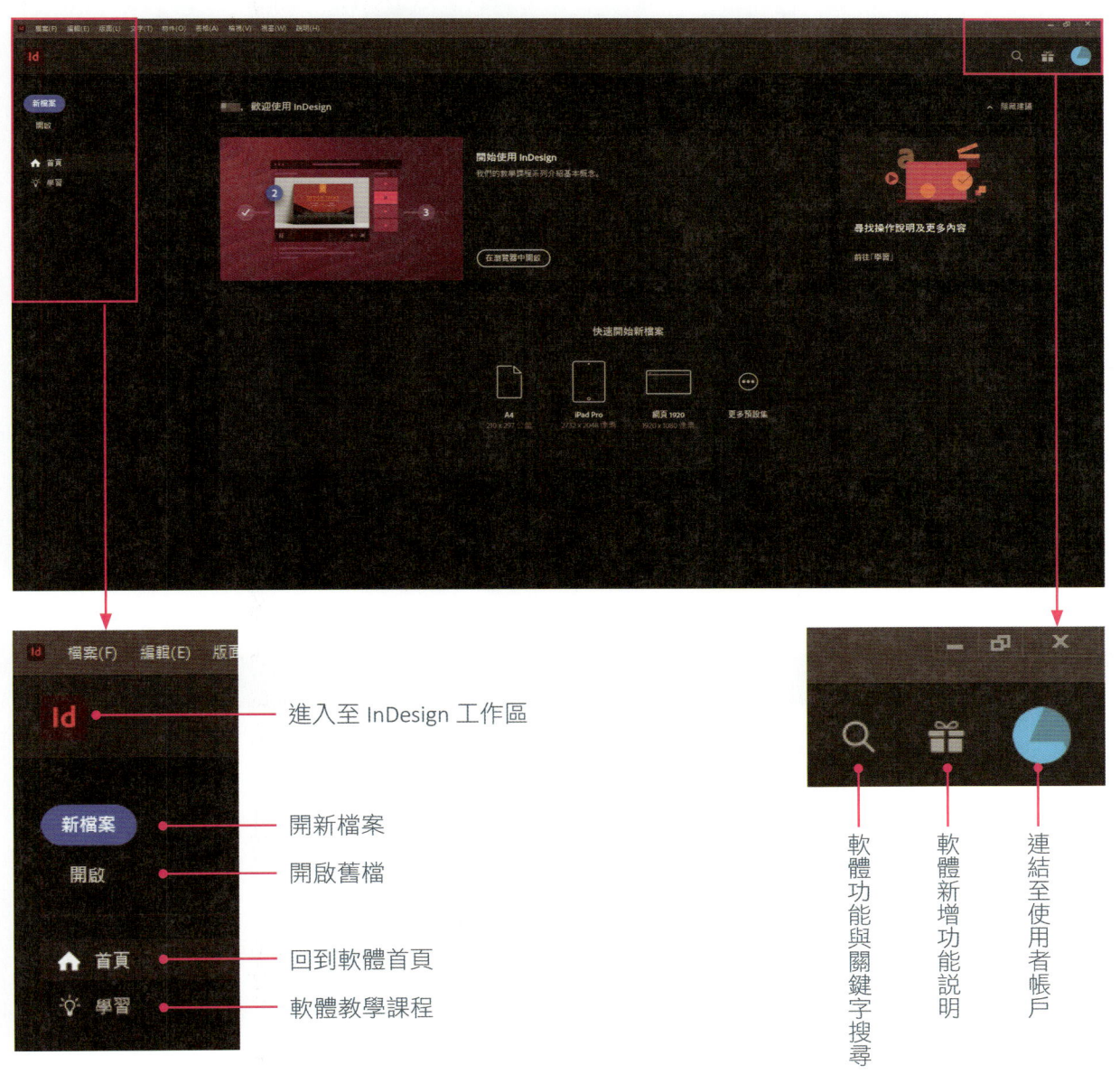

01
InDesign 概述與工作區

2 工作區

InDesign 的工作區介面環境。

應用功能列

InDesign 功能選單。

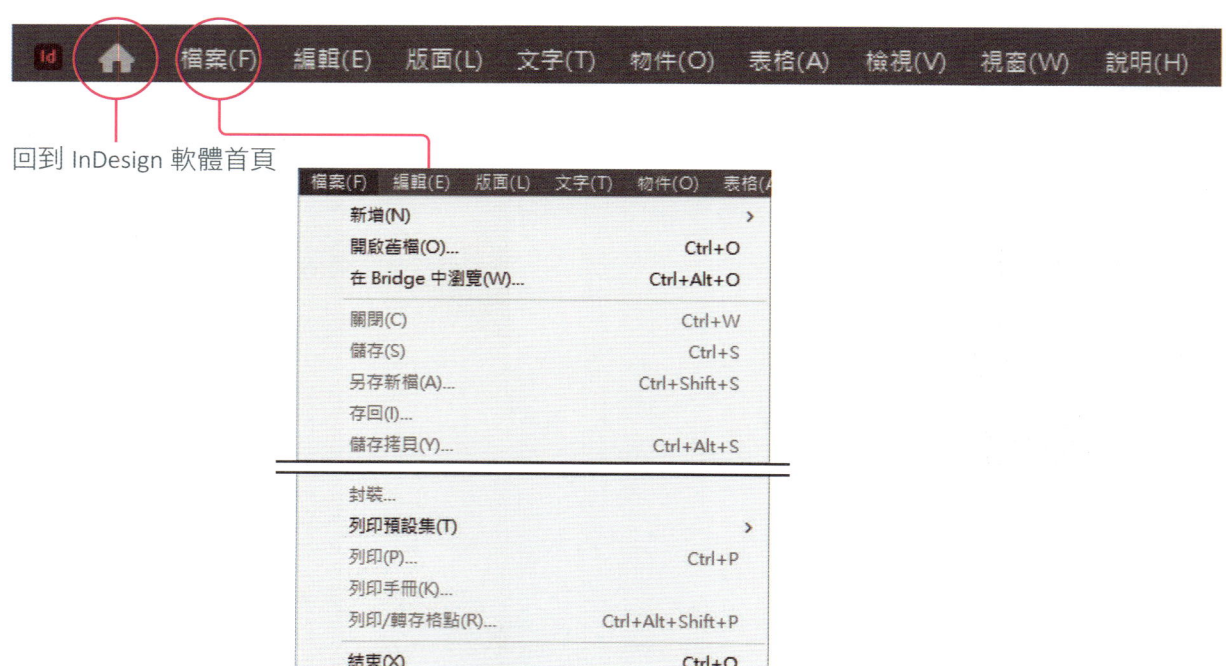

回到 InDesign 軟體首頁

選項列

隨著選擇不同的工具而顯示對應的控制項（需將工作區切換為「傳統基本功能」才會顯示）。

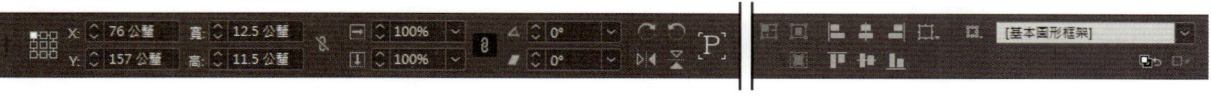

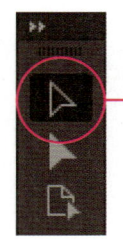

選擇「選取工具」，所以「選項列」即顯示與「選取工具」相關的控制選項。

屬性面板

選擇「視窗＞屬性」開啟「屬性面板」。「屬性面板」具備與「選項列」相同、甚至更多的控制選項功能。

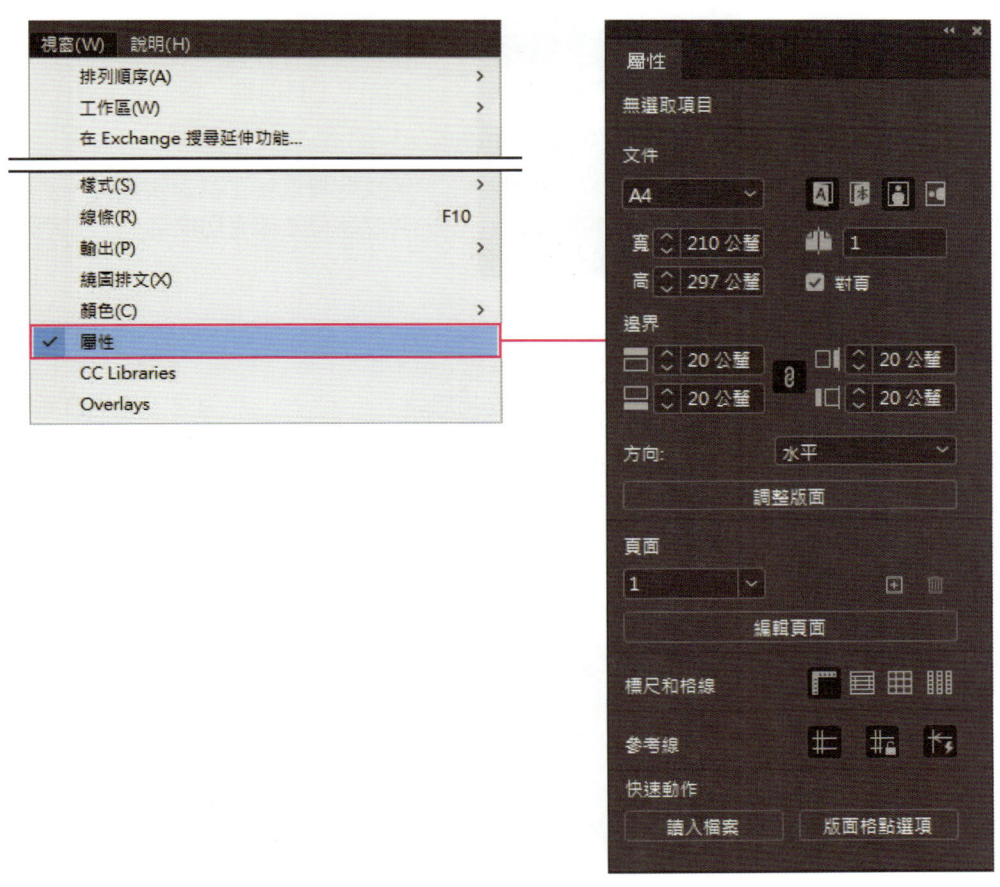

01 InDesign 概述與工作區

工具面板

繪製圖形和物件元素等工具。

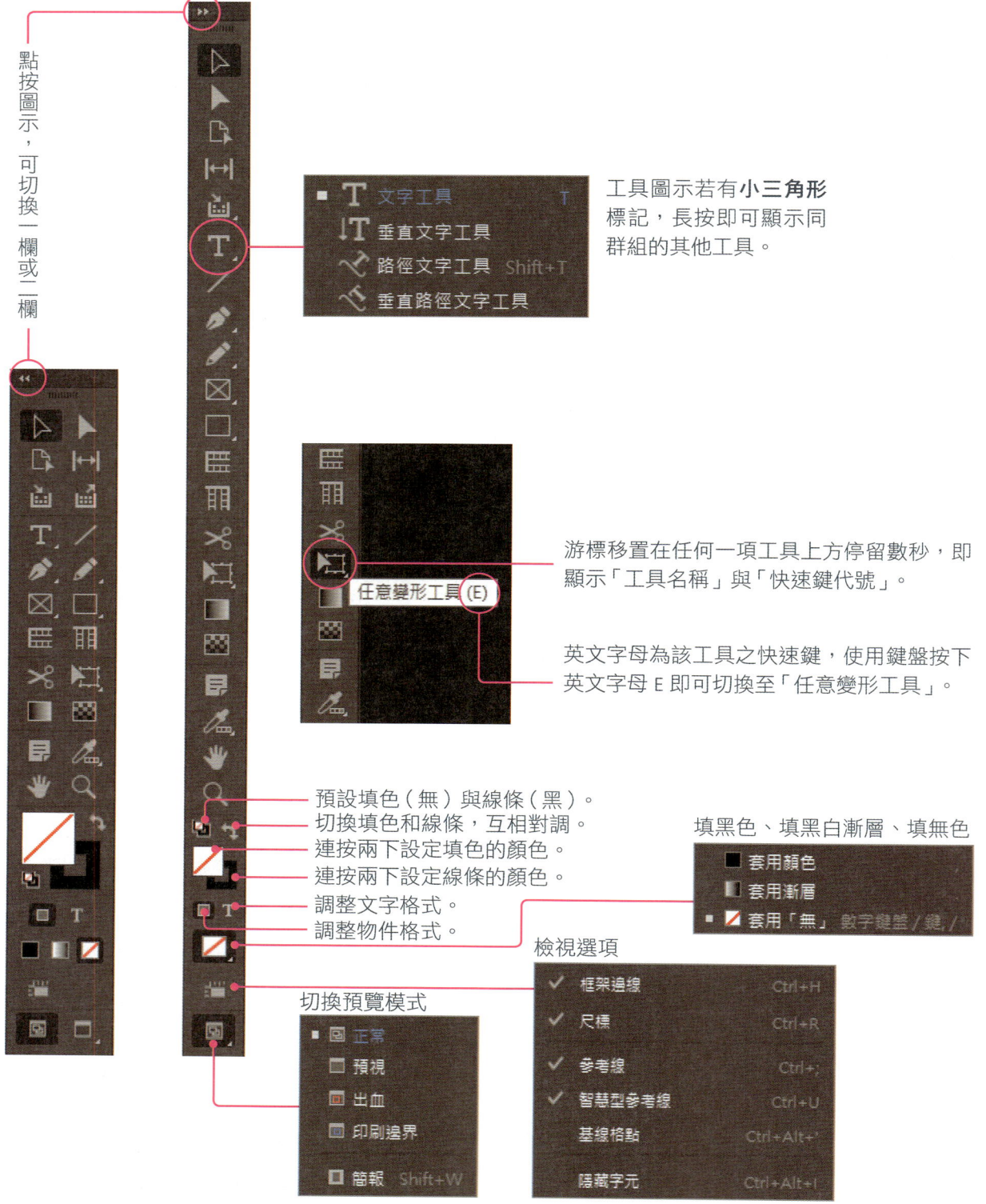

工具群組類別

依據工具功能和屬性分類。

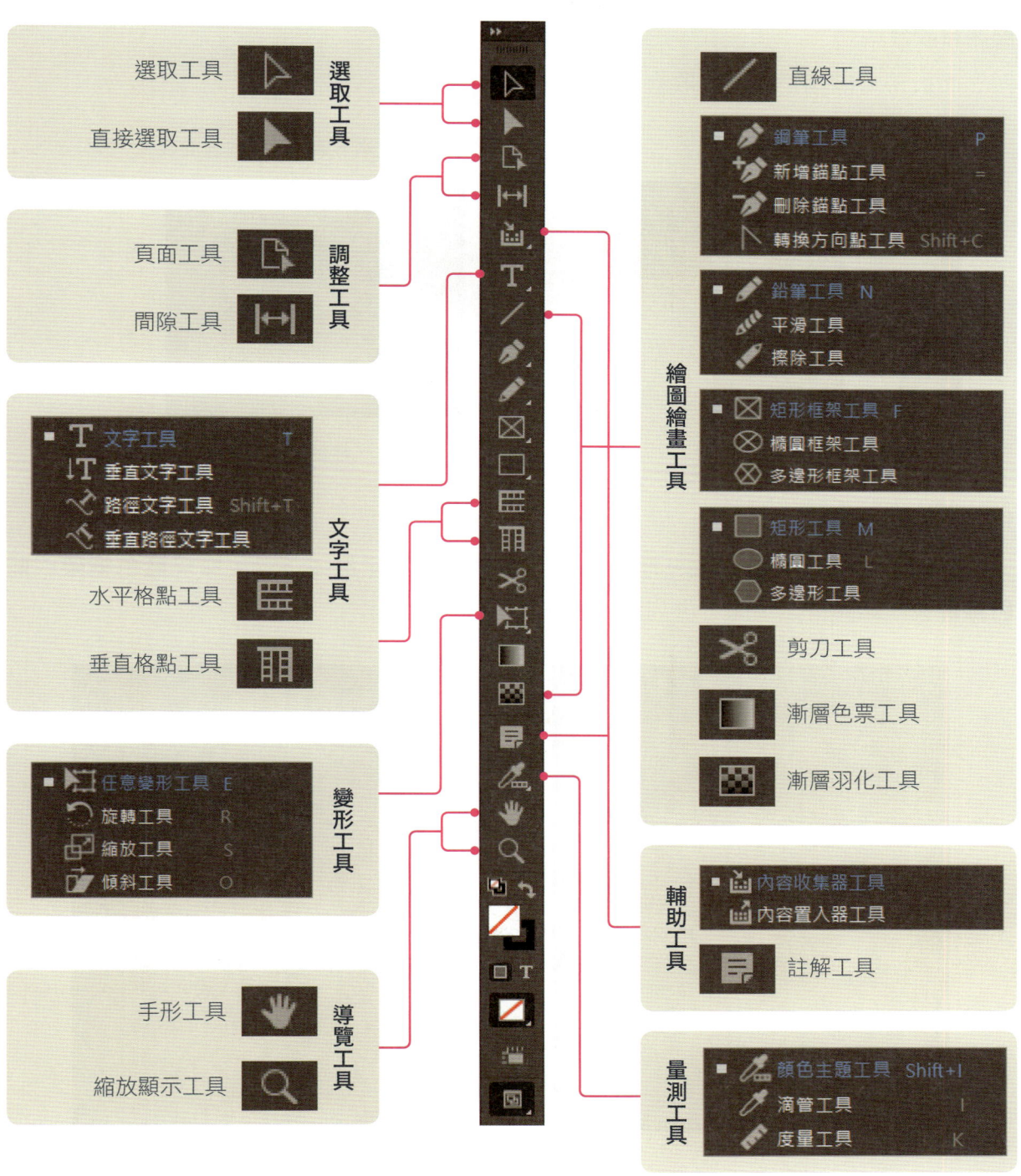

01 InDesign 概述與工作區

面板（群組）

各類功能的面板，皆可任意調整在欲配置的位置。

展開和收合

面板皆可關閉、展開和收合。

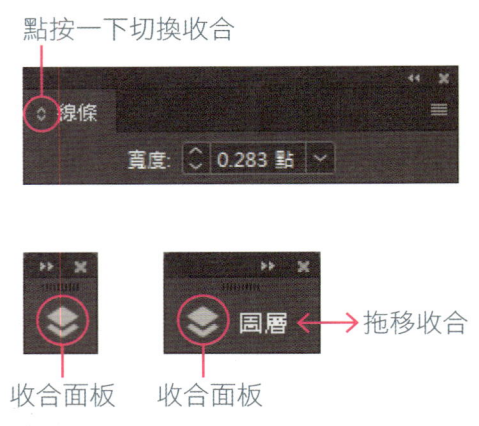

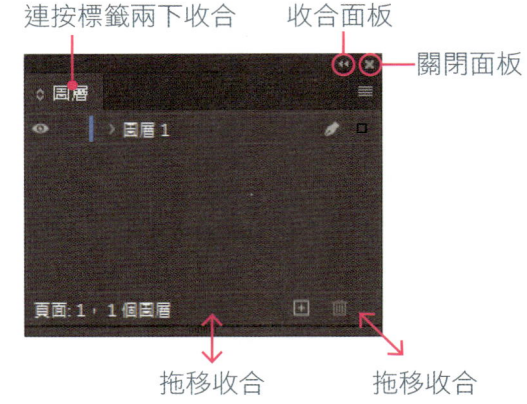

併列和堆疊

游標點按**面板標籤**不放，拖移靠近至其他面板之側邊或下緣，顯現**藍色框架**或**藍色線條**後，鬆開滑鼠，即可併列或堆疊。

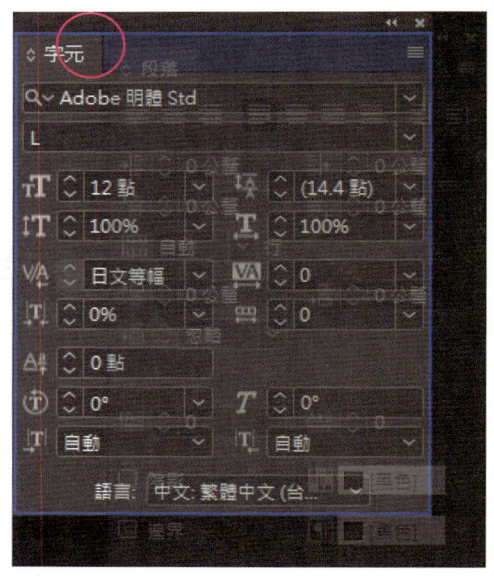

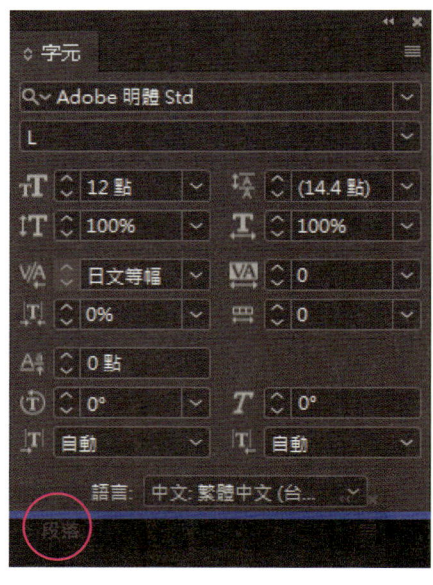

浮動和固定

面板可以浮動或固定在工作區內的任何一個位置。

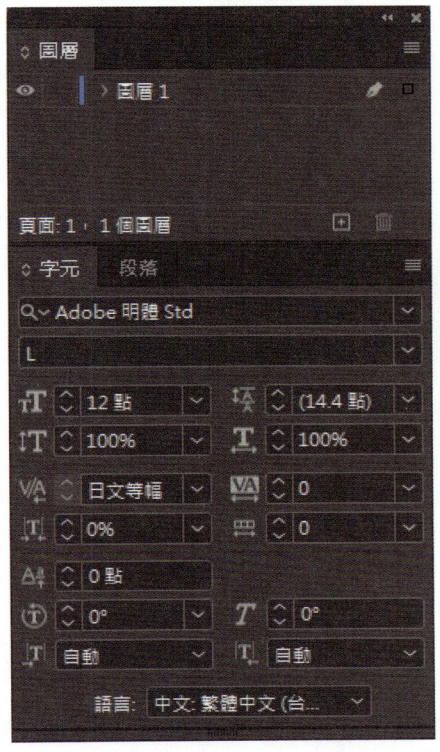
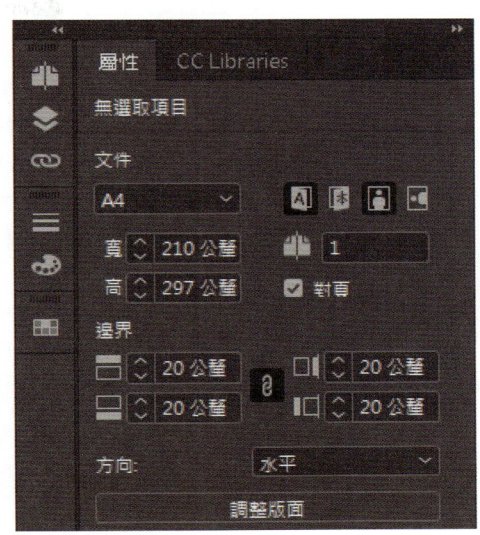

開啟面板

於「應用功能列」選擇「視窗」，可點按勾選欲開啟的面板。

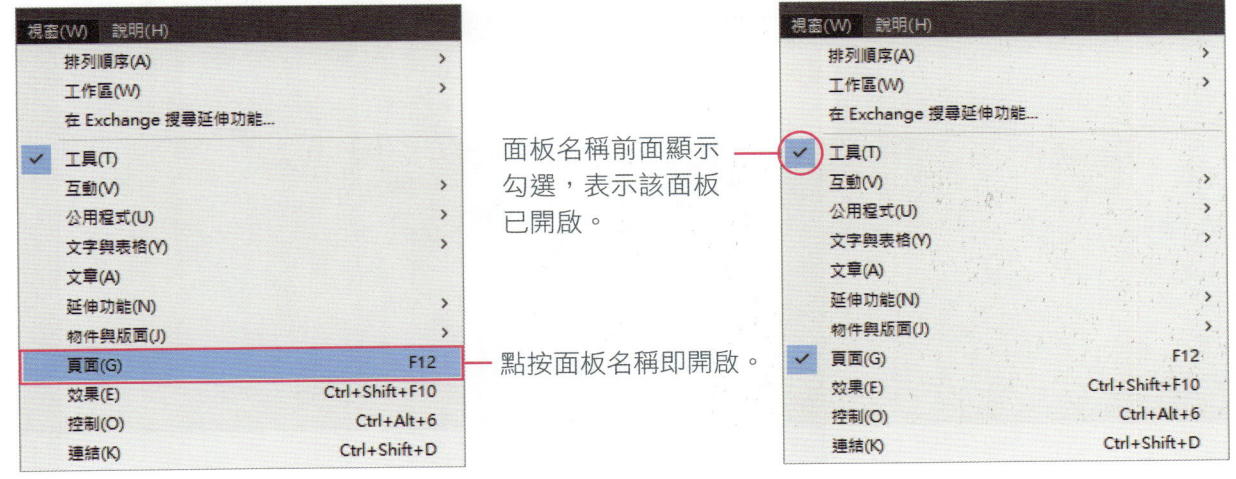

面板名稱前面顯示勾選，表示該面板已開啟。

點按面板名稱即開啟。

01 InDesign 概述與工作區

共用審核、工作區切換、Adobe Stock 探索

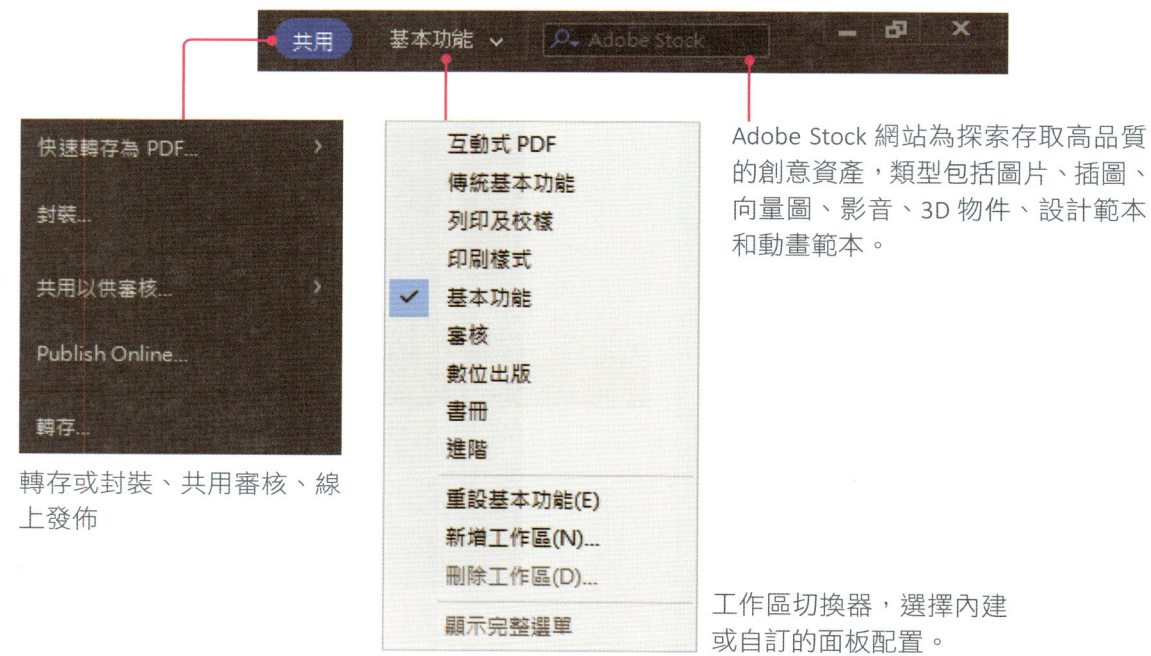

轉存或封裝、共用審核、線上發佈

Adobe Stock 網站為探索存取高品質的創意資產,類型包括圖片、插圖、向量圖、影音、3D 物件、設計範本和動畫範本。

工作區切換器,選擇內建或自訂的面板配置。

新增(儲存)工作區

❶ 將面板與其位置,予以群組配置完成。

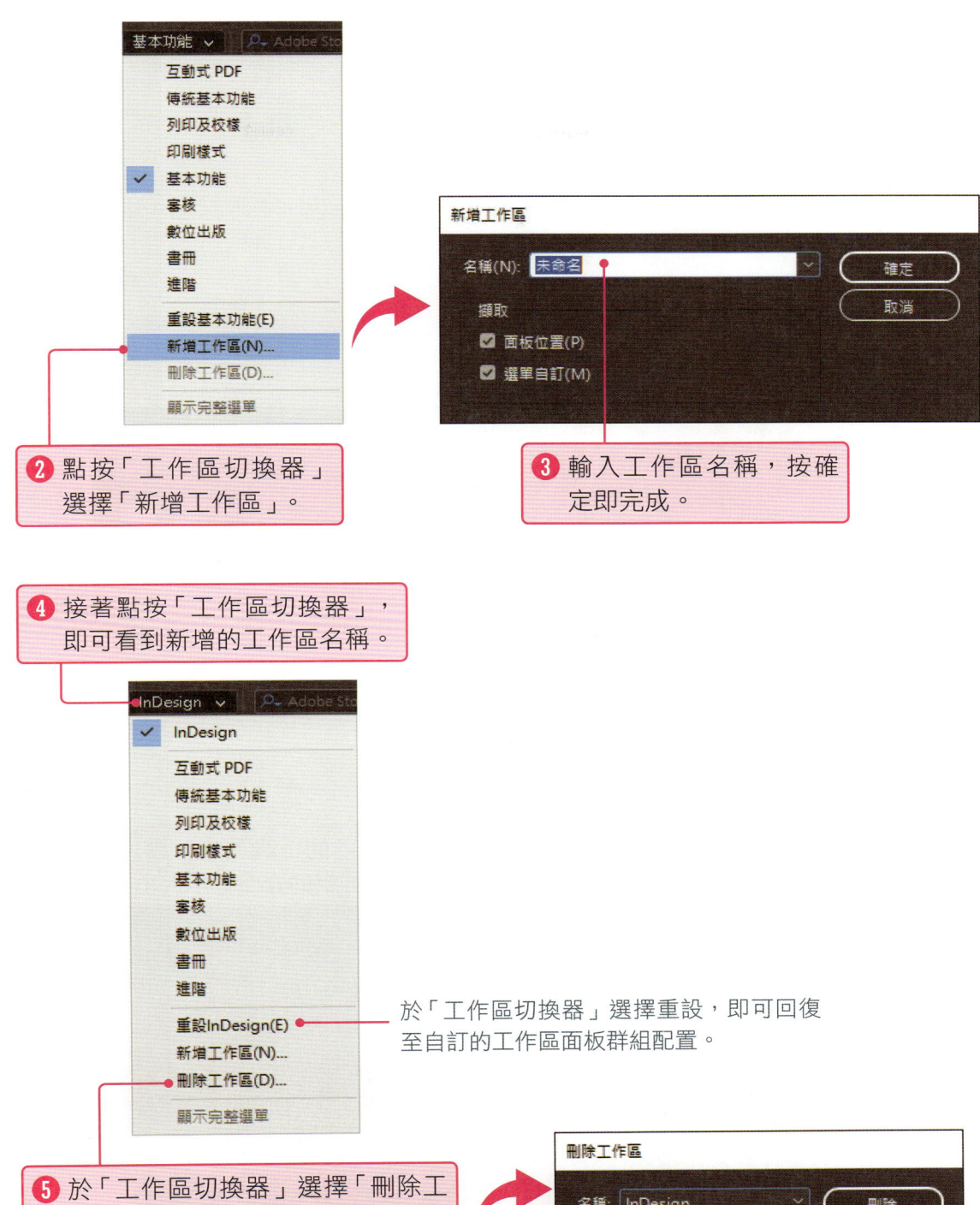

❷ 點按「工作區切換器」選擇「新增工作區」。

❸ 輸入工作區名稱，按確定即完成。

❹ 接著點按「工作區切換器」，即可看到新增的工作區名稱。

於「工作區切換器」選擇重設，即可回復至自訂的工作區面板群組配置。

❺ 於「工作區切換器」選擇「刪除工作區」，接著選擇工作區名稱，點按刪除即可刪除工作區。

1-4 偏好設定

1 介面外觀

依照使用者個人喜好，設定介面顏色主題，可選擇深色、中等深色、中等淺色和淺色。

編輯＞偏好設定＞介面

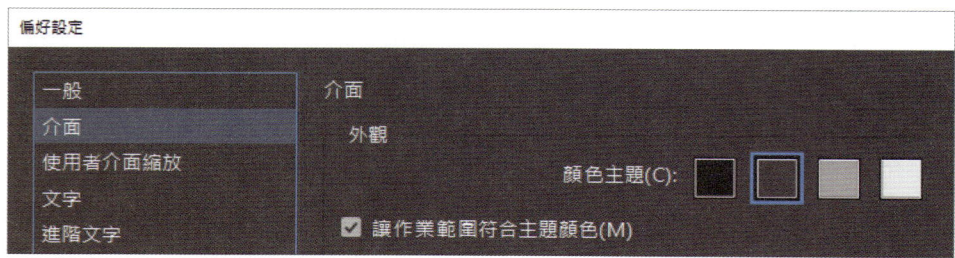

2 使用者介面縮放

依據螢幕解析度適當縮放使用者介面，以達編輯時的最佳檢視比例。

編輯＞偏好設定＞使用者介面縮放

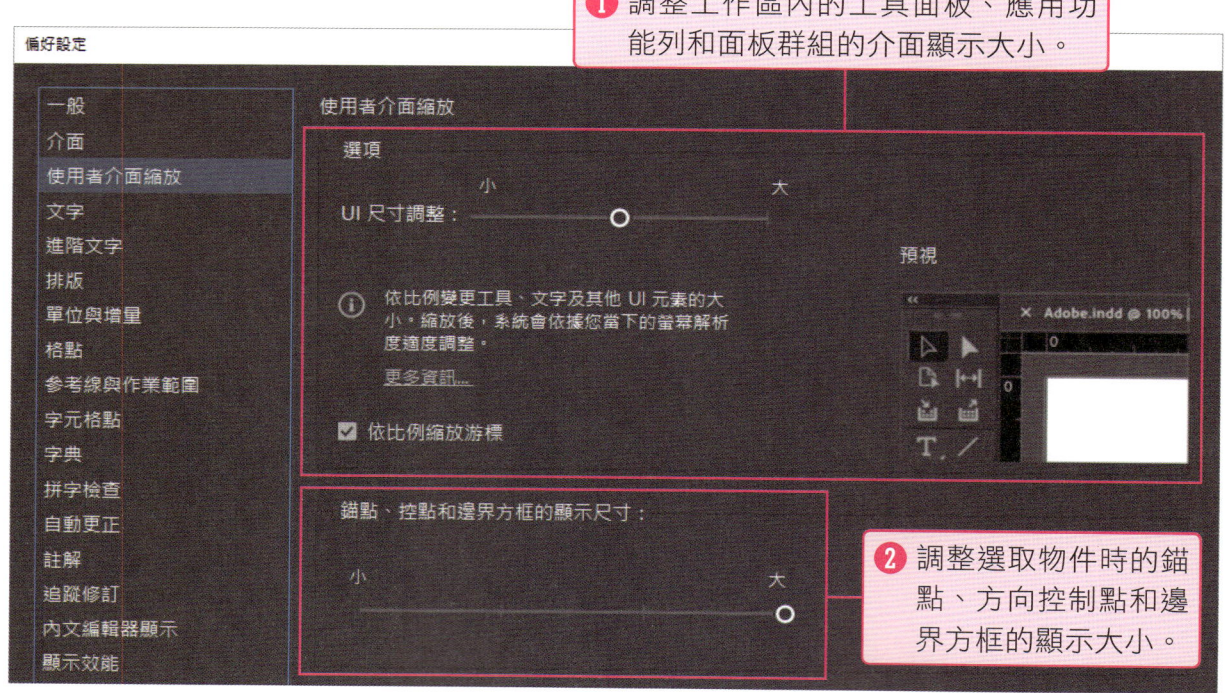

❶ 調整工作區內的工具面板、應用功能列和面板群組的介面顯示大小。

❷ 調整選取物件時的錨點、方向控制點和邊界方框的顯示大小。

01 課後習題

選擇題

(　　) 1. 下列哪一種 Adobe 軟體被主要應用於多頁式的版面設計，例如書籍、簡介和報章雜誌？
(A) Adobe Photoshop　　　　　　(B) Adobe Illustrator
(C) Adobe InDesign　　　　　　　(D) Adobe Acrobat

(　　) 2. 下列何者最能「精確」描述點陣圖與向量圖的不同之處？
(A) 點陣圖是使用像素來呈現圖像，向量圖是使用數學運算來呈現圖形
(B) 點陣圖可以展現豐富的色彩，但是向量圖無法做到
(C) 點陣圖可任意放大，向量圖放大後會出現鋸齒邊緣
(D) 點陣圖可以用於印刷品上，向量圖通常只適用於螢幕顯示

(　　) 3. 若設計一份 PDF 電子書，將其解析度設定得太高時，其缺點為何？
(A) 印刷輸出會出現鋸齒　　　　　(B) 色彩轉換會失真
(C) 文件檔案大小會過大　　　　　(D) 螢幕出現顯示異常

(　　) 4. 「向量圖」特點是什麼？
(A) 任意縮放且不失真　　　　　　(B) 適合處理照片
(C) 具有豐富的色彩顯示　　　　　(D) 無法進行幾何圖形繪製

(　　) 5. 下列哪一個是點陣圖的特點？
(A) 圖像可以隨意縮放而不失真　　(B) 適合呈現豐富色彩的圖像
(C) 適合標誌與文字設計　　　　　(D) 不會因放大而失去細節

(　　) 6. 使用 RGB 色彩模式時，三個色光的範圍各是？
(A) 0-100　(B) 0-255　(C) 0-1　(D) 0-10

(　　) 7. 下列哪一種檔案格式支援透明度，且不支援動態圖像？
(A) JPG　(B) PNG　(C) GIF　(D) PDF

(　　) 8. 適合用於高階印刷和精確色彩控制的檔案格式是？
(A) JPG　(B) PNG　(C) TIF　(D) PSD

(　　) 9. 在印刷輸出中，CMYK 色彩模式代表的四個色彩是什麼？
(A) 青、紅、綠、藍　　　　　　　(B) 青、洋紅、黃、黑
(C) 紅、綠、藍、白　　　　　　　(D) 黃、黑、藍、紫

(　　) 10. 以下哪一個是 InDesign 的標準檔案格式？
(A) .ai　(B) .pdf　(C) .indd　(D) .eps

單元小實作

將 InDesign 的工作區切換為「印刷樣式」，並將「工具面板」切換為 2 欄。

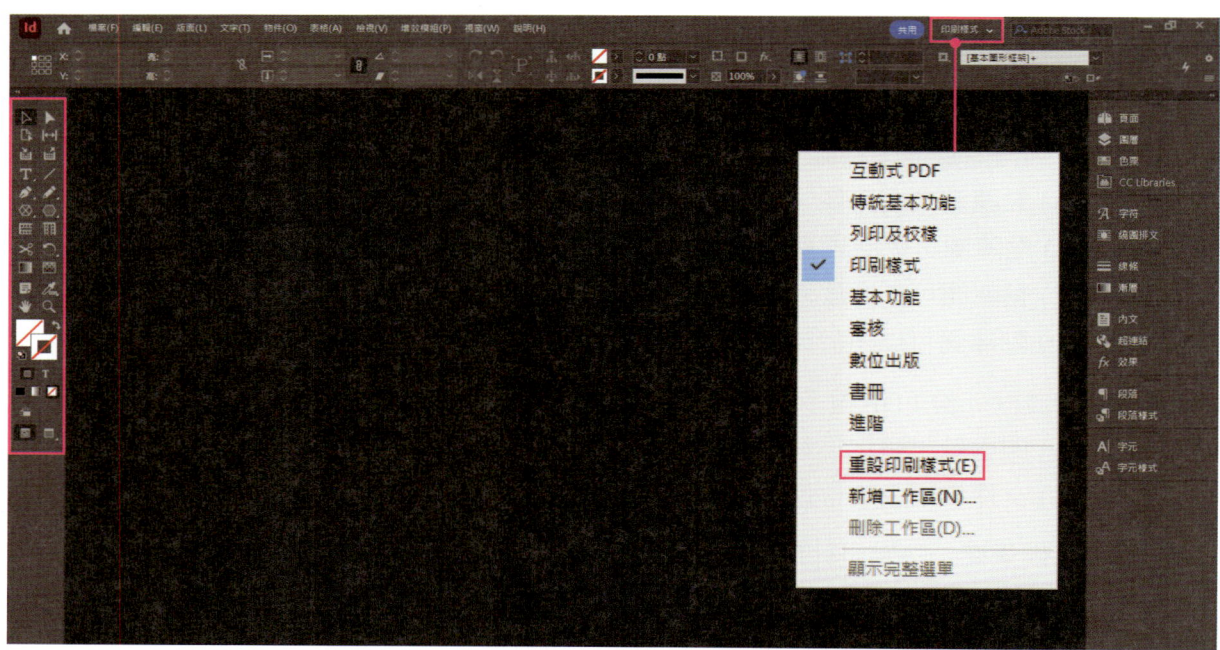

提示重點 若於「切換工作區」選擇「印刷樣式」卻未回復時，再一次點選「**重設**印刷樣式」即可回復。

02

InDesign 基本操作

熟稔基本操作，學習軟體工具和功能。基本操作涵蓋很多版面設計基礎和印刷觀念，搭配快速鍵的使用，可增加軟體操作的順暢度和作業速度。

- ▶ 2-1 建立和開啟文件
- ▶ 2-2 關閉和儲存檔案
- ▶ 2-3 文件視窗
- ▶ 2-4 檢視文件
- ▶ 2-5 輔助工具與功能
- ▶ 2-6 回復步驟
- ▶ 2-7 頁面工具
- ▶ 課後習題

02 InDesign 基本操作

2-1 建立和開啟文件

1 建立文件

❶ 選擇「檔案＞新增＞文件」，開啟「新增文件」視窗。

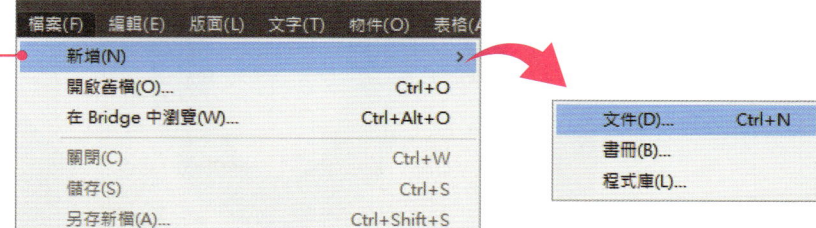

❷ 新增文件的索引標籤類別。

❸ 空白文件預設集，選擇內建的設定來新增文件。

❹ 範本，提供範本套用和試用。

❺ 預設集詳細資料，自訂變更設定。

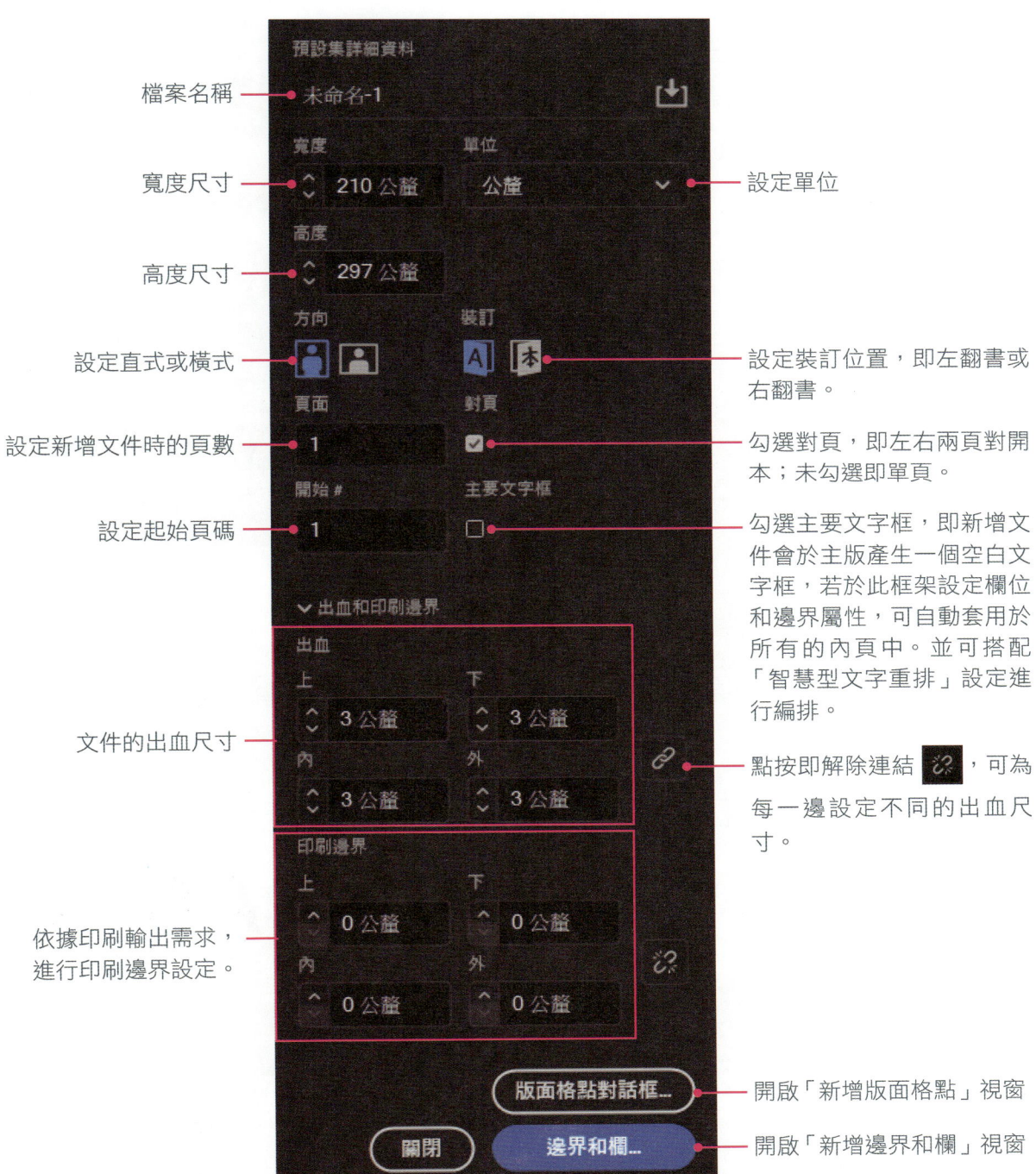

智慧型文字重排

在輸入或編輯文字時,文字數量若超出當前頁面,可自動新增或刪除內頁頁面,避免造成溢排文字或滯留多餘的空白頁面。於新增文件時,需先設定「主要文字框」,且文字框必須為串連。

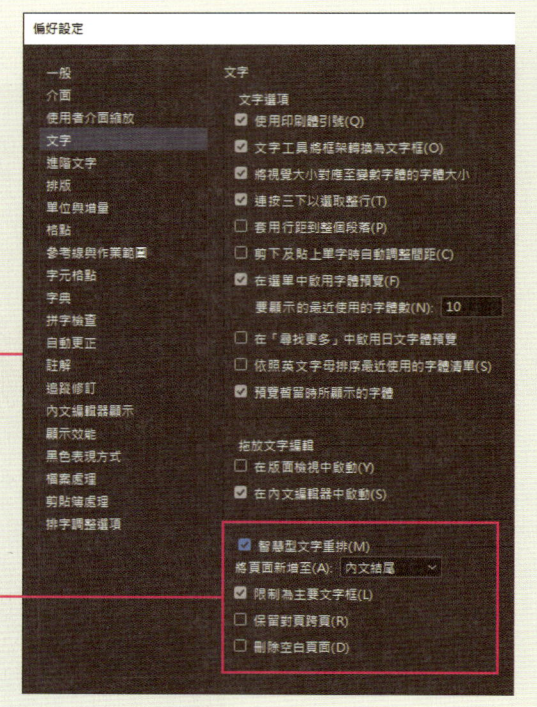

❶ 選擇「編輯 > 偏好設定 > 文字」開啟偏好設定視窗。

❷ 勾選「智慧型文字重排」,依需求設定選項。

出血

出血即紙張在印刷完成後,會裁切掉的邊緣部分,一般常設定的出血尺寸為 3mm。

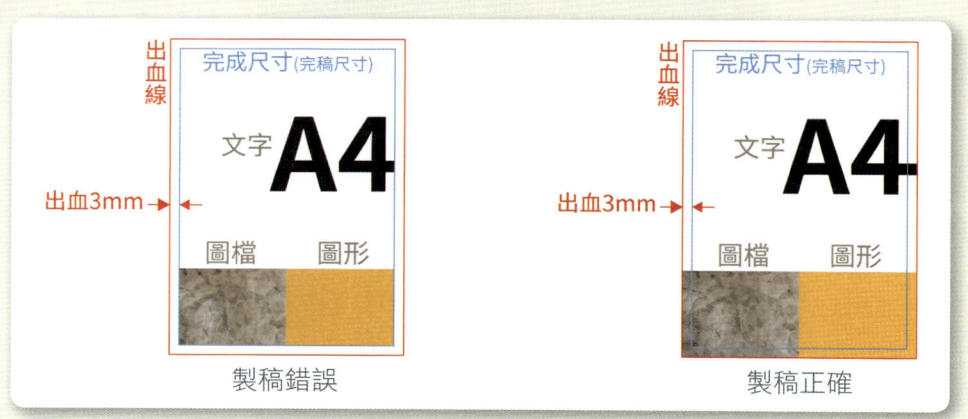

欲印刷的設計完稿檔案,若有內容緊貼置於完成尺寸的邊緣,則需將圖檔、圖形和文字等內容,延伸超過完成尺寸至少 3mm。若未製作出血,容易因裁切時的偏差,導致露出印刷用紙的細邊瑕疵。

邊界和欄

版型設計需先規劃圖文區域、頁眉、頁碼等基本配置,故於新增文件時,將尺寸、頁數、排文方向和出血等設定完成後,接著需設定頁面的邊界和欄,預留適當空間。

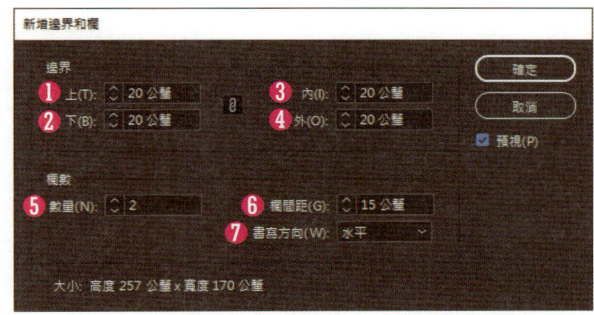

① 上:版心與頁面頂端邊緣的距離。
② 下:版心與頁面底端邊緣的距離。
③ 內:版心與頁面內側邊緣的距離。
④ 外:版心與頁面外側邊緣的距離。
⑤ 數量:設定一頁中的欄數。
⑥ 欄間距:設定欄與欄間之距離。
⑦ 書寫方向:水平或垂直;設定直排或橫排。

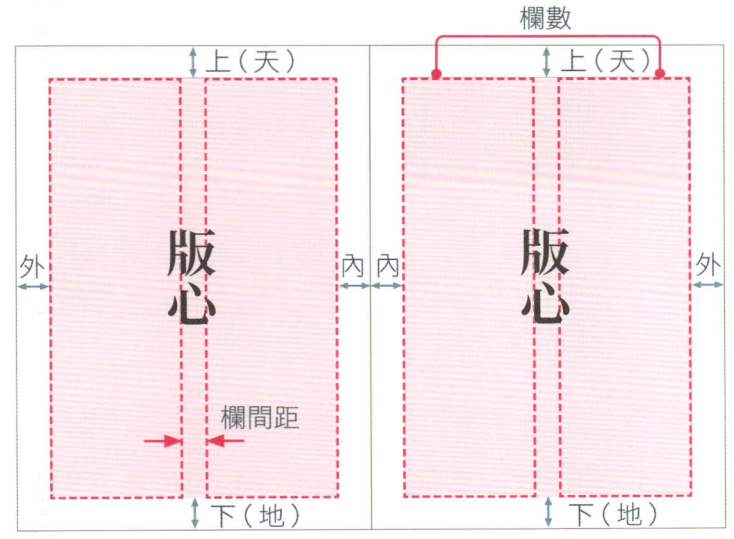

「邊界和欄」示意圖

建立文件完成後,如需再次調整「邊界和欄」,於應用功能列選擇「版面>邊界和欄」開啟「邊界和欄」視窗,或是在「屬性面版」,皆可調整設定。

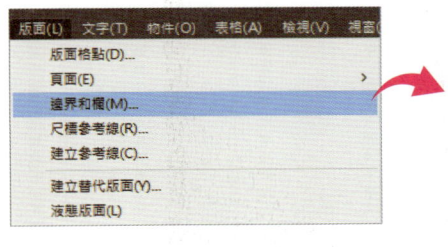 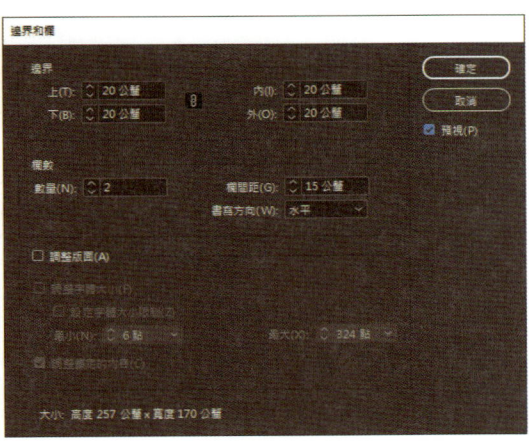

版面格點

「版面格點」即以格點方式自訂版型與文字屬性，讓文字依循格點，編排靠齊所設定的位置。

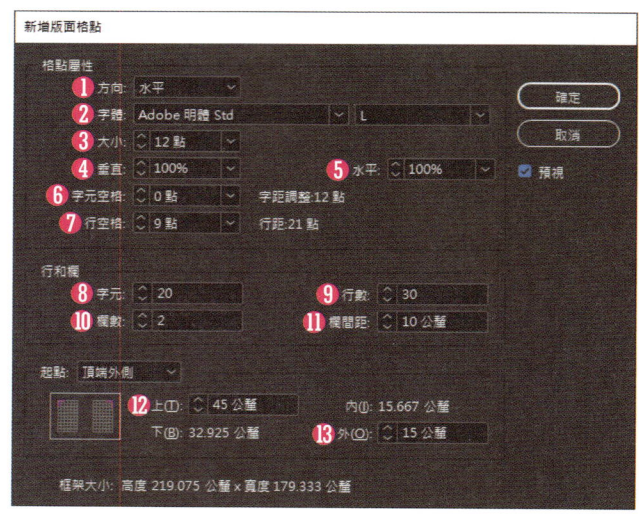

❶ 方向：水平或垂直；設定直排或橫排。
❷ 字體：選擇字型及其樣式。
❸ 大小：設定字型大小。
❹ 垂直：設定字型的垂直變形比例。
❺ 水平：設定字型的水平變形比例。
❻ 字元空格：設定字距。
❼ 行空格：設定行距。
❽ 字元：設定一行中的字元數。
❾ 行數：設定一欄中的行數。
❿ 欄數：設定一頁中的欄數。
⓫ 欄間距：設定欄與欄間之距離。
⓬ 上：版心與頁面頂端邊緣的距離。
　下：與「上」屬連動關係，無須設定。
⓭ 外：版心與頁面外側邊緣的距離。
　內：與「外」屬連動關係，無須設定。

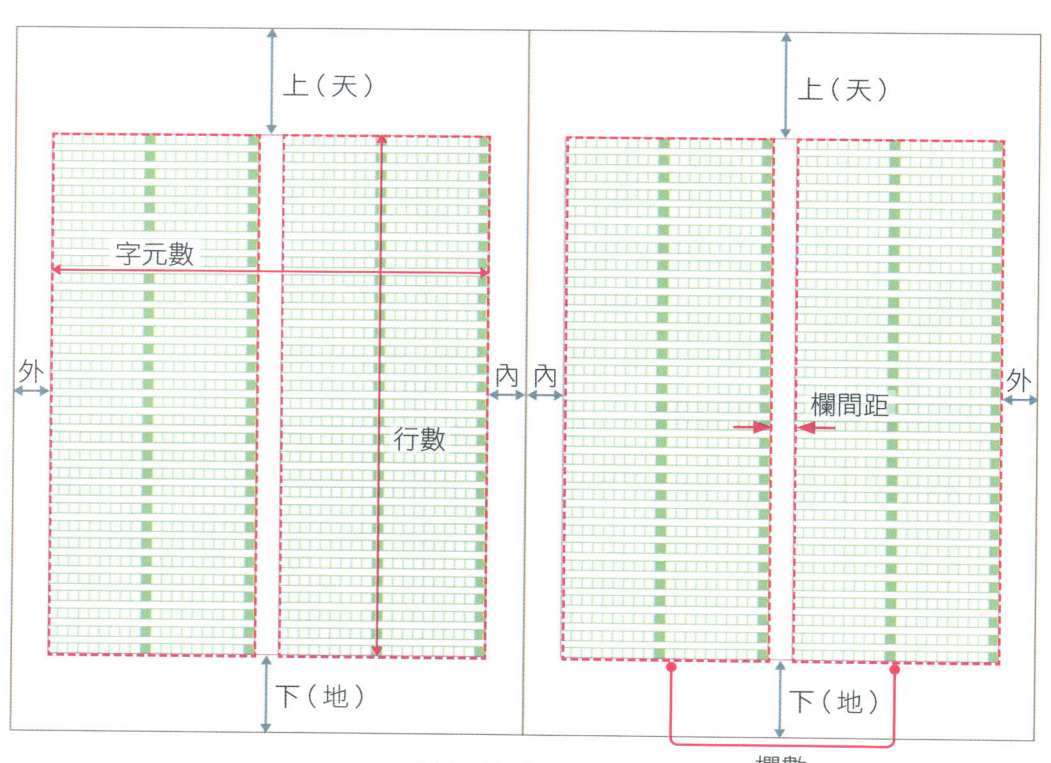

「版面格點」示意圖

建立文件完成後，如需再次調整「版面格點」，於應用功能列選擇「版面＞版面格點」開啟「版面格點」視窗，或是在「屬性面版」，皆可調整設定。

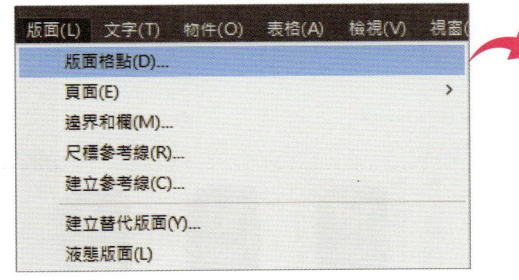
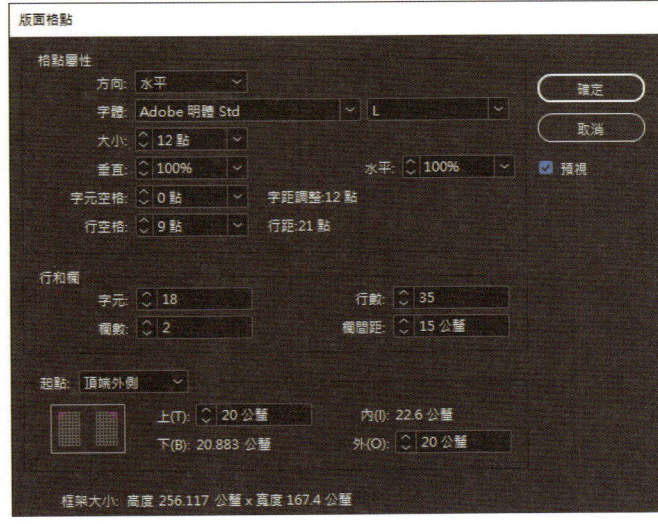

文件設定

建立文件完成之後，若想再次調整文件版面設定，選擇「檔案＞文件設定」開啟文件設定視窗，即可調整設定。

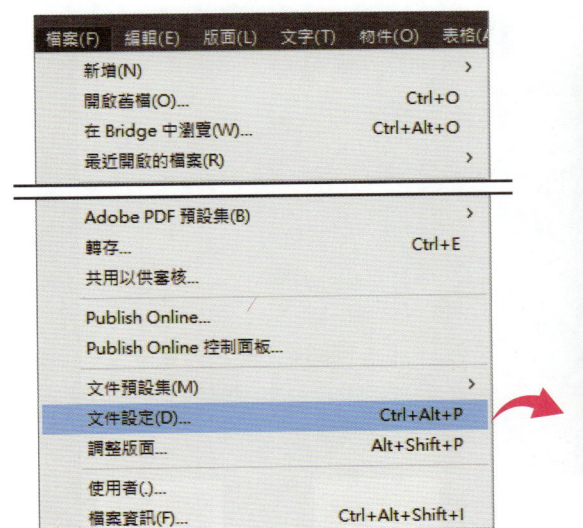
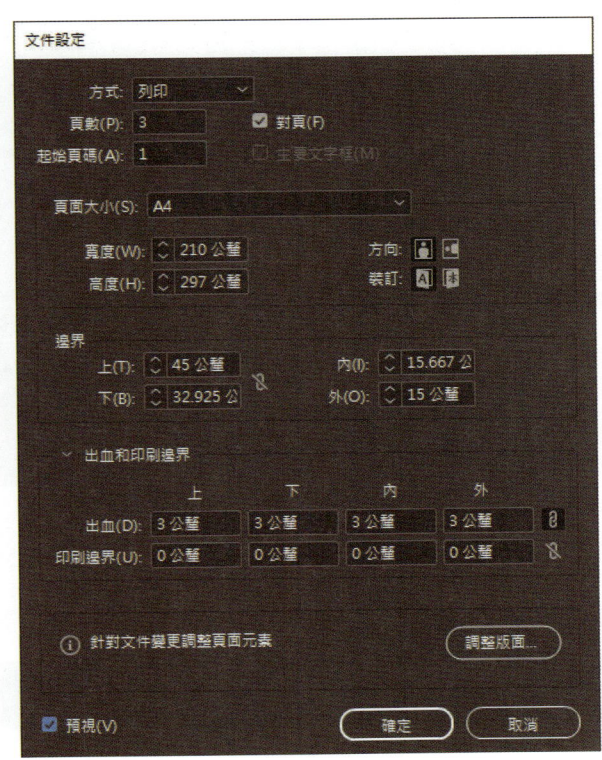

2 開啟文件

❶ 選擇「檔案＞開啟舊檔」

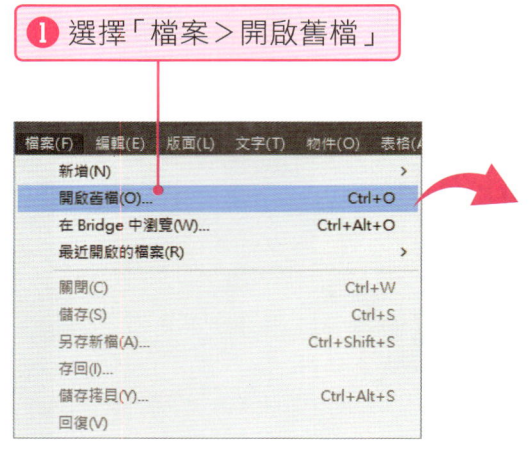

❷ 於存放路徑選擇檔案（.indd），按開啟即完成。

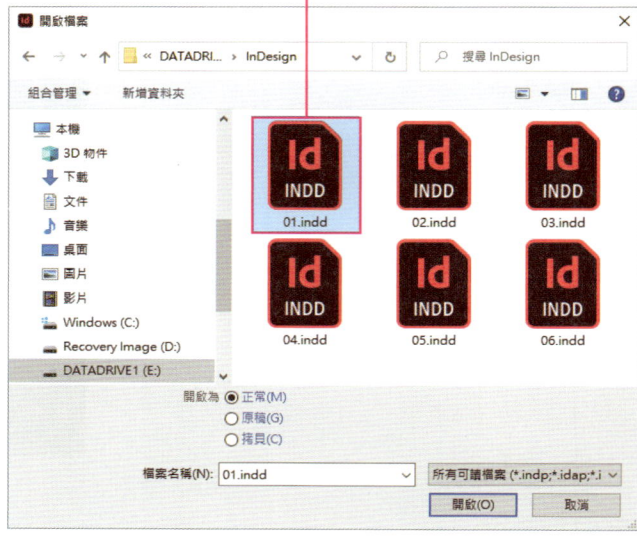

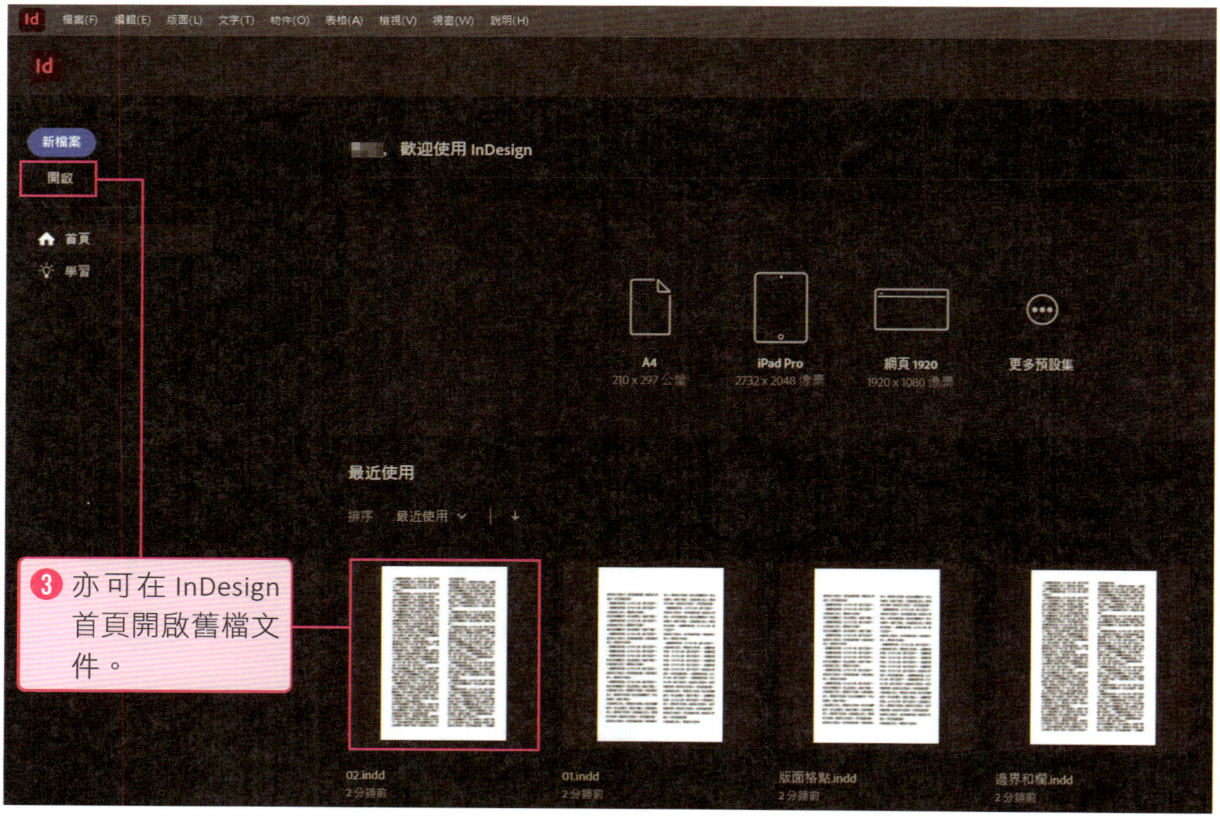

❸ 亦可在 InDesign 首頁開啟舊檔文件。

2-2 關閉和儲存檔案

1 關閉檔案

選擇「檔案＞關閉檔案」。

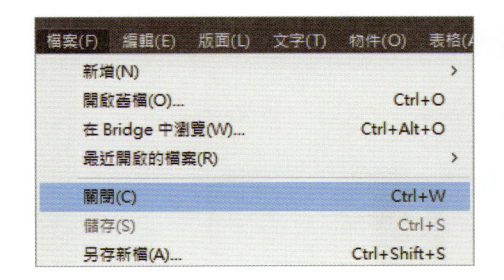

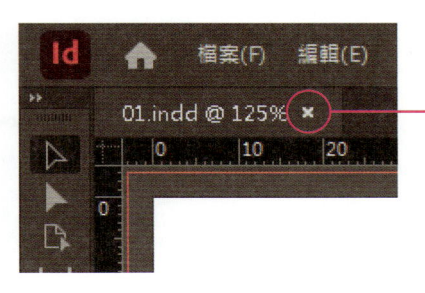

點按檔案標籤的「×」圖示，亦可關閉檔案。

2 儲存檔案

選擇「檔案＞儲存檔案」即完成。

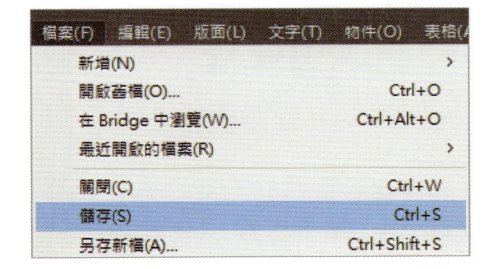

3 另存新檔

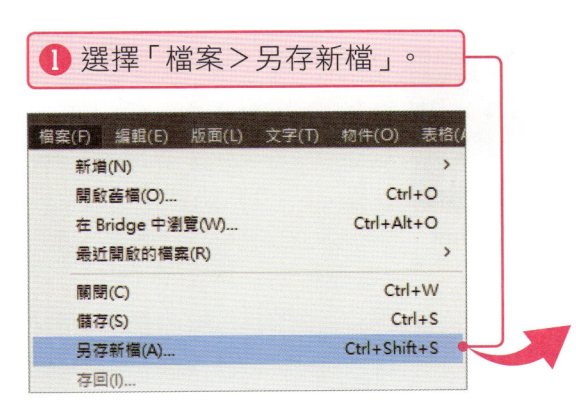

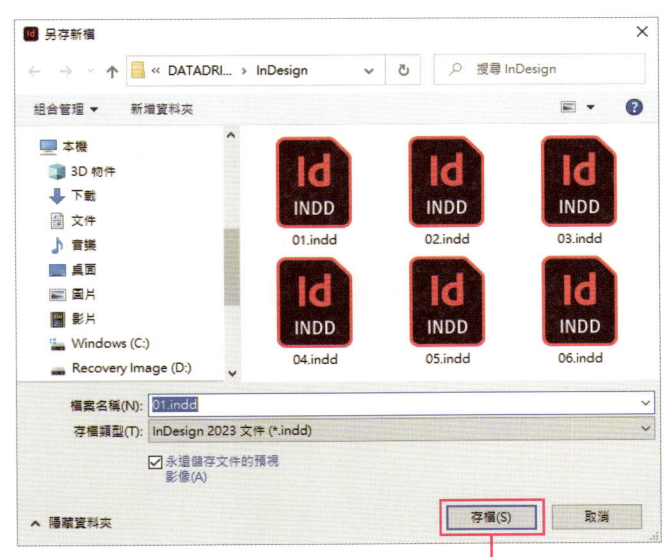

❶ 選擇「檔案＞另存新檔」。

❷ 選擇檔案的存放路徑，並選擇存檔類型（副檔名）和輸入檔案名稱，按存檔即完成。

InDesign 軟體降存版本

在 InDesign 軟體中，新版本可開啟舊版本儲存的檔案，舊版本無法正常開啟新版本儲存的檔案，若強制開啟，可能會造成文字、物件和效果的資料損失或異常顯示。儲存 InDesign（.indd）的新文件時，預設是以最新版本進行儲存，若因特定需求狀況下，可降存版本以供舊版軟體開啟。

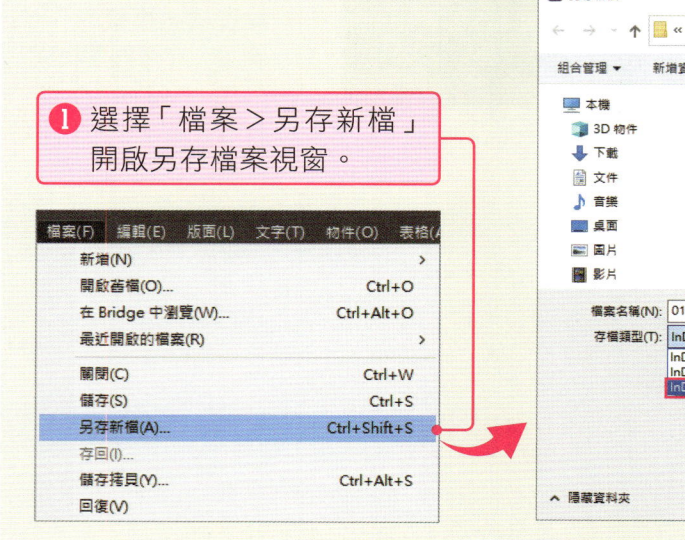

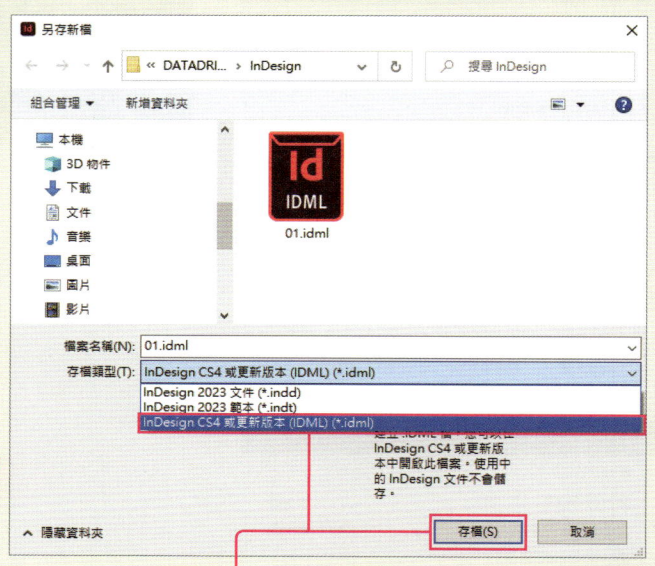

❶ 選擇「檔案＞另存新檔」開啟另存檔案視窗。

❷ 選擇檔案的存放路徑，接著選擇「InDesign CS4 或更新版本（IDML）（*.idml）」，輸入檔案名稱，按存檔即完成。

❸ 降存檔案的副檔名為（.idml）

4 轉存

選擇「檔案＞轉存」，依需求轉存各種檔案格式。可應用於影像、印刷、電子書、網頁與程式應用。

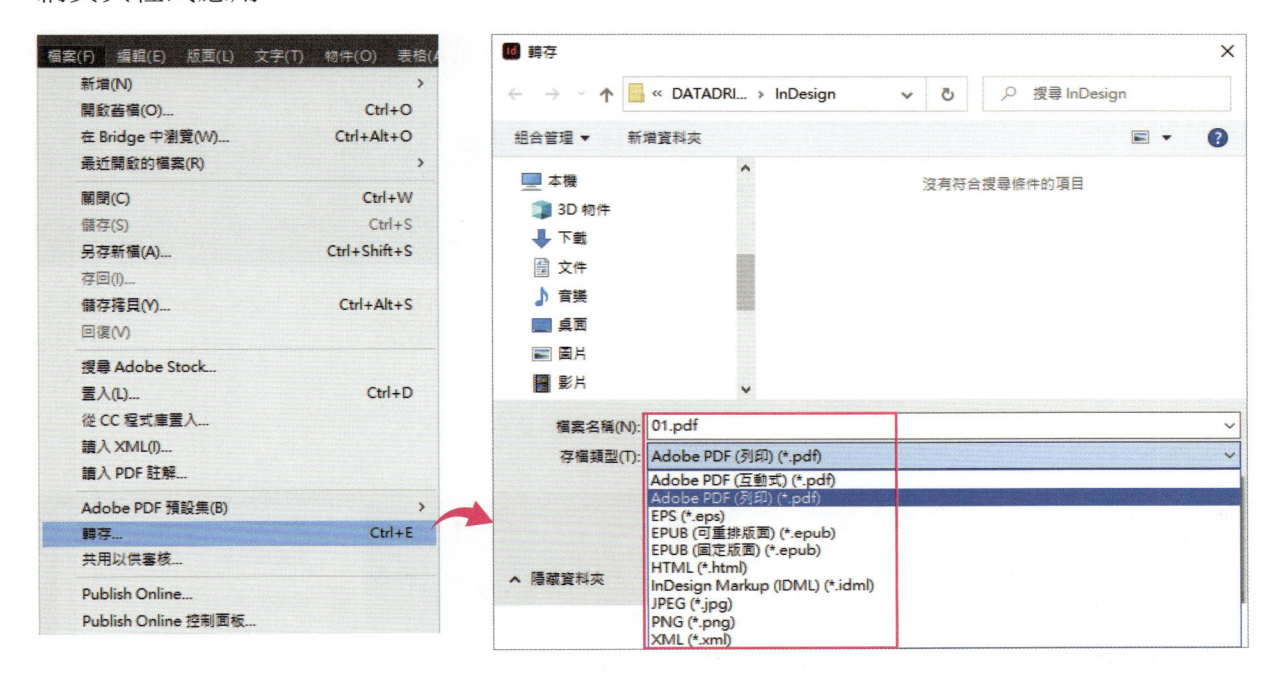

2-3 文件視窗

1 檔案標籤

開啟檔案後，文件顯示在工作區，上方的檔案標籤顯示著檔案資訊。

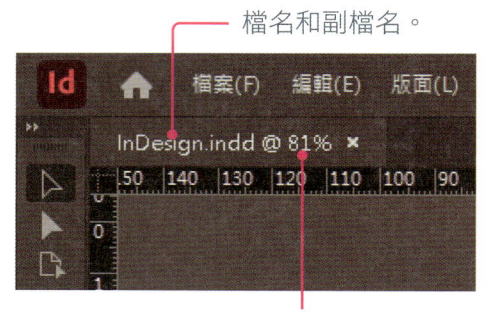

- 檔名和副檔名。
- 文件顯示的百分比。

2 文件資訊

開啟檔案後，文件顯示在工作區，下方顯示著文件資訊。

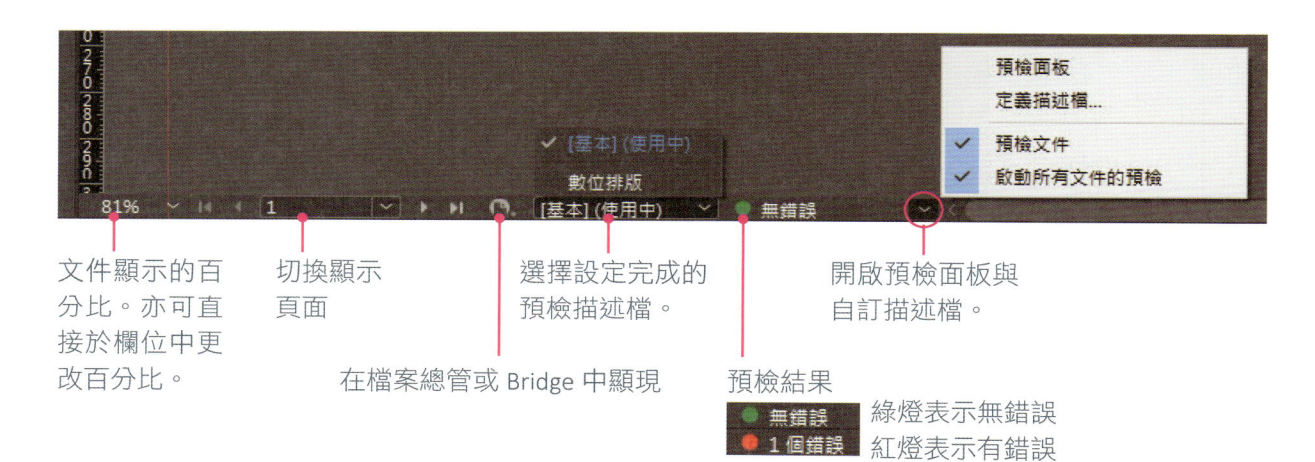

- 文件顯示的百分比。亦可直接於欄位中更改百分比。
- 切換顯示頁面
- 在檔案總管或 Bridge 中顯現
- 選擇設定完成的預檢描述檔。
- 預檢結果
  - 無錯誤　綠燈表示無錯誤
  - 1個錯誤　紅燈表示有錯誤
- 開啟預檢面板與自訂描述檔。

3 移動文件

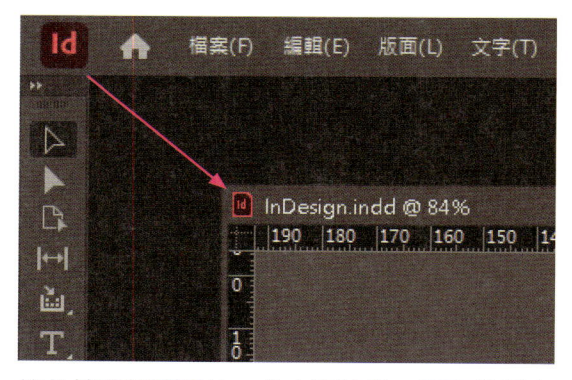

按住**檔案標籤**不放，往右下拖移，即可將檔案框架脫離，並且可以拖移至畫面中任意位置。

按住**檔案標籤**不放，往左上靠近，待邊緣出現**藍色框線**時放開滑鼠，即可將檔案框架復位。

2-4 檢視文件

1 縮放顯示工具

在文件頁面中，放大和縮小顯示。

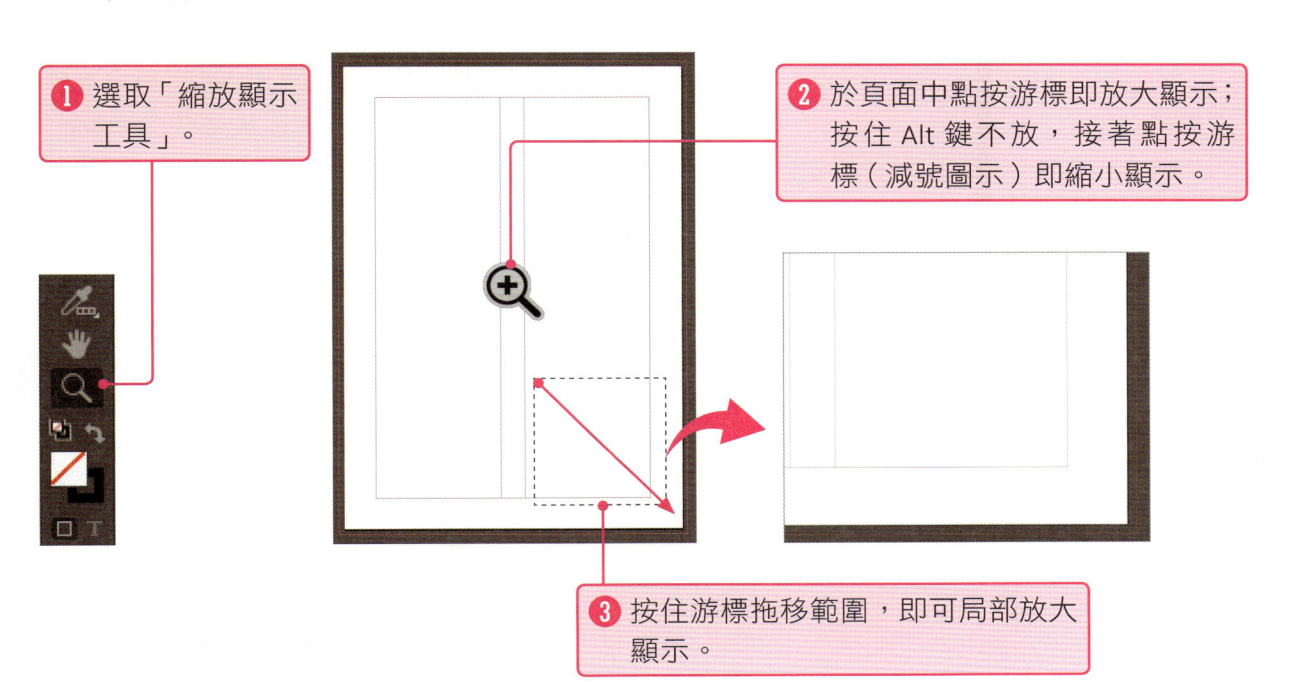

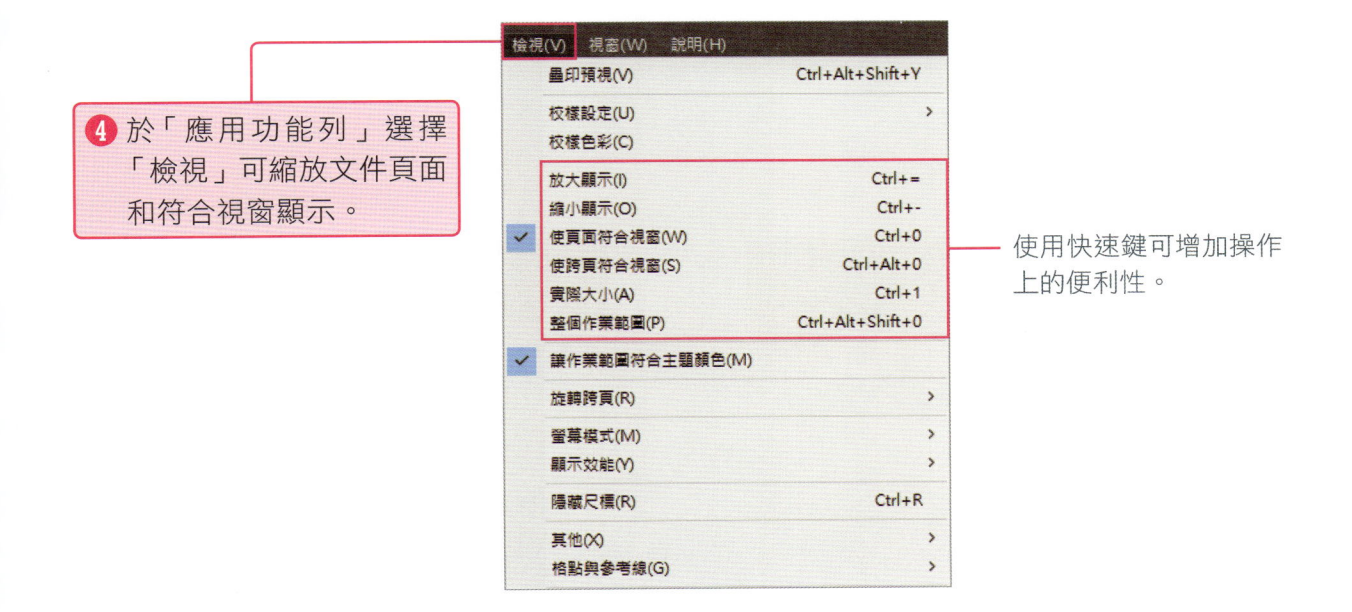

❶ 選取「縮放顯示工具」。

❷ 於頁面中點按游標即放大顯示；按住 Alt 鍵不放，接著點按游標（減號圖示）即縮小顯示。

❸ 按住游標拖移範圍，即可局部放大顯示。

❹ 於「應用功能列」選擇「檢視」可縮放文件頁面和符合視窗顯示。

使用快速鍵可增加操作上的便利性。

2 手形工具

在文件頁面中，平移顯示。

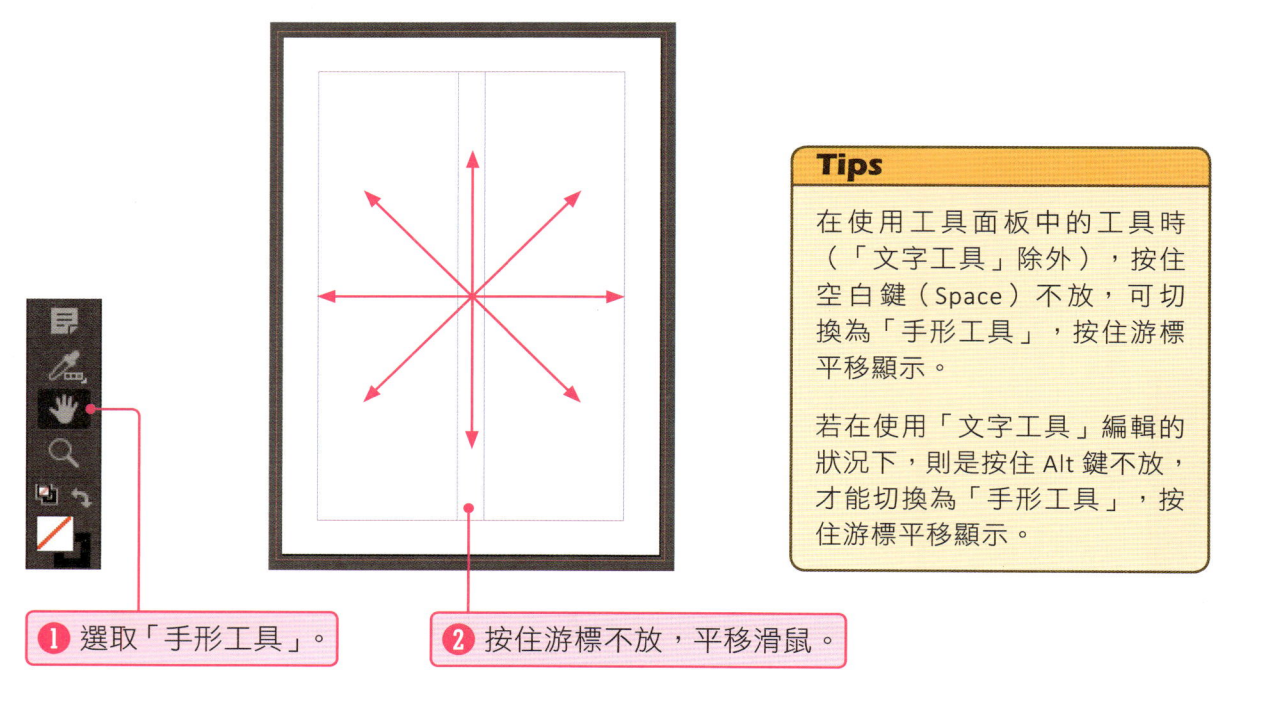

Tips

在使用工具面板中的工具時（「文字工具」除外），按住空白鍵（Space）不放，可切換為「手形工具」，按住游標平移顯示。

若在使用「文字工具」編輯的狀況下，則是按住 Alt 鍵不放，才能切換為「手形工具」，按住游標平移顯示。

❶ 選取「手形工具」。

❷ 按住游標不放，平移滑鼠。

2-5 輔助工具與功能

輔助在文件頁面中,精確地繪製、編排和測量物件。

1 尺標

尺標為協助圖片或物件,精確地定位放置。尺標顯示在視窗的頂端和左側,左上角交會處即為座標原點「0,0」位置,移動游標時,尺標上會顯示標記位置。

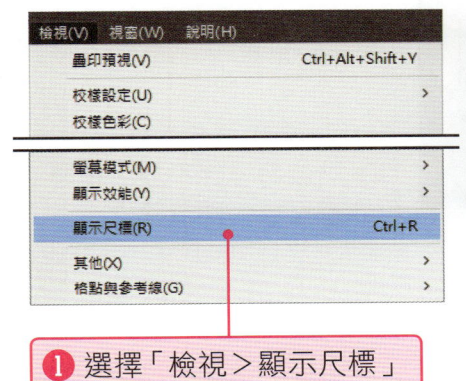

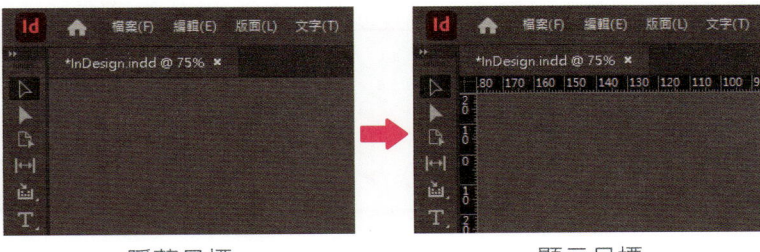

隱藏尺標　　　　　顯示尺標

❶ 選擇「檢視＞顯示尺標」開啟尺標。

❷ 游標點按視窗左上角尺標交會處不放,以對角線方式拖移到工作區域中,放開游標即新原點位置。

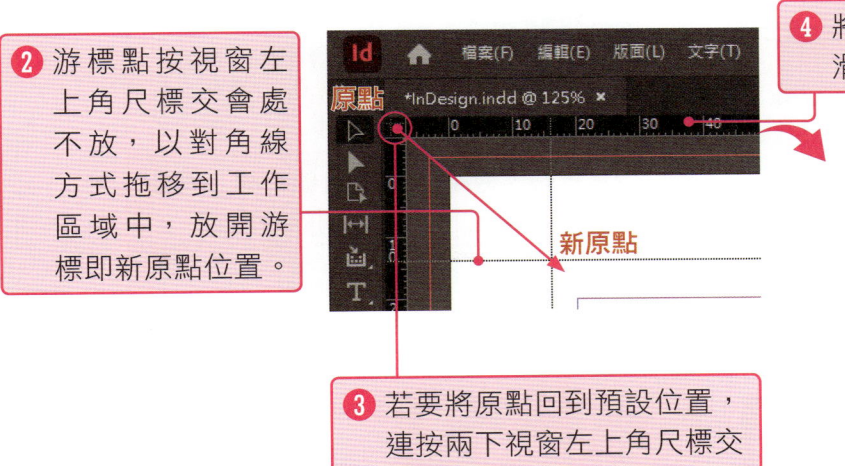

❸ 若要將原點回到預設位置,連按兩下視窗左上角尺標交會處即可。

❹ 將游標置於尺標上方,點按滑鼠右鍵即可更改單位。

2 參考線

參考線可協助對齊任何物件，而且能定位於頁面上的任意位置。

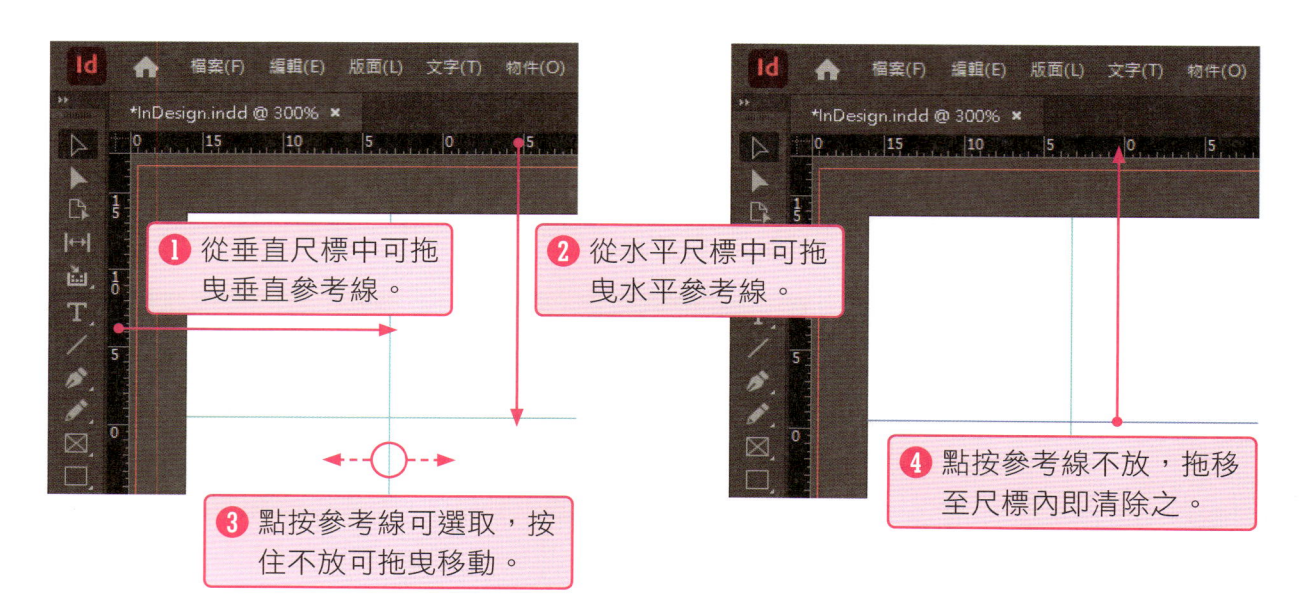

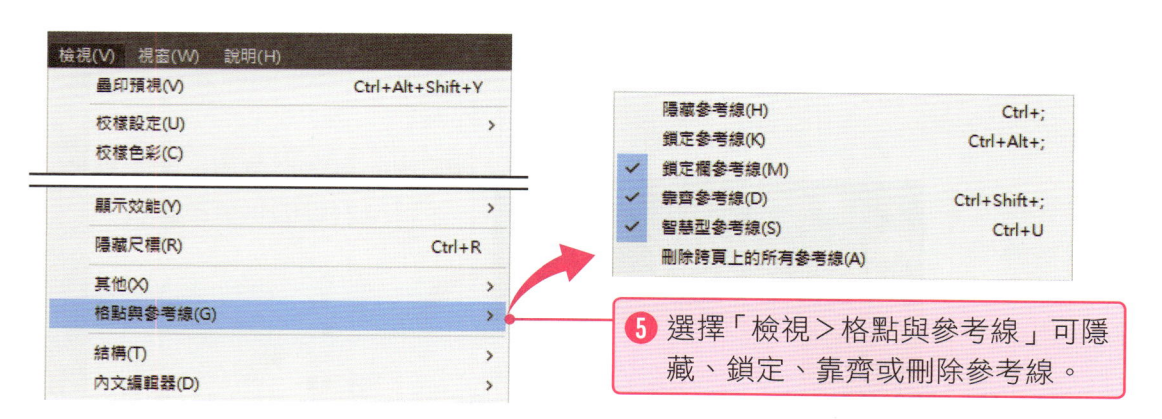

❶ 從垂直尺標中可拖曳垂直參考線。

❷ 從水平尺標中可拖曳水平參考線。

❸ 點按參考線可選取，按住不放可拖曳移動。

❹ 點按參考線不放，拖移至尺標內即清除之。

❺ 選擇「檢視 > 格點與參考線」可隱藏、鎖定、靠齊或刪除參考線。

參考線類型

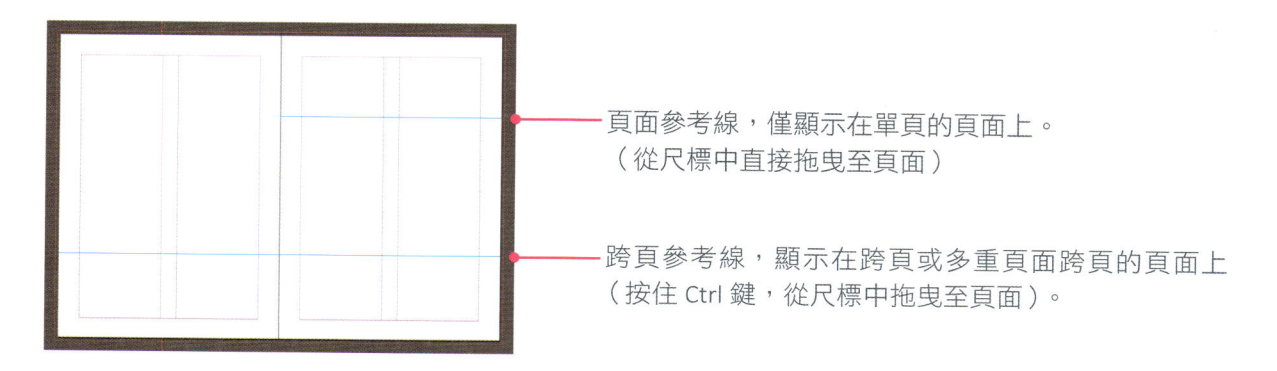

頁面參考線，僅顯示在單頁的頁面上。
（從尺標中直接拖曳至頁面）

跨頁參考線，顯示在跨頁或多重頁面跨頁的頁面上
（按住 Ctrl 鍵，從尺標中拖曳至頁面）。

建立參考線除上述方式之外，亦可選擇「版面＞建立參考線」以數值設定建立。

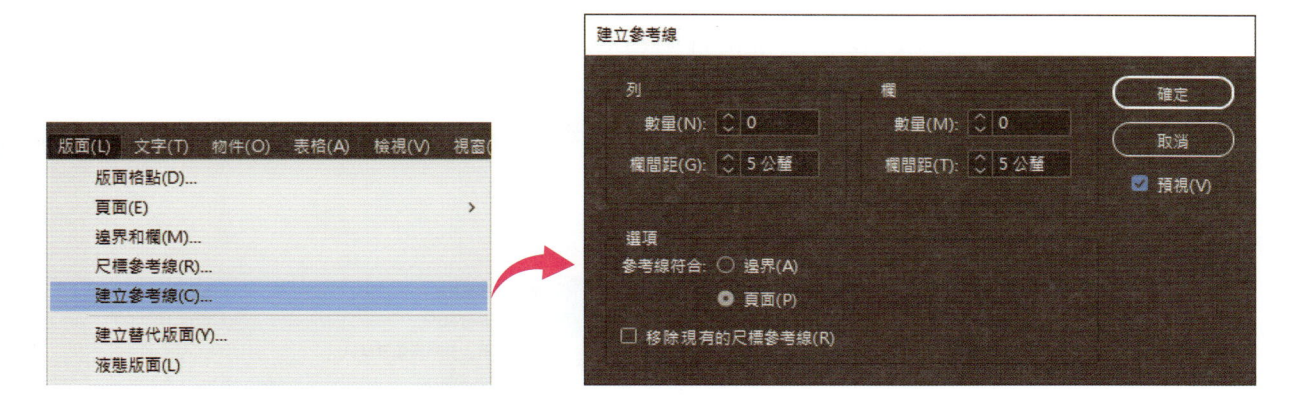

3 智慧型參考線

建立、編輯或調整物件時，輔助靠齊的參考線。

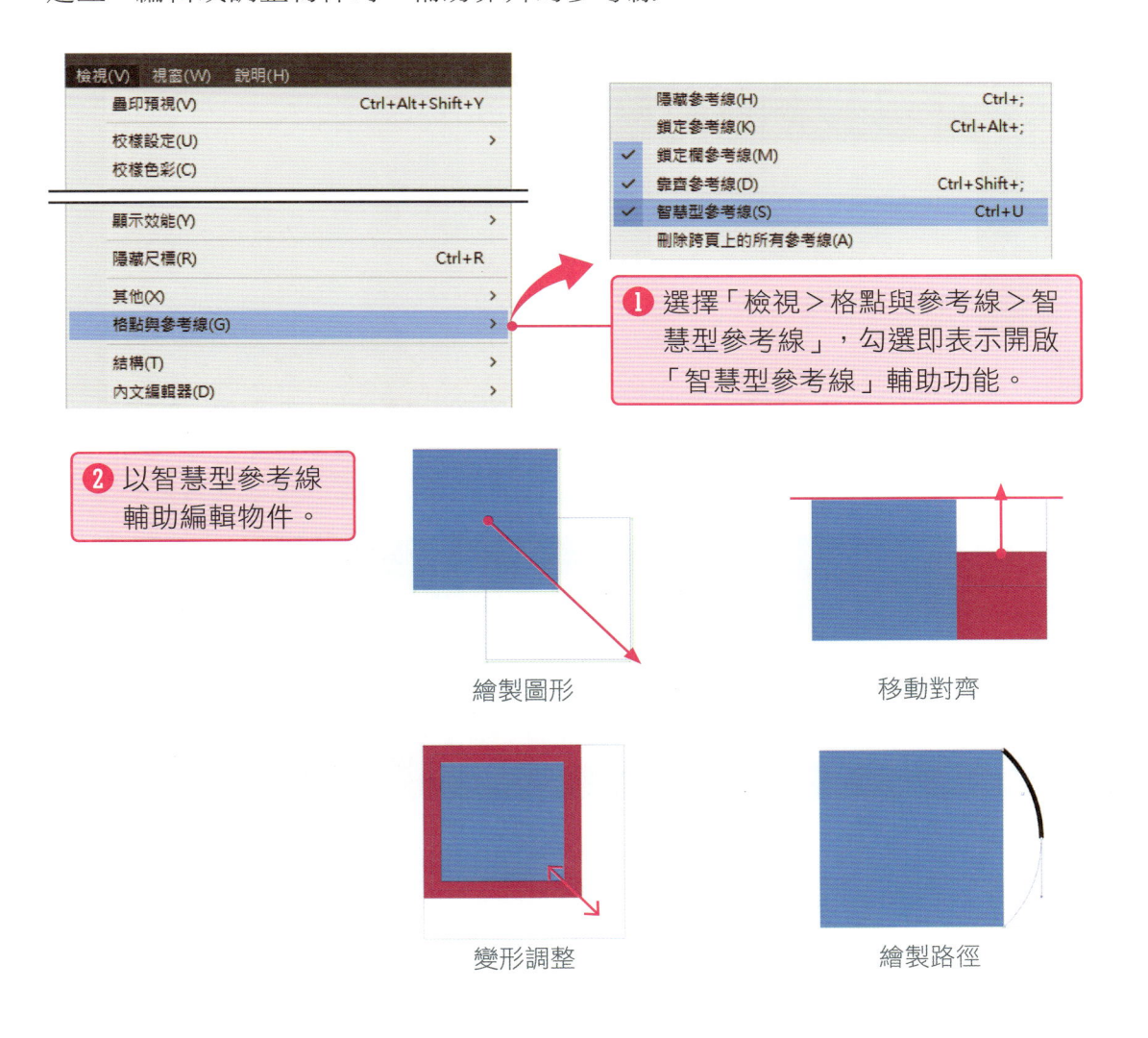

❶ 選擇「檢視＞格點與參考線＞智慧型參考線」，勾選即表示開啟「智慧型參考線」輔助功能。

❷ 以智慧型參考線輔助編輯物件。

繪製圖形

移動對齊

變形調整

繪製路徑

4 格點

在文件頁面中，輔助對齊和編排，且不會列印或印刷於圖稿中。

基線格點

用作對齊文字的編排。

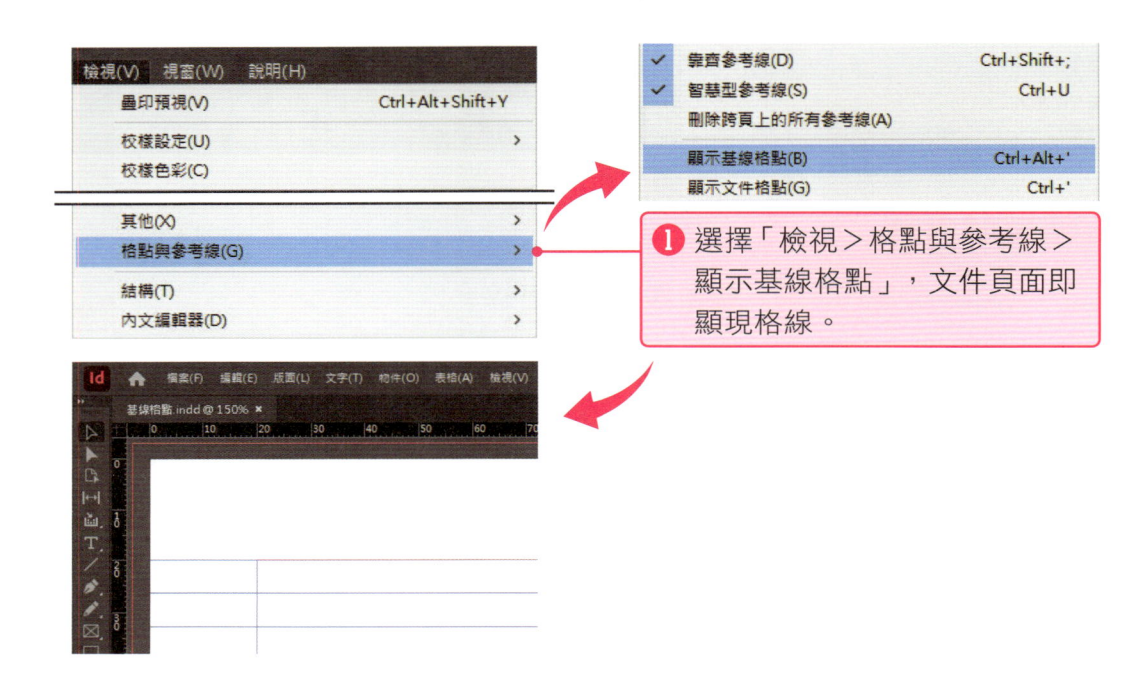

❶ 選擇「檢視＞格點與參考線＞顯示基線格點」，文件頁面即顯現格線。

❷ 選擇「編輯＞偏好設定＞格點＞基線格點」，修改基線格點的設定。

❸ 設定基線格點顏色。

❹ 依據「相對於」的選項，設定「基線格點」的「起始」位置。

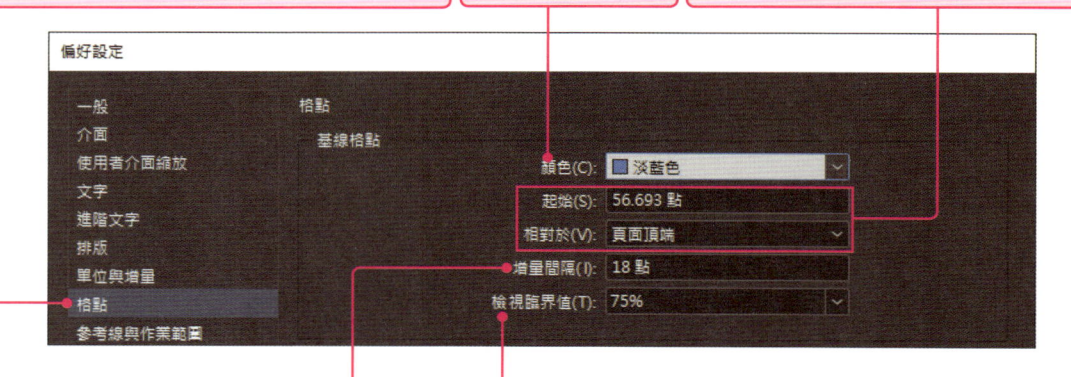

❺ 增量間隔，即格點線段的間距。一般常設定與行距的數值相同，文字即可與格點線段對齊一致。

❻ 檢視臨界值，當文件頁面顯示的比例，若低於設定的數值，就不會顯示基線格點。

基線格點與段落面板設定

「基線格點」搭配「段落面板」，可調整更多的文字編排設定。於「段落面板＞選單＞格點對齊」選擇文字與基線格點的對齊位置。

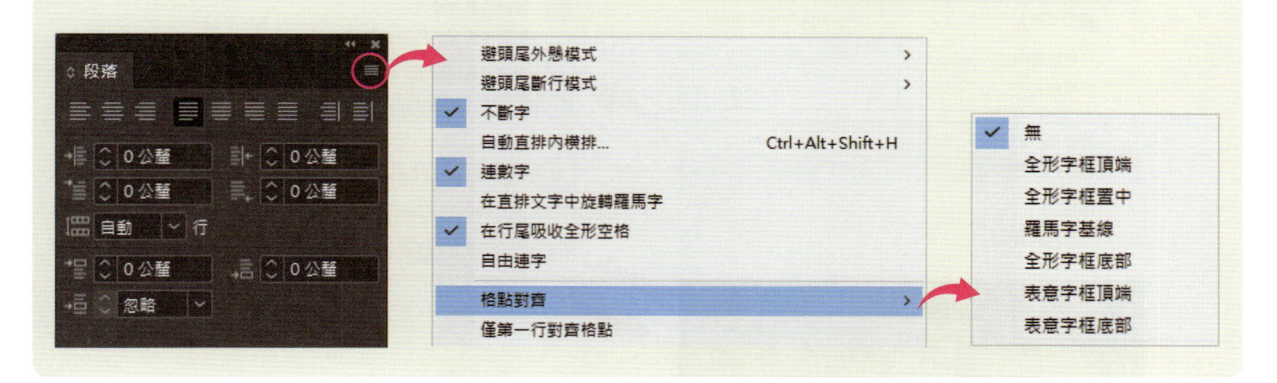

基線格點與文字框選項

文字框亦可設定基線格點。

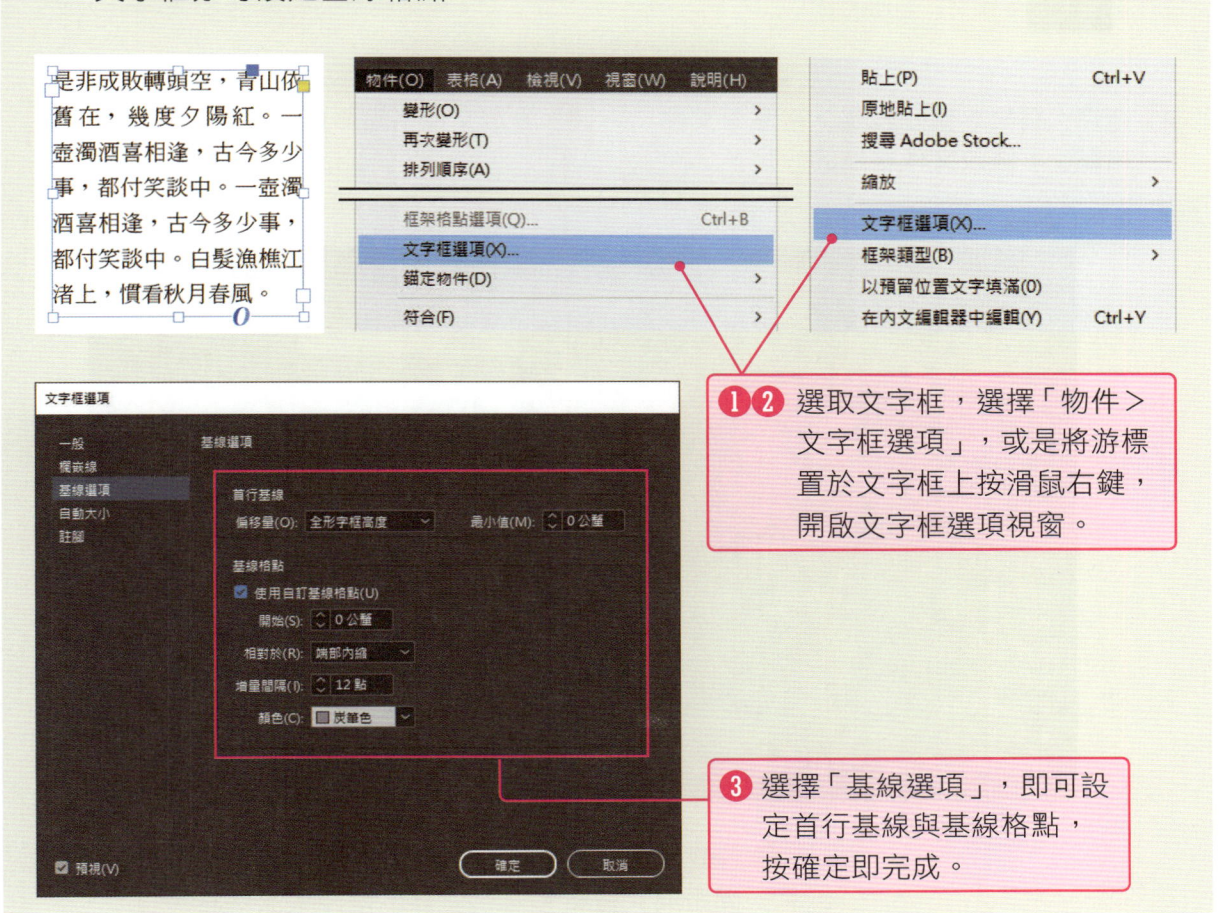

❶❷ 選取文字框，選擇「物件＞文字框選項」，或是將游標置於文字框上按滑鼠右鍵，開啟文字框選項視窗。

❸ 選擇「基線選項」，即可設定首行基線與基線格點，按確定即完成。

02 InDesign 基本操作

文件格點

用作對齊物件的編排。

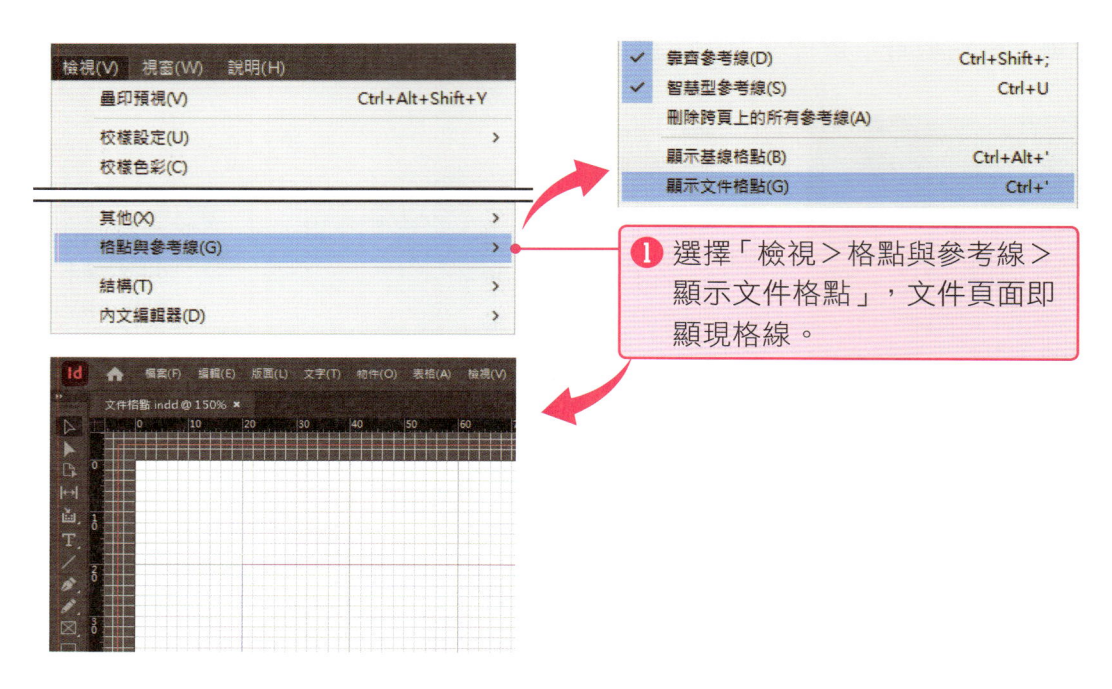

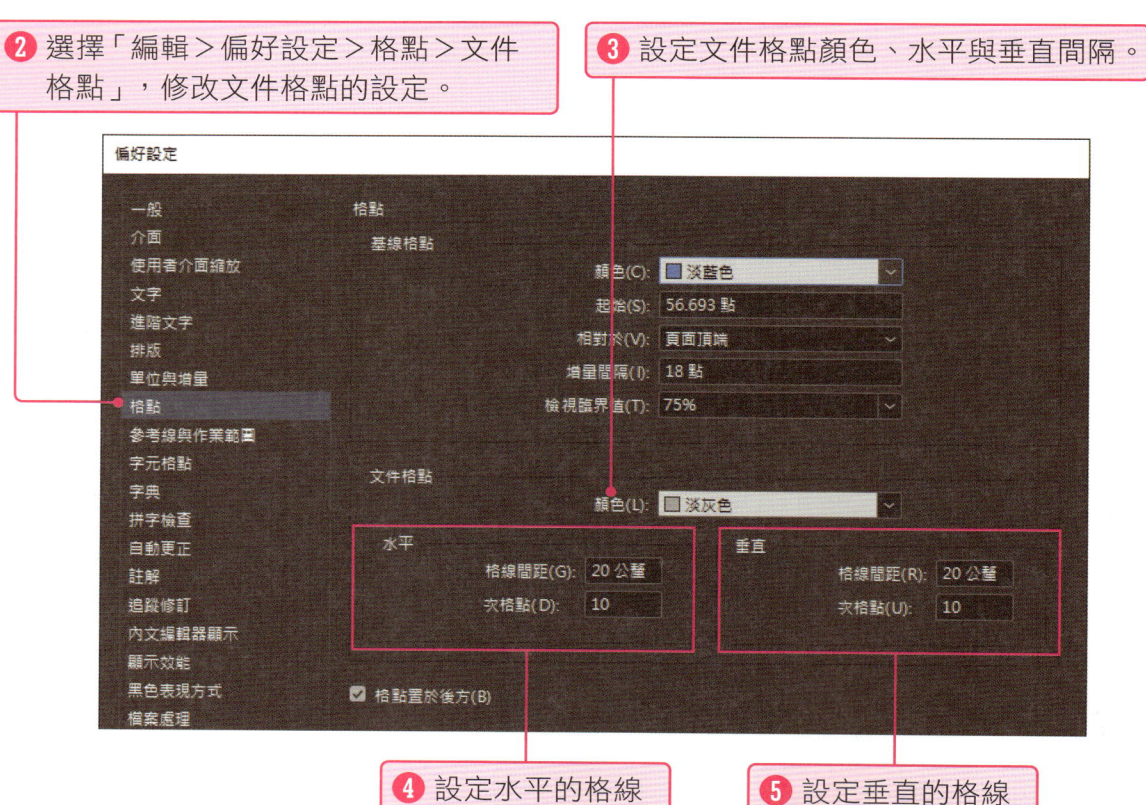

❶ 選擇「檢視＞格點與參考線＞顯示文件格點」，文件頁面即顯現格線。

❷ 選擇「編輯＞偏好設定＞格點＞文件格點」，修改文件格點的設定。

❸ 設定文件格點顏色、水平與垂直間隔。

❹ 設定水平的格線間距與次格點。

❺ 設定垂直的格線間距與次格點。

靠齊文件格點

需啟用「靠齊文件格點」功能，才能使物件編排調整時，自動靠齊「文件格點」設定的位置。選擇「檢視＞格點與參考線＞靠齊文件格點」，拖移物件時，可使物件靠齊格線。

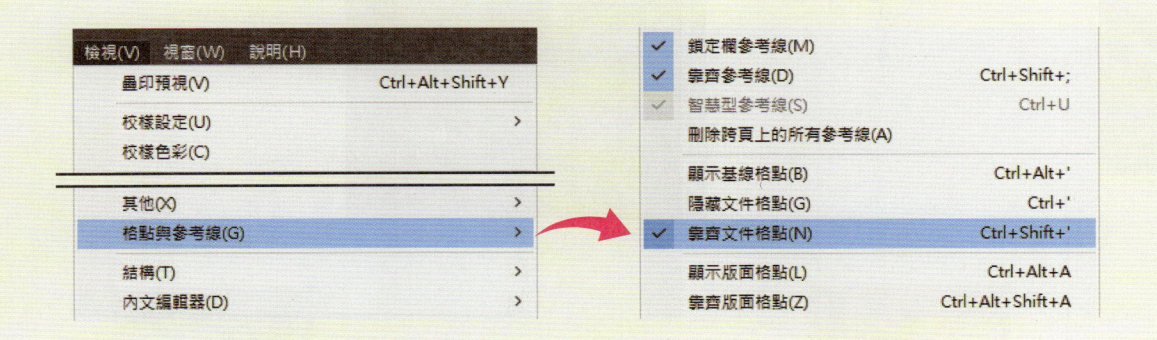

5 滴管工具

從物件或影像中汲取填色、線條或透明度等屬性，並套用於其他物件。

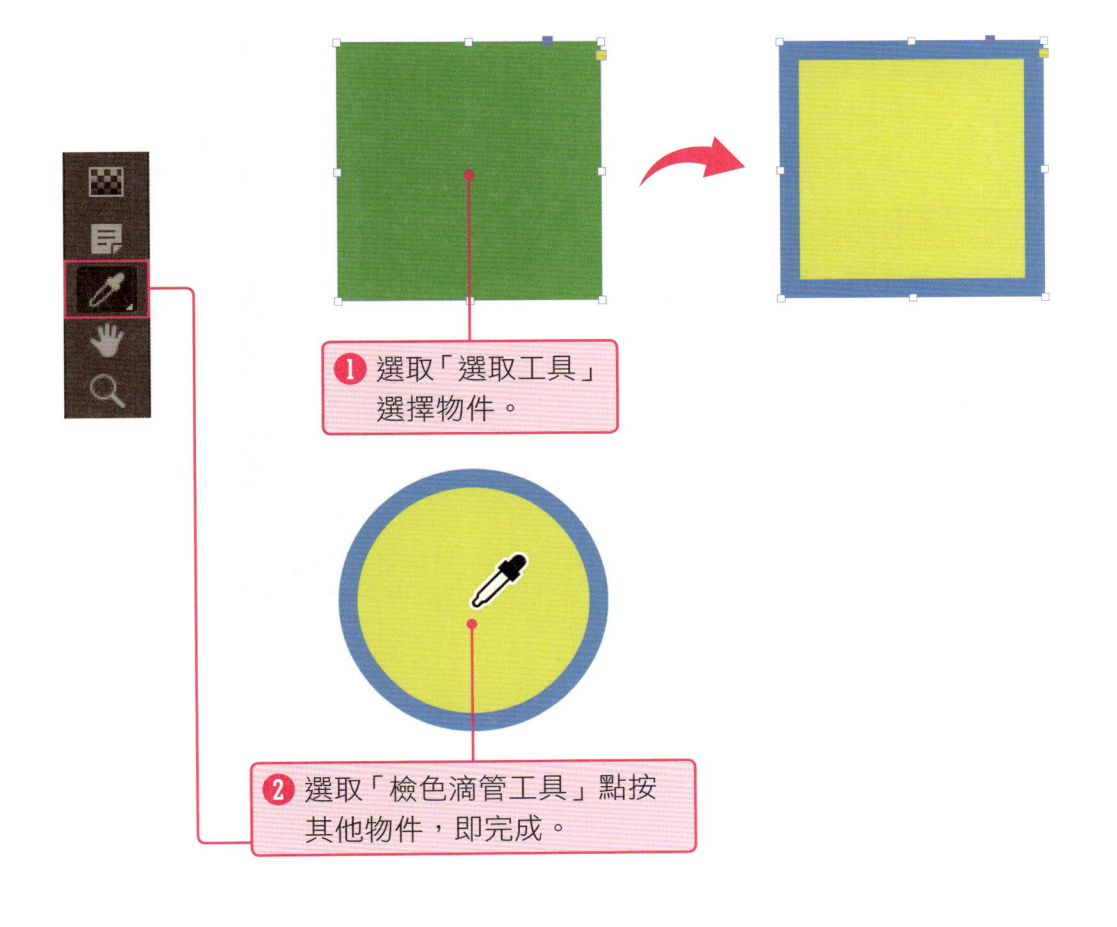

❶ 選取「選取工具」選擇物件。

❷ 選取「檢色滴管工具」點按其他物件，即完成。

6 度量工具

測量任意兩點之間的距離，並顯示於「資訊面板」中。

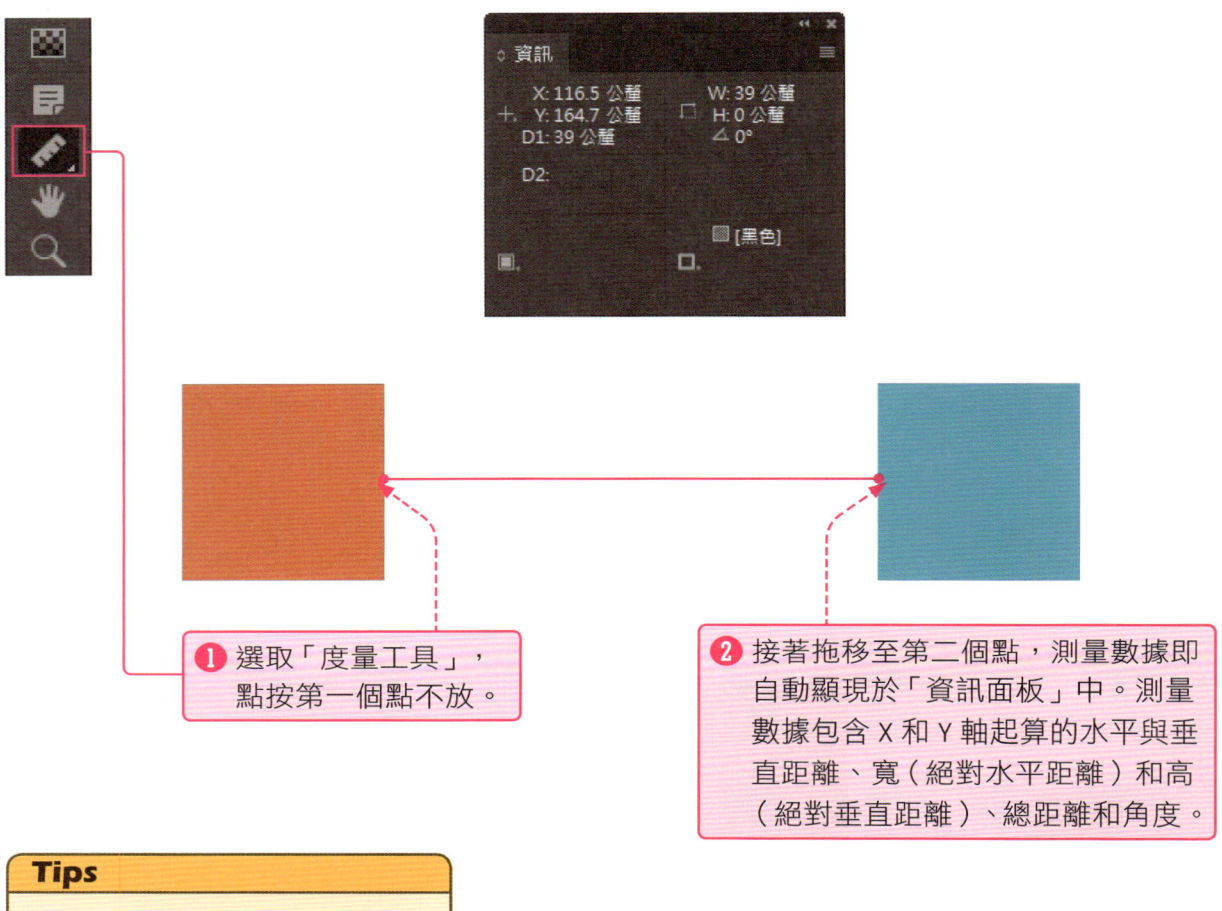

❶ 選取「度量工具」，點按第一個點不放。

❷ 接著拖移至第二個點，測量數據即自動顯現於「資訊面板」中。測量數據包含 X 和 Y 軸起算的水平與垂直距離、寬（絕對水平距離）和高（絕對垂直距離）、總距離和角度。

Tips

使用「度量工具」時，按住 Shift 鍵不放，可保持水平、垂直或 45 度的倍數角度進行量測。

2-6 回復步驟

編輯繪製後,利用「還原 / 重做」功能,可回復所有過往步驟。

❶ 新增文件後,依序繪製圓形、多邊形、正方形。

步驟 1　　　　　　步驟 2　　　　　　步驟 3

❷ 選擇「編輯＞還原」,即跳至上一個步驟(跳至步驟 2)。

❸ 承上,若接著選擇「編輯＞重做」,即跳至下一個步驟(跳至步驟 3)。

2-7 頁面工具

以數值設定與視覺方式，快速地調整主版和內頁的頁面尺寸大小，以及頁面的直橫方向。

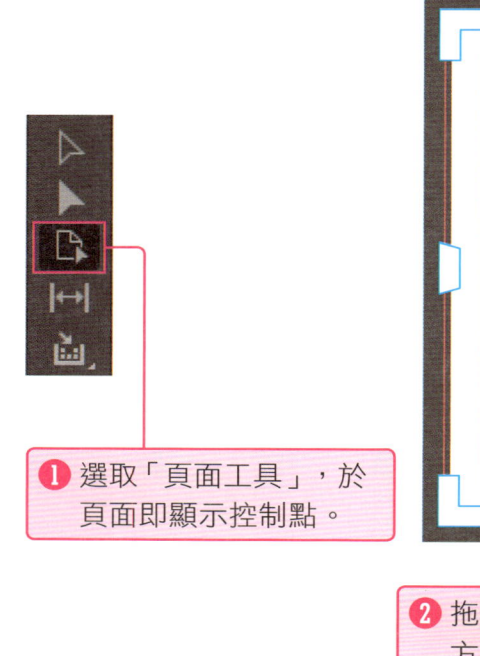

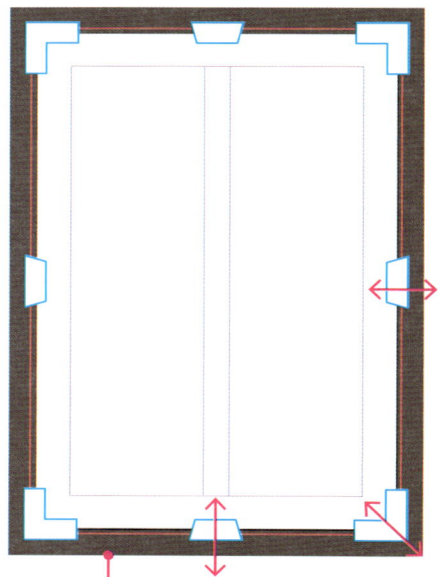

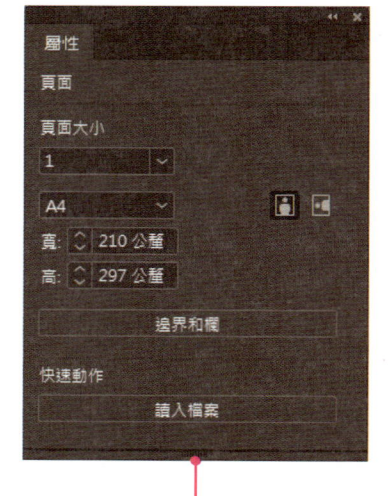

❶ 選取「頁面工具」，於頁面即顯示控制點。

❷ 拖移頁面中的控制點，以視覺方式預視尺寸大小。若按住 Alt 鍵不放拖移控制點，則可以直接修改頁面尺寸。

❸ 開啟「屬性面板」，即能以選項和數值方式調整頁面尺寸。

02 課後習題

選擇題

(　) 1. InDesign 中建立文件時，若需設置頁面的出血尺寸，通常設定為多少？
(A) 1mm　(B) 3mm　(C) 5mm　(D) 10mm

(　) 2. 在建立文件時，勾選「主要文字框」的目的是什麼？
(A) 讓文字自動變粗　　　　　　　(B) 增加文件的字體
(C) 在主版頁上生成一個空白文字框　(D) 自動設置頁碼

(　) 3. InDesign 軟體版本不同時，檔案會有相容性的問題，新版軟體儲存檔案需選擇什麼檔案格式，才能在舊版軟體正常開啟？
(A) IDML　(B) PDF　(C) EPS　(D) JPG

(　) 4. InDesign 若要另存文件為 PDF 或 JPG 等其他檔案格式，應該選擇哪個選項？
(A) 檔案＞儲存　(B) 檔案＞封裝　(C) 檔案＞另存新檔　(D) 檔案＞轉存

(　) 5. 使用「縮放顯示工具」放大文件時，可以按住哪個按鍵來切換為縮小顯示？
(A) Shift　(B) Ctrl　(C) Alt　(D) Space

(　) 6. 使用哪一個工具，可在文件頁面中進行平移顯示？
(A) 手形工具　(B) 縮放工具　(C) 頁面工具　(D) 縮放顯示工具

(　) 7. 若要調整 InDesign 文件中的座標原點，應如何操作？
(A) 選擇「檢視＞顯示尺標」，然後在尺標上按一下滑鼠右鍵
(B) 選擇「版面＞邊界和欄」，在開啟的視窗中設定新的原點數值
(C) 選取「度量工具」，在頁面上點按兩下即可重新設定座標原點
(D) 按住水平與垂直尺標的交會處不放，拖移至工作區域中

(　) 8. 在 InDesign 中，如何顯示基線格點？
(A) 選擇「檢視＞顯示參考線」
(B) 選擇「檢視＞格點與參考線＞顯示基線格點」
(C) 選擇「檢視＞顯示文件」
(D) 選擇「編輯＞顯示格點」

(　) 9. InDesign 中的頁面工具可以用來調整什麼？
(A) 頁面的尺寸和方向　(B) 頁碼　(C) 頁面邊界　(D) 文字格式

(　　) 10. 下圖所示的 InDesign 工作區中，紅框中的數字代表什麼？

(A) 文件名稱　　(B) 文件的顯示比例　　(C) 文件頁數　　(D) 頁面編號

單元小實作

建立一個書籍對開本的檔案文件，頁數不限。

尺寸：A5（148×210mm）對頁

方向：直式

裝訂：由左至右（左翻書）

邊界：上 20mm、下 35mm、內 20mm、外 15mm。

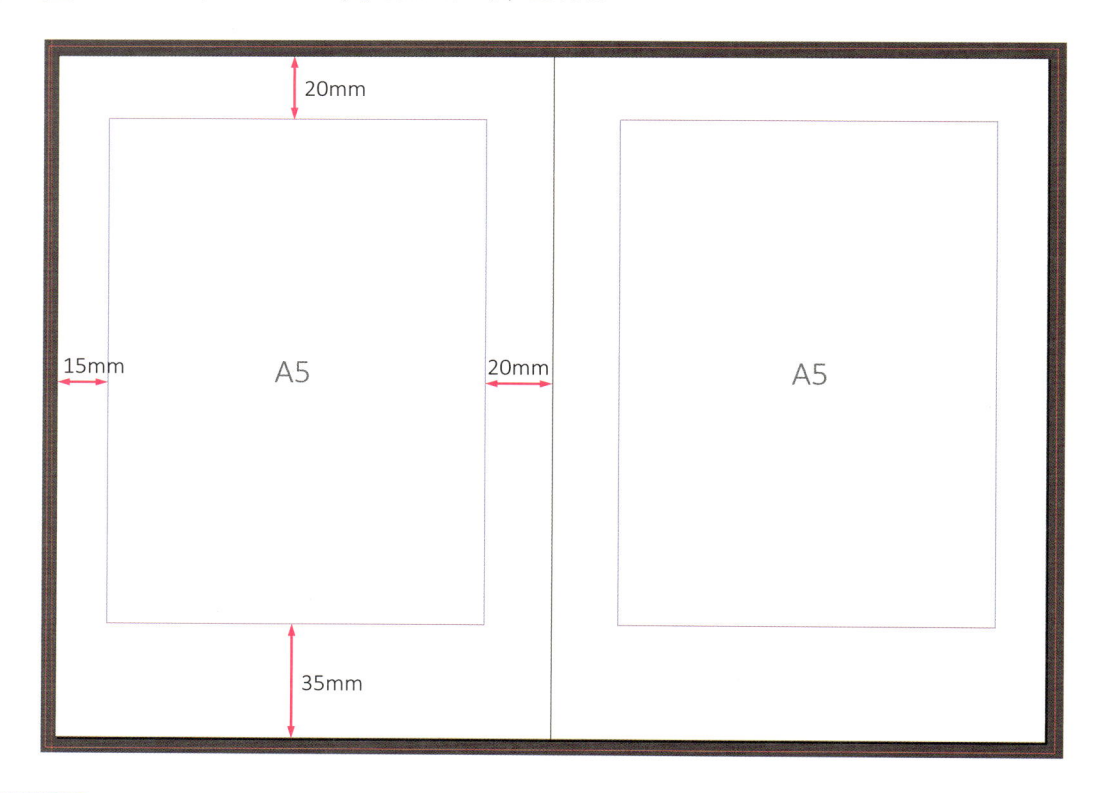

提示重點 注意單位、裝訂位置、出血和邊界的設定。

03

頁面與圖層

頁面與圖層為 InDesign 的中心主軸功能，控制著文件的版型配置和編排序列，以及所有元素和物件的分類管理。

- ▶ 3-1 頁面
- ▶ 3-2 圖層
- ▶ 3-3 物件與圖層
- ▶ 課後習題

3-1 頁面

「頁面面板」主要為顯示主版和內頁的頁面資訊,以及版面的配置與設定,並以縮圖方式呈現。

1 頁面面板

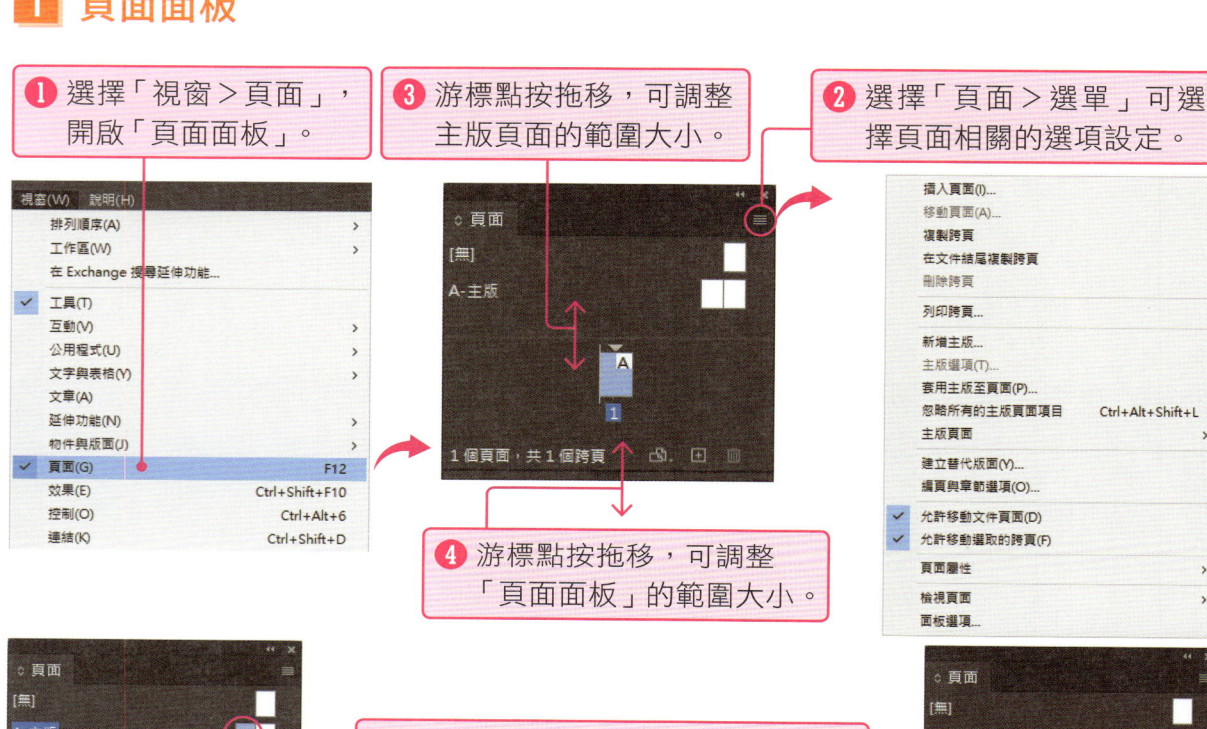

❶ 選擇「視窗>頁面」,開啟「頁面面板」。

❷ 選擇「頁面>選單」可選擇頁面相關的選項設定。

❸ 游標點按拖移,可調整主版頁面的範圍大小。

❹ 游標點按拖移,可調整「頁面面板」的範圍大小。

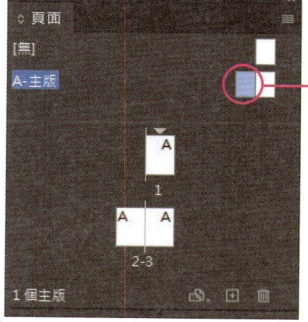

❺ 游標點按一下頁面縮圖,即可選取該頁面;若連按兩下頁面縮圖,即可跳至該頁面,且文件頁面會切換顯示至該頁面的編輯畫面。

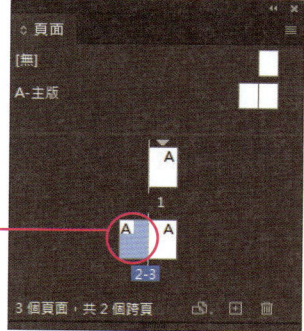

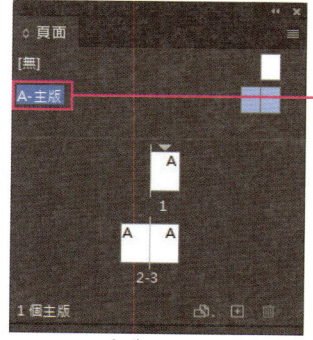

主版頁面

內頁頁面

❻ 游標點按一下頁面縮圖的主版名稱或頁碼,即可選取該跨頁;若連按兩下頁面縮圖的主版名稱或頁碼,即可跳至該跨頁,且文件頁面會切換顯示至該跨頁的編輯畫面。

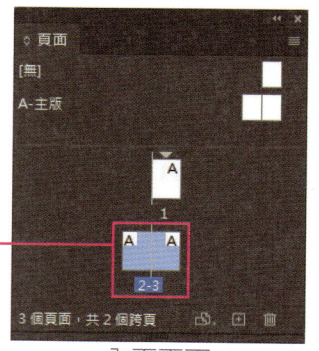

主版頁面

內頁頁面

2 主版頁面

主版頁面如同底圖背景,可將重複性的元素設置於主版,以供內頁套用,例如:頁碼、版型等。而在主版所做的變更亦會自動同步套用至「套用該主版的內頁頁面」。

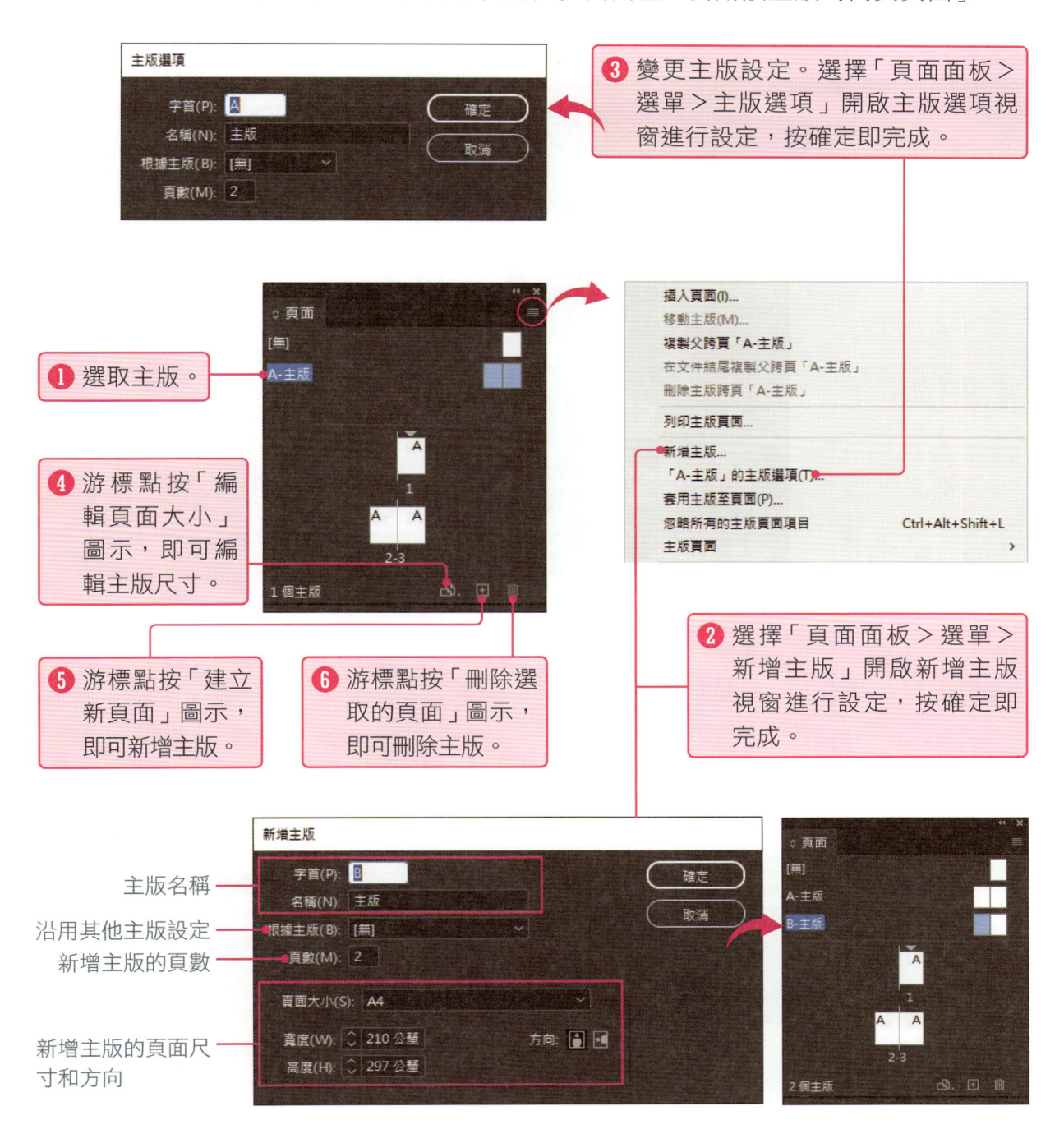

❶ 選取主版。

❹ 游標點按「編輯頁面大小」圖示,即可編輯主版尺寸。

❺ 游標點按「建立新頁面」圖示,即可新增主版。

❻ 游標點按「刪除選取的頁面」圖示,即可刪除主版。

❸ 變更主版設定。選擇「頁面面板 > 選單 > 主版選項」開啟主版選項視窗進行設定,按確定即完成。

❷ 選擇「頁面面板 > 選單 > 新增主版」開啟新增主版視窗進行設定,按確定即完成。

主版名稱

沿用其他主版設定
新增主版的頁數

新增主版的頁面尺寸和方向

3 內頁頁面

內頁主要用作編排內容，並可依需求套用不同主版，倘若主版有修改變更，亦會同步更新至內頁。

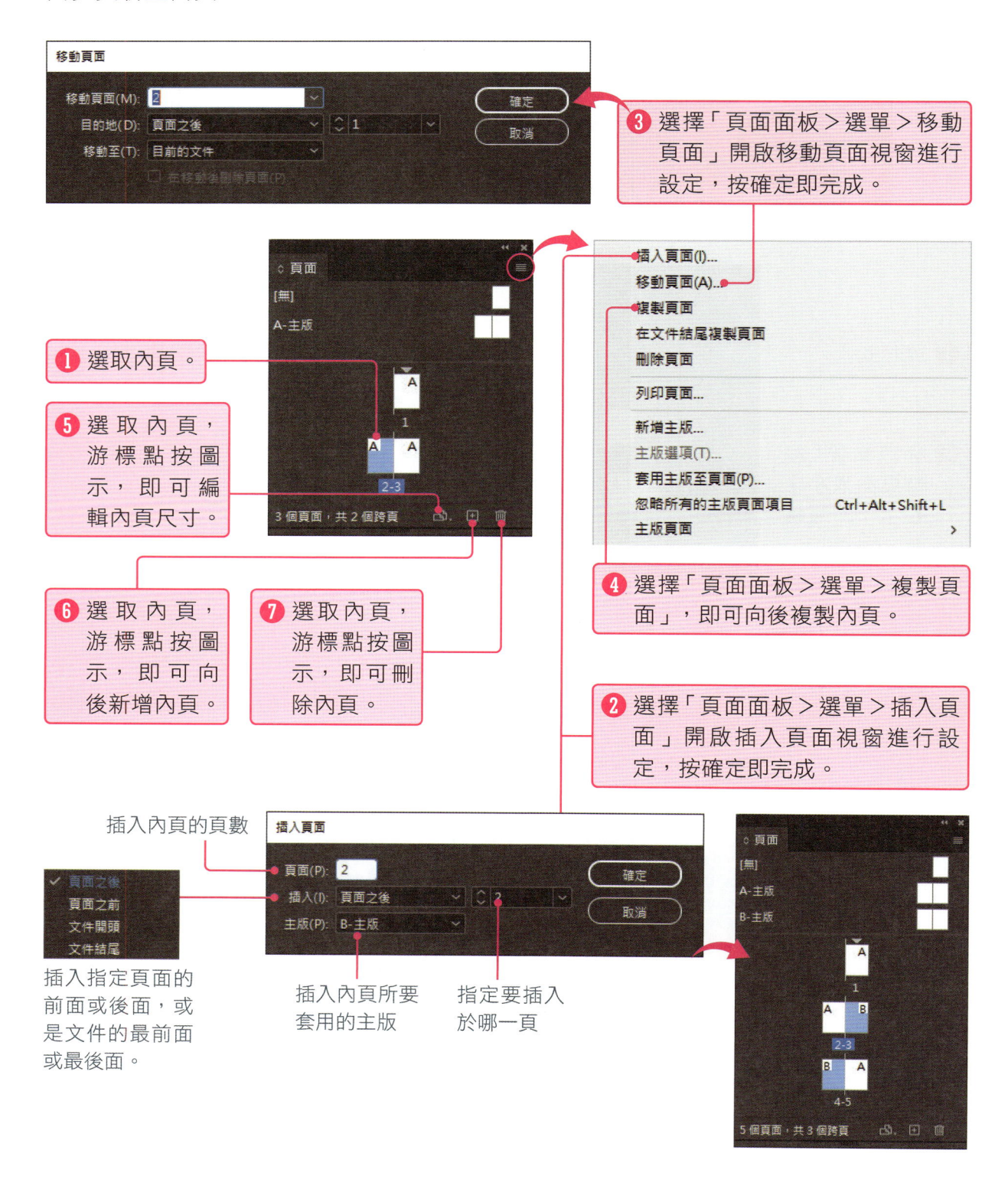

❶ 選取內頁。

❺ 選取內頁，游標點按圖示，即可編輯內頁尺寸。

❻ 選取內頁，游標點按圖示，即可向後新增內頁。

❼ 選取內頁，游標點按圖示，即可刪除內頁。

❸ 選擇「頁面面板＞選單＞移動頁面」開啟移動頁面視窗進行設定，按確定即完成。

❹ 選擇「頁面面板＞選單＞複製頁面」，即可向後複製內頁。

❷ 選擇「頁面面板＞選單＞插入頁面」開啟插入頁面視窗進行設定，按確定即完成。

插入內頁的頁數

插入指定頁面的前面或後面，或是文件的最前面或最後面。

插入內頁所要套用的主版

指定要插入於哪一頁

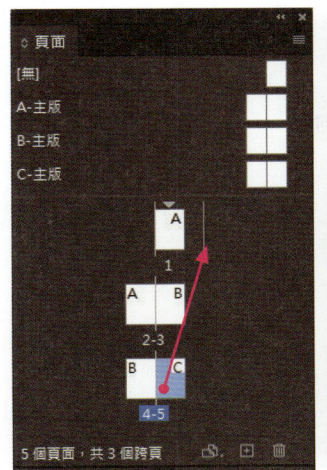

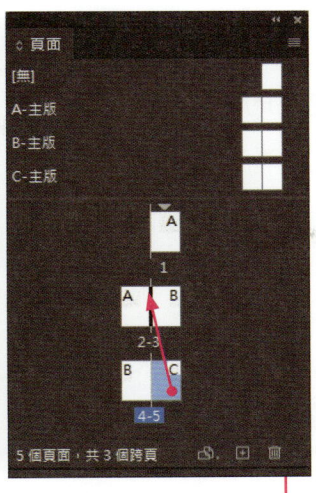

❽ 選取內頁，拖移游標至其他內頁之前或之後，即可移動內頁。

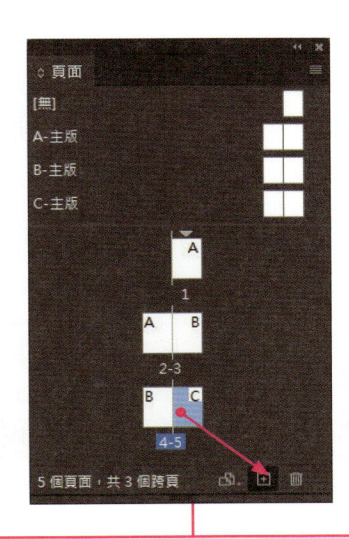

❾ 選取內頁，拖移游標至「建立新頁面」圖示上方，即可複製內頁。

Tips

選取指定的內頁

按住 **Ctrl** 鍵不放，以游標點按內頁，即可增選或減選指定的內頁。

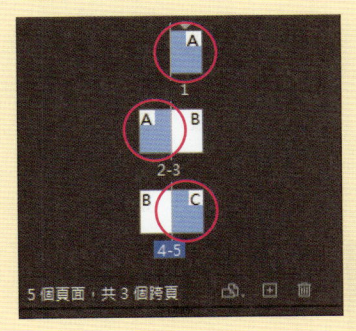

一次選取多個內頁

選取第一個內頁，按住 **Shift** 鍵點選最後一個內頁，即可同時選取區間內的所有內頁。

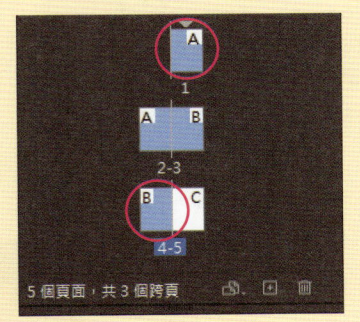

於內頁選取主版物件

在內頁是無法選取主版中的物件，需按住 **Ctrl + Shift** 不放，以游標點按物件，即可選取。

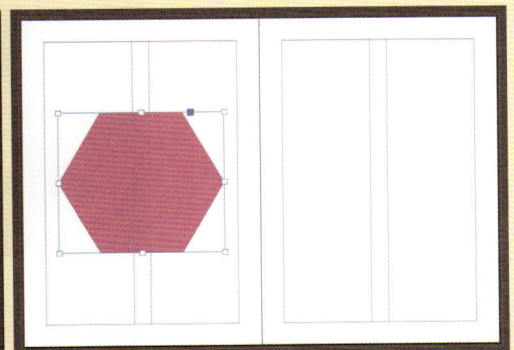

內頁頁面

4 製作頁碼

新增、刪除、移動或重新排列多頁文件的頁面時,頁碼必須能夠自動更新所對應的頁面。

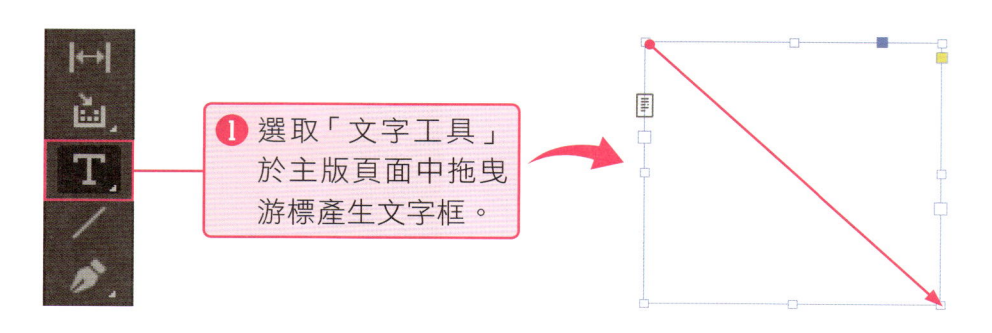

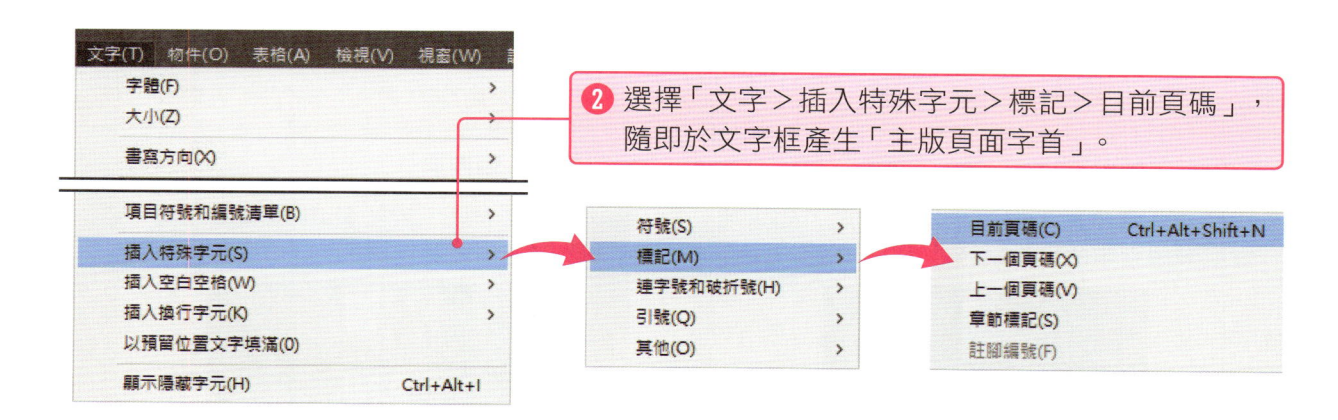

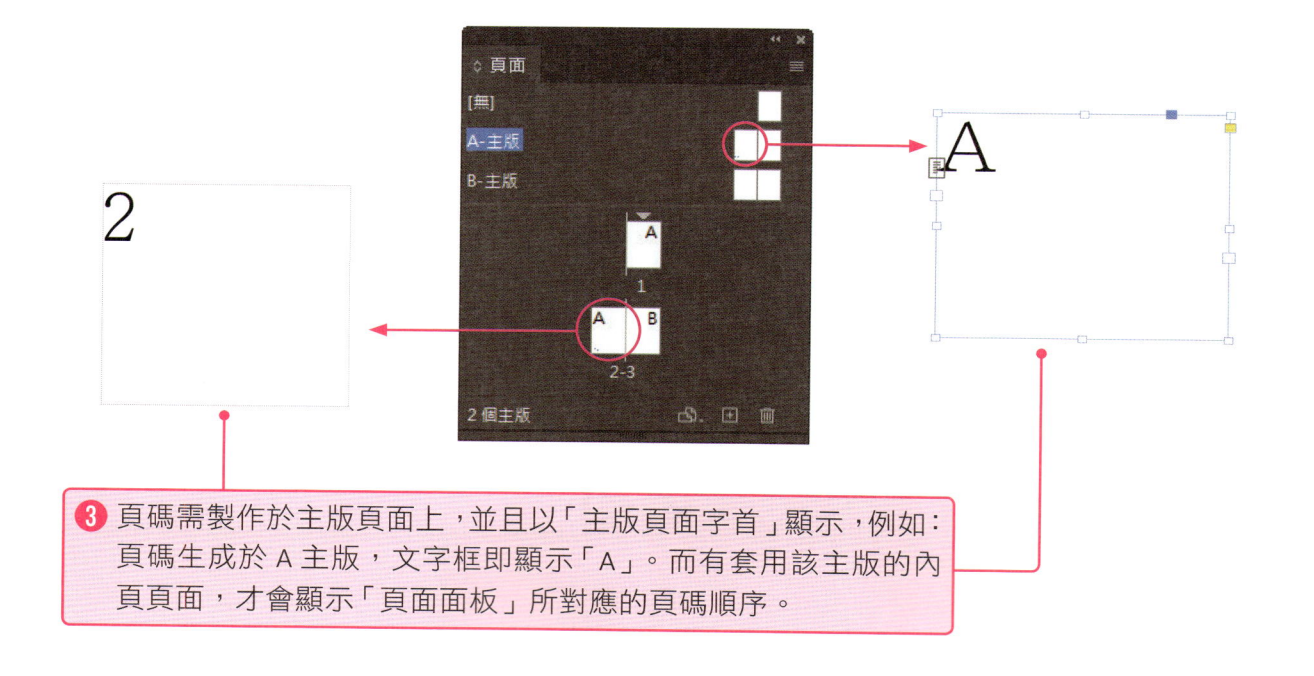

❶ 選取「文字工具」於主版頁面中拖曳游標產生文字框。

❷ 選擇「文字＞插入特殊字元＞標記＞目前頁碼」,隨即於文字框產生「主版頁面字首」。

❸ 頁碼需製作於主版頁面上,並且以「主版頁面字首」顯示,例如:頁碼生成於 A 主版,文字框即顯示「A」。而有套用該主版的內頁頁面,才會顯示「頁面面板」所對應的頁碼順序。

5 編頁與章節選項

可變更頁碼的編號樣式,亦可將某一頁指定為起始頁碼的第一頁,或是指定編號作為起始頁碼。

起始頁碼

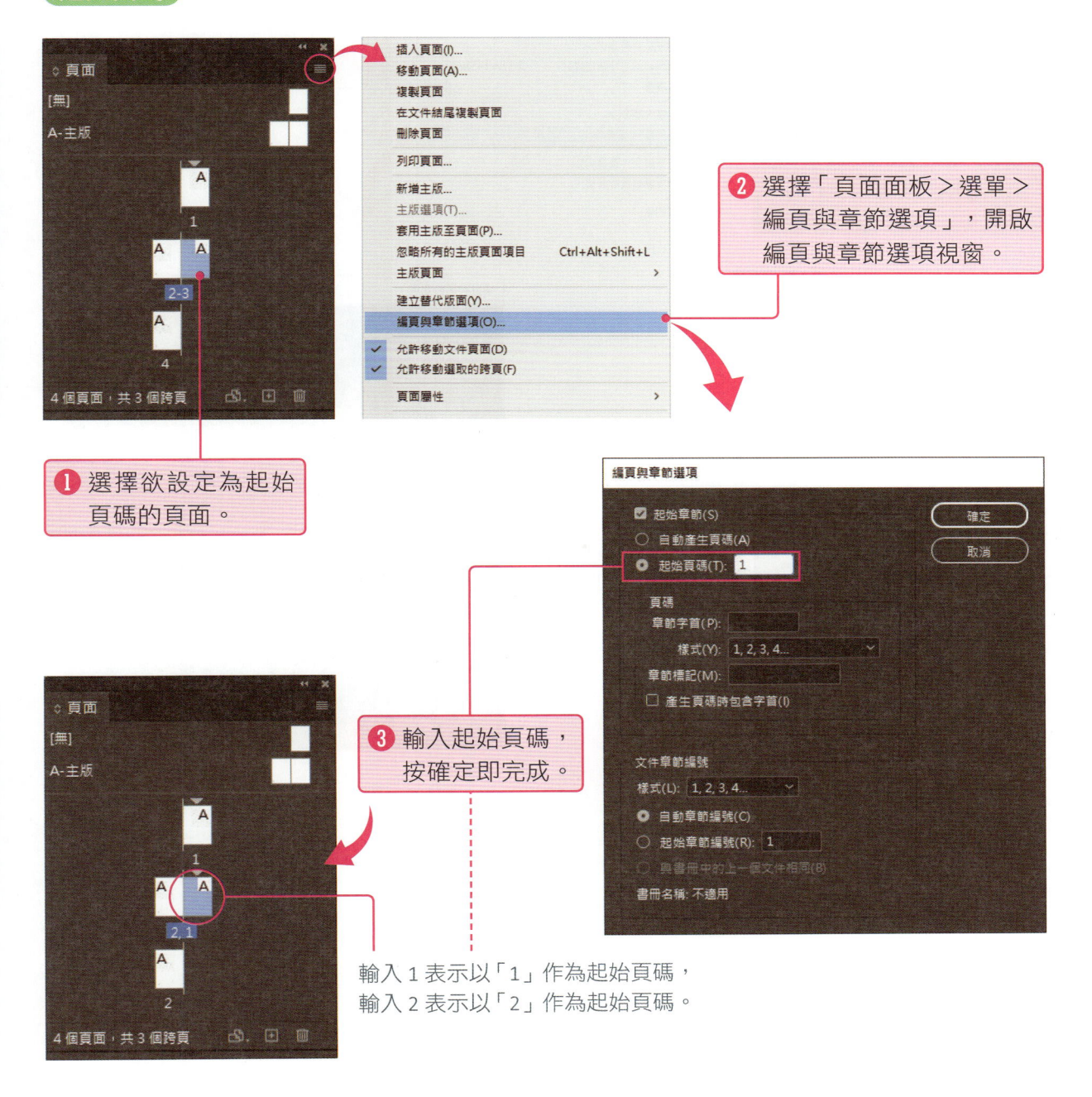

❶ 選擇欲設定為起始頁碼的頁面。

❷ 選擇「頁面面板＞選單＞編頁與章節選項」,開啟編頁與章節選項視窗。

❸ 輸入起始頁碼,按確定即完成。

輸入 1 表示以「1」作為起始頁碼,
輸入 2 表示以「2」作為起始頁碼。

03 頁面與圖層

頁碼樣式

❶ 選擇欲變更頁碼樣式的頁面，若有多頁需變更，則選取第一頁。

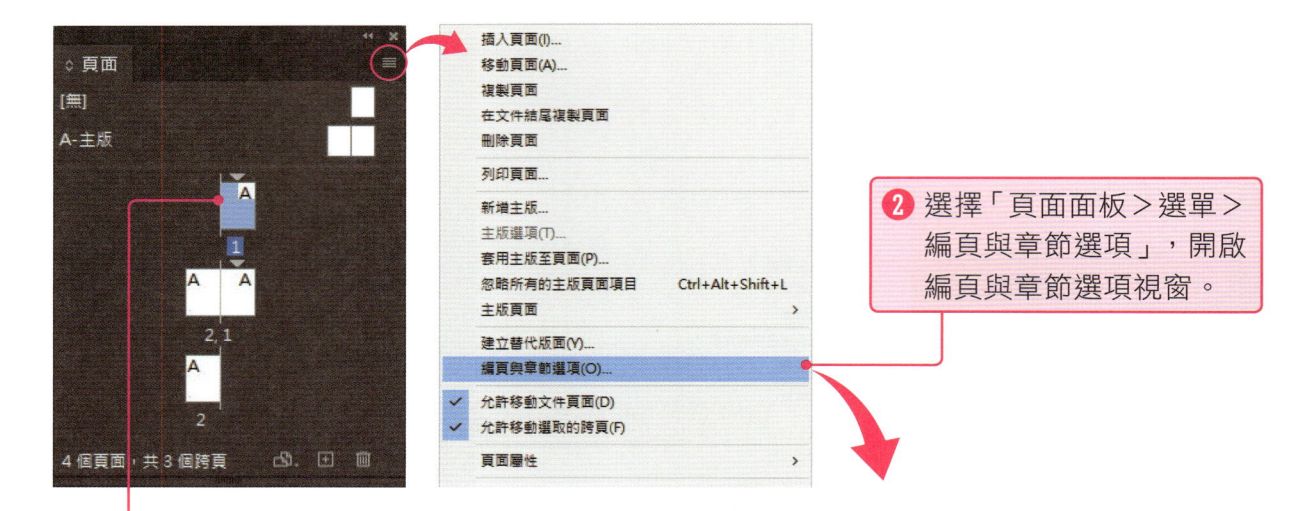

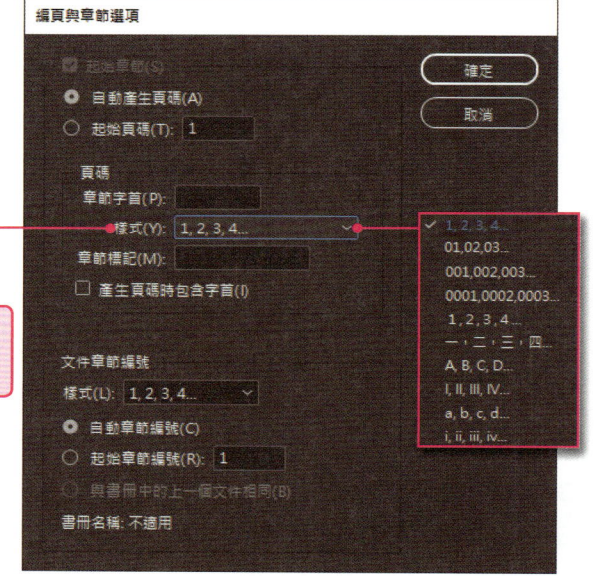

❷ 選擇「頁面面板＞選單＞編頁與章節選項」，開啟編頁與章節選項視窗。

❸ 選擇頁碼樣式，按確定即完成。

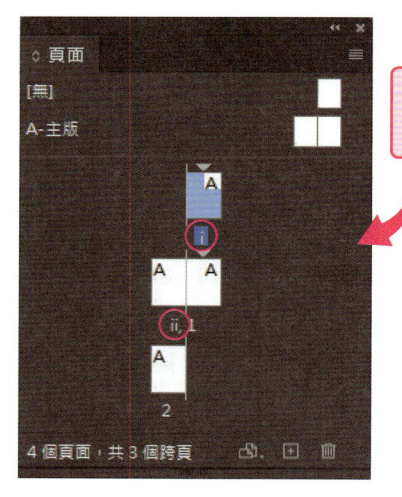

3-2 圖層

圖層能有效地將檔案中的物件進行分類與管理，建立多重圖層與編輯文件內容，並可堆疊排列順序。圖層像是上下堆疊的透明片，若圖層中沒有任何物件，即可由上往下穿透圖層，看到下方圖層的物件內容。

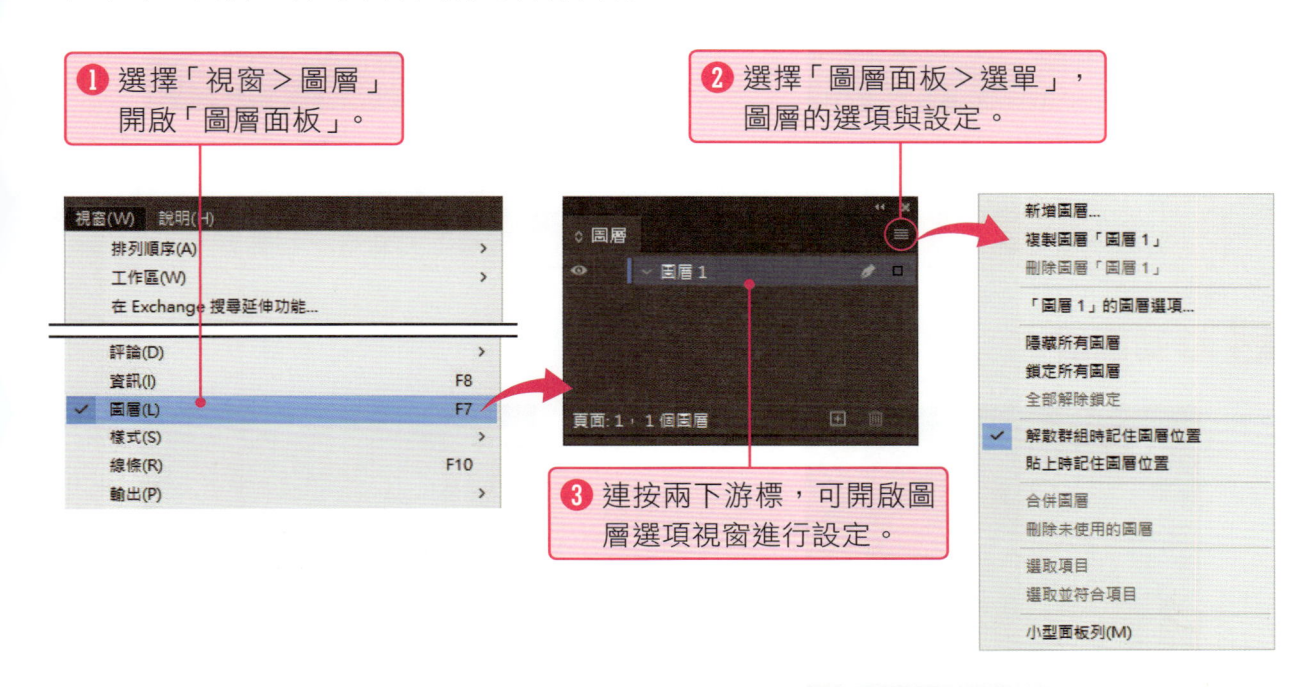

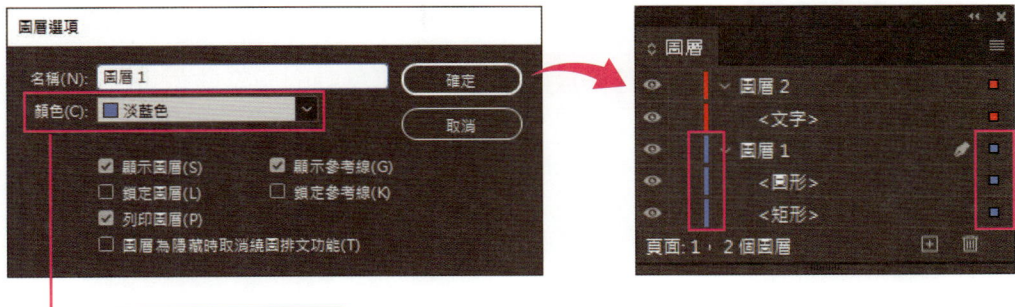

❶ 選擇「視窗＞圖層」開啟「圖層面板」。

❷ 選擇「圖層面板＞選單」，圖層的選項與設定。

❸ 連按兩下游標，可開啟圖層選項視窗進行設定。

❹ 設定的顏色，即表示該圖層的標記色彩。

❺ 在「圖層面板」清單中，右側的彩色小方塊若有顯示顏色，表示該圖層或物件已被選取，未顯示顏色表示未被選取。游標點按右側的彩色小方塊，可用作選取物件或取消選取物件。

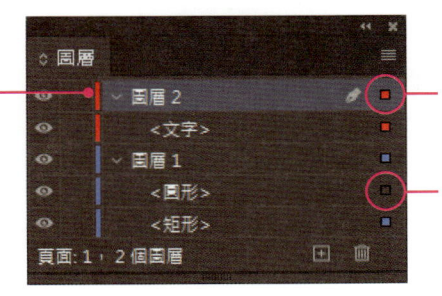

表示已被選取

表示未被選取

1 新增圖層

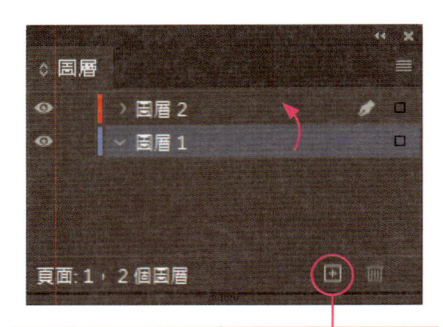

❶ 選擇圖層,點按「建立新圖層」圖示,即於該圖層上方新增一個圖層。

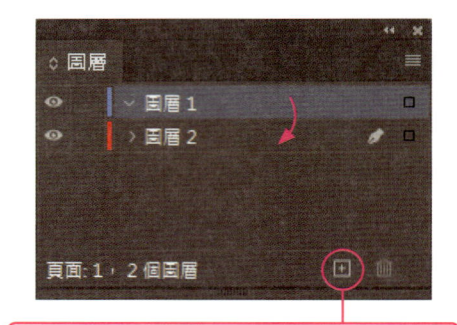

❷ 選擇圖層,按住 Ctrl 鍵,點按「建立新圖層」圖示,即於該圖層下方新增一個圖層。

2 移動圖層

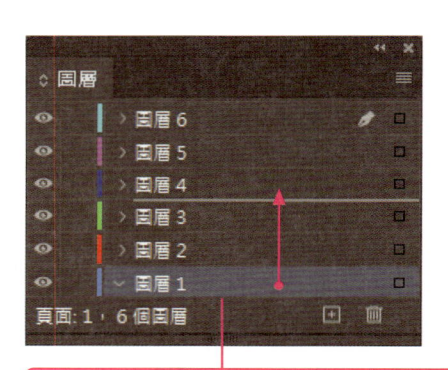

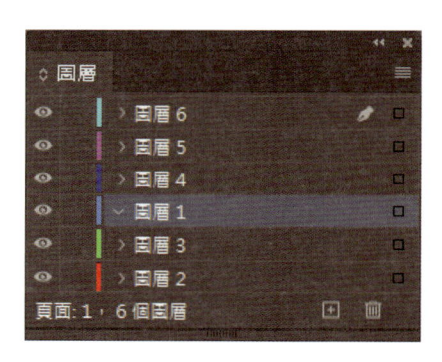

❶ 游標點按圖層拖移,直至顯示灰色線條放開游標,即可移動圖層至該位置。

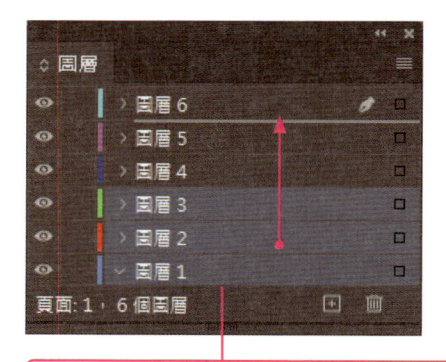

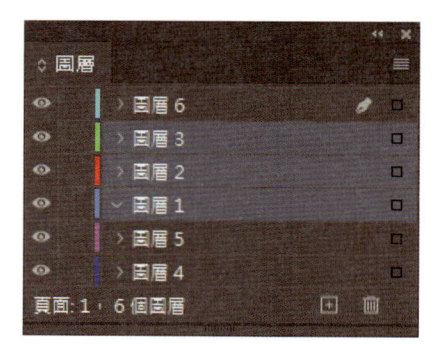

❷ 選取多個圖層,游標點按圖層拖移,直至顯示灰色線條放開游標,即可同時移動多個圖層。

Tips
- 按住 Ctrl 鍵不放,游標點按圖層,即可加選或減選圖層。
- 點按游標先選擇一個圖層,按住 Shift 鍵不放,點按另一個圖層,可同時選取區間內的所有圖層。

3 複製圖層

游標點按圖層，拖移至「建立新圖層」圖示上方，放開游標即完成複製圖層。

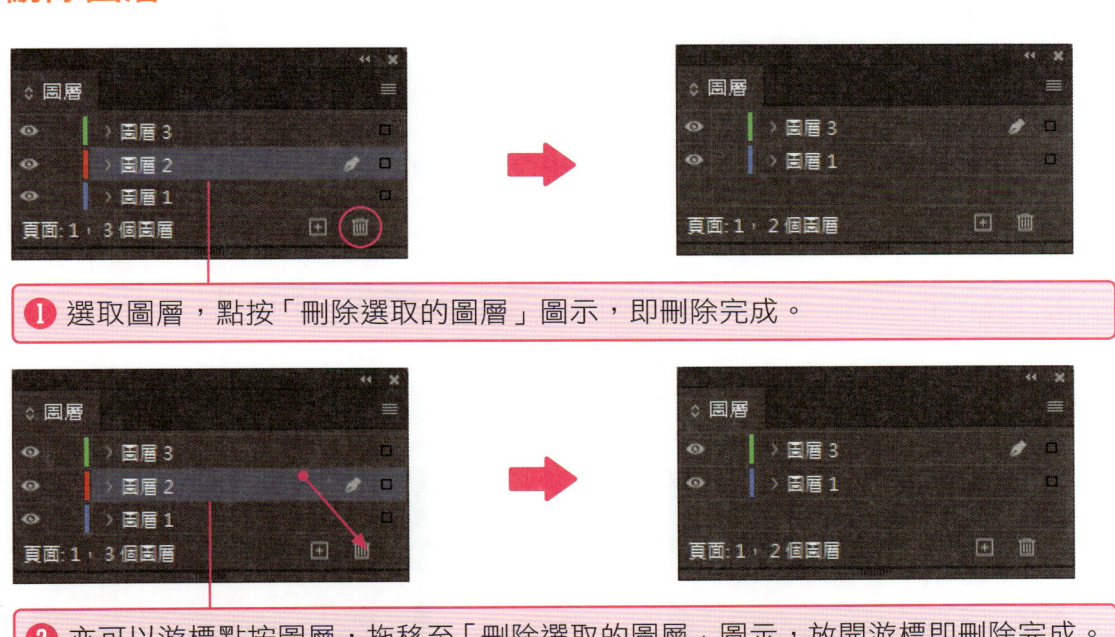

4 刪除圖層

❶ 選取圖層，點按「刪除選取的圖層」圖示，即刪除完成。

❷ 亦可以游標點按圖層，拖移至「刪除選取的圖層」圖示，放開游標即刪除完成。

5 顯示隱藏圖層

切換可見度。開啟「眼睛」圖示，表示顯示；關閉「眼睛」圖示，表示隱藏。

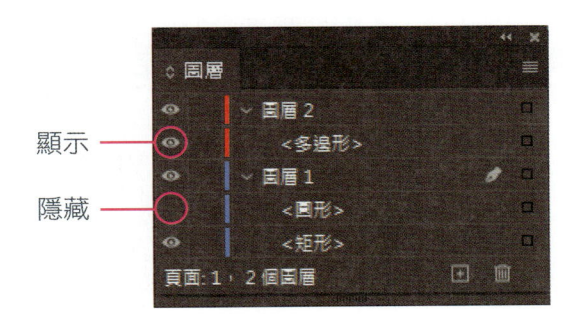

顯示
隱藏

6 鎖定圖層

❶ 在「圖層」上出現「鎖定」圖示，表示整個圖層（包含圖層內的所有物件）被鎖定無法編輯。

❷ 在「物件（形狀、文字等）」上出現「鎖定」圖示，表示物件被鎖定無法編輯；未出現「鎖定」圖示，表示物件未被鎖定可編輯。

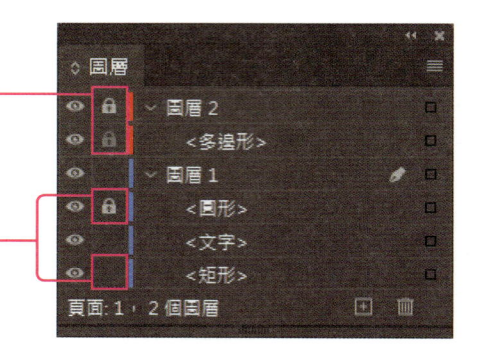

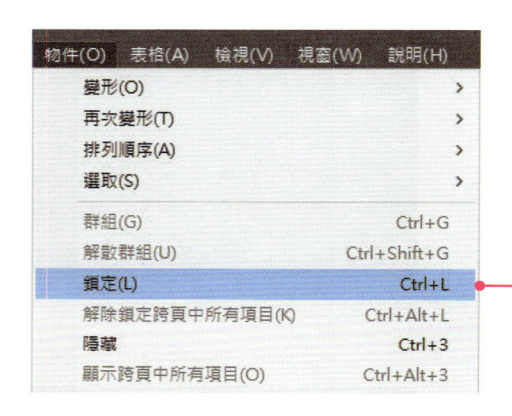

❸ 選擇「物件＞鎖定」，可鎖定目前已選取的物件。

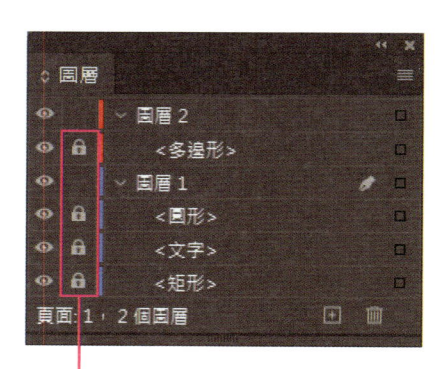

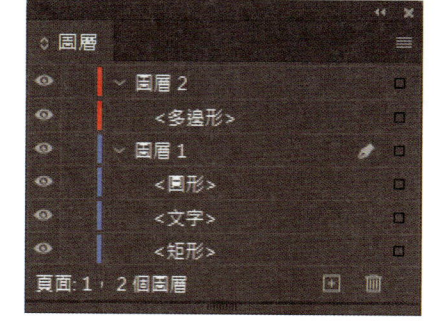

❹ 在已鎖定多個物件的狀態下，而非鎖定整個圖層，可選擇「物件＞解除鎖定跨頁中所有項目」，即是將所有物件解除鎖定。

3-3 物件與圖層

善用「圖層面板」辨識物件與調整物件。

1 移動物件

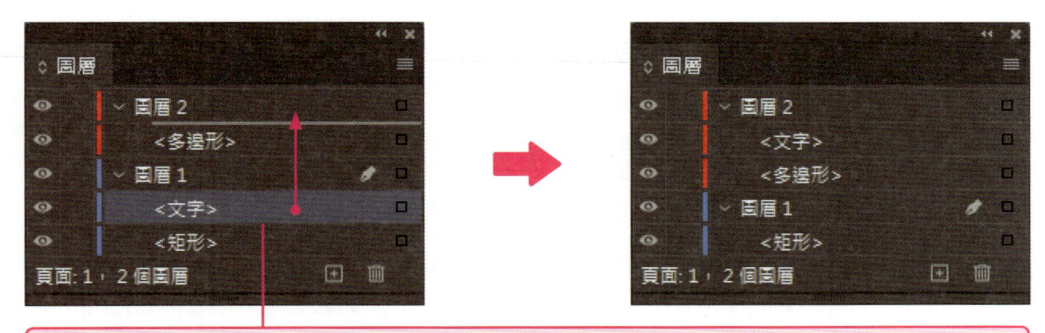

❶ 游標點按物件拖移，直至顯示灰色線條放開游標，即可移動物件位置。

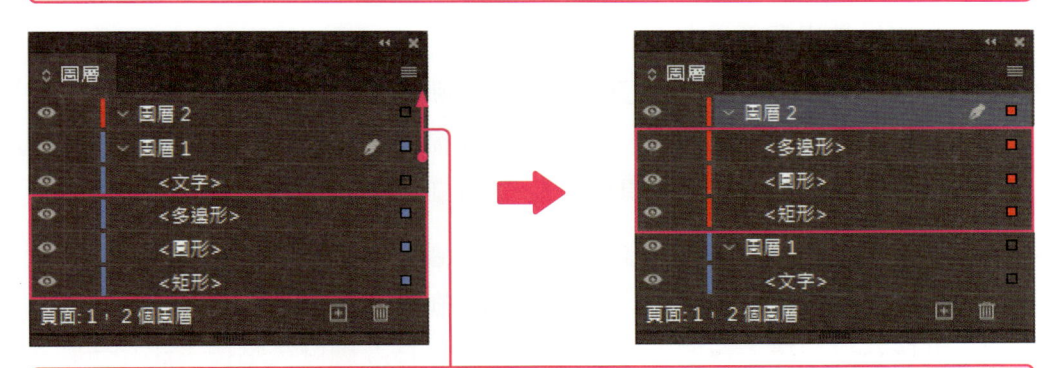

❷ 選取多個物件，游標點按目前圖層的彩色小方塊，拖移至其他圖層，即可跨圖層同時移動多個物件。

2 群組物件

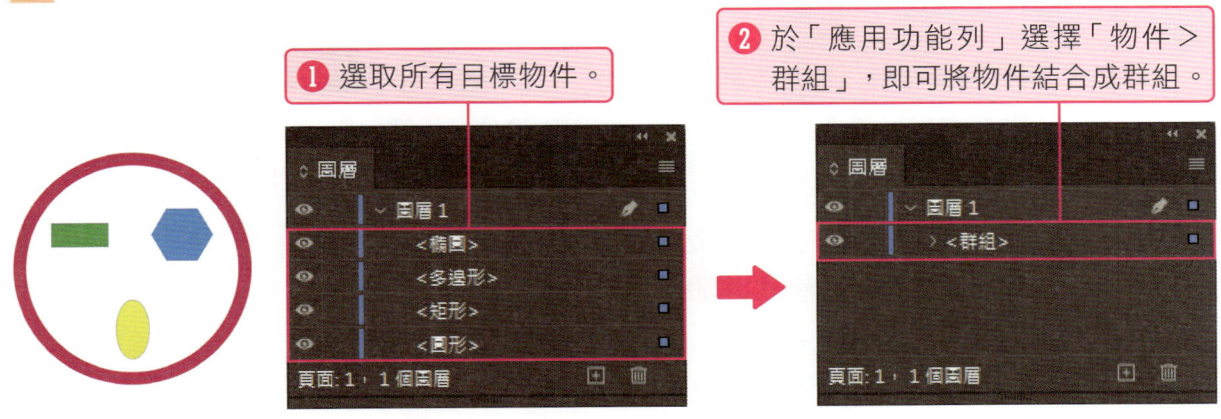

❶ 選取所有目標物件。

❷ 於「應用功能列」選擇「物件 > 群組」，即可將物件結合成群組。

❸ 於「應用功能列」選擇「物件 > 解散群組」，即可將物件拆開為單一物件。

03 課後習題

選擇題

( ) 1. 主版頁面的主要功能是什麼？
(A) 設定文件的出血與安全邊距
(B) 移動或重新排列文件中的頁面順序
(C) 設置重複性的元素，如頁碼、背景等
(D) 預覽文件的印刷效果

( ) 2. 在頁面面板中，如何一次選取連續的多個內頁？
(A) 按住 Shift 鍵並點選第一個和最後一個頁面
(B) 在「頁面面板」的選單中選擇「版面選項」，然後設定選取的頁面範圍
(C) 點按右鍵選擇「多頁選取」
(D) 將游標拖曳過欲選取的連續內頁縮圖

( ) 3. 在文件中，若要插入內頁的頁面，應選擇哪個選項？
(A) 頁面面板＞插入頁碼　　　　(B) 檔案＞插入頁面
(C) 頁面面板＞選單＞插入頁面　(D) 工具＞新增頁面

( ) 4. 在圖層面板中，如何在特定圖層上方新增圖層？
(A) 使用快捷鍵 Ctrl + T　　　　(B) 拖曳圖層至上方
(C) 點按右鍵選擇「新增上層圖層」(D) 選擇該圖層後點按「建立新圖層」圖示

( ) 5. 右圖顯示了如何新增圖層，請問按住哪個鍵可以在圖層下方新增新的圖層？
(A) Shift　(B) Alt　(C) Ctrl　(D) Space

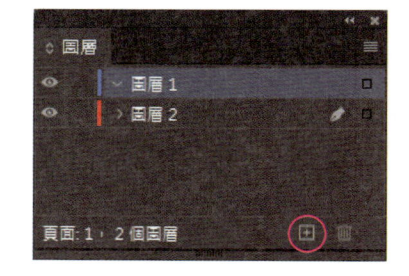

( ) 6. 下列哪個操作可以加選或減選圖層？
(A) 點按右鍵選擇「加選圖層」　(B) 按住 Alt 鍵並點選圖層
(C) 使用快捷鍵 Ctrl + Shift　　(D) 按住 Ctrl 鍵並點選圖層

( ) 7. 下列哪個選項不可在圖層面板中快速複製圖層？
(A) 將圖層拖移至「建立新圖層」圖示上方
(B) 使用快捷鍵 Ctrl + D
(C) 點按右鍵選擇「複製圖層」
(D) 在圖層上按住 Alt 鍵並點按游標拖移

(　) 8. 在圖層面板中,如何刪除不需要的圖層?
(A) 使用快捷鍵 Ctrl + Delete　　(B) 點按「刪除選取的圖層」圖示
(C) 點按左鍵選擇「移除圖層」　　(D) 按下 Delete 鍵

(　) 9. 如何跨圖層同時移動多個物件?
(A) 點按右鍵選擇「跨圖層移動」　(B) 使用快捷鍵 Ctrl + Shift + M
(C) 使用「物件面板」進行調整　　(D) 點按拖移圖層右側的彩色小方塊

(　) 10. 下列哪個選項可以將多個物件群組在一起?
(A) 物件>群組　　(B) 視窗>物件>群組
(C) 編輯>群組　　(D) 圖層>群組物件

單元小實作

於 A5 文件產生頁碼,且需放置在「圖層面板」的「圖層 2」(所有屬性皆為自訂)。

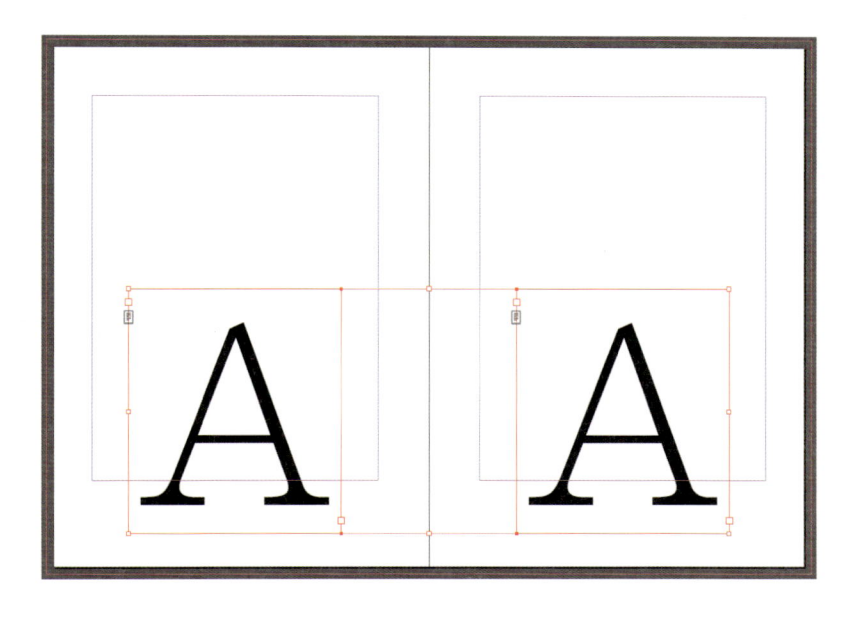

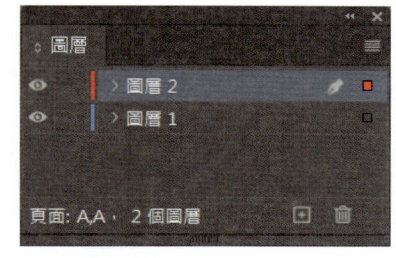

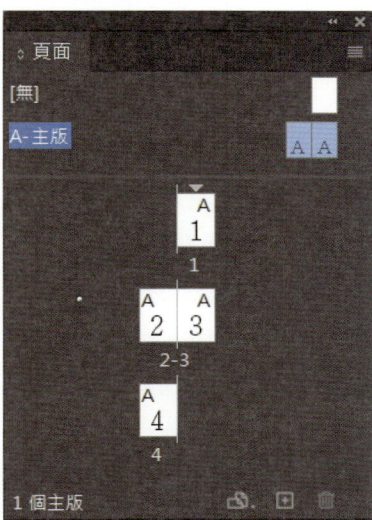

提示重點 必須在「主版頁面」產生頁碼。

Note

04

圖形與路徑

在繪製圖形時，建立的輪廓線條即為路徑，可任意編輯和調整修改，各式形狀還可變化組合，應用各式效果呈現。

- 4-1 圖形工具
- 4-2 框架工具
- 4-3 路徑線條
- 4-4 綜合工具
- 課後習題

04 圖形與路徑

4-1 圖形工具

用作繪製各種幾何圖形，可以平移、複製、縮放、鏡像、旋轉和翻轉，且能產生多元的組合圖形。

1 矩形工具

建立矩形或正方形。

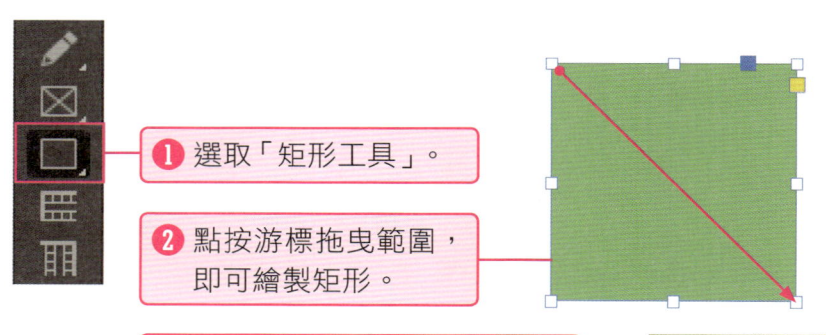

❶ 選取「矩形工具」。

❷ 點按游標拖曳範圍，即可繪製矩形。

❸ 於文件頁面點按游標，開啟矩形面板，以輸入數值方式產生矩形或正方形。

Tips
- 按住 Shift 鍵不放，點按游標拖曳範圍，即可等比例繪製正方形。
- 按住 Alt 鍵不放，點按游標拖曳範圍，即可以中心為基準繪製矩形。
- 按住 Shift + Alt 鍵不放，點按游標拖曳範圍，即可以中心為基準，等比例繪製正方形。

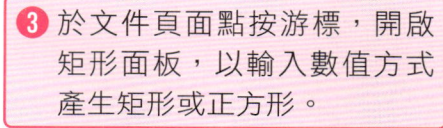

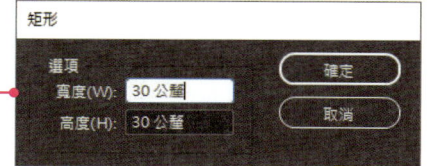

圓角矩形

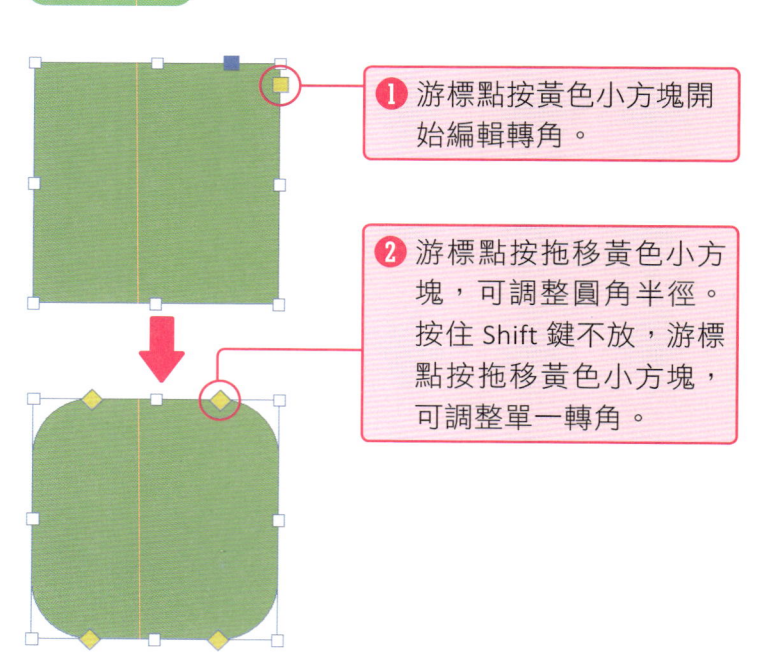

❶ 游標點按黃色小方塊開始編輯轉角。

❷ 游標點按拖移黃色小方塊，可調整圓角半徑。按住 Shift 鍵不放，游標點按拖移黃色小方塊，可調整單一轉角。

Tips
- 按住 Alt 鍵不放，游標點按黃色小方塊，可變更轉角形狀。
- 按住 Shift + Alt 鍵不放，游標點按黃色小方塊，可變更單一轉角形狀。

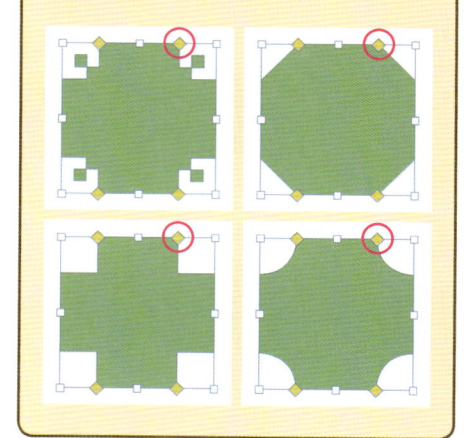

2 橢圓形工具

建立橢圓形和圓形。

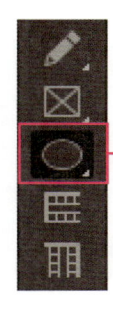

❶ 選取「橢圓工具」。

❷ 點按游標拖曳範圍，即可繪製橢圓形。

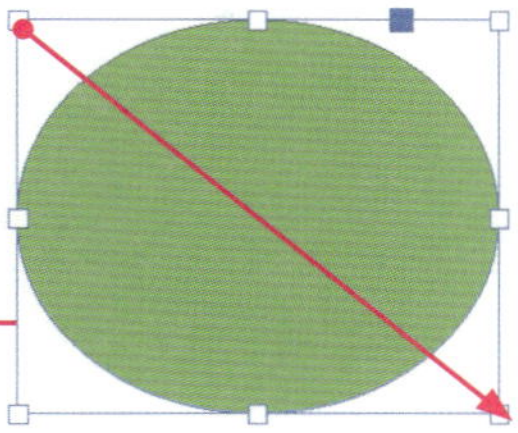

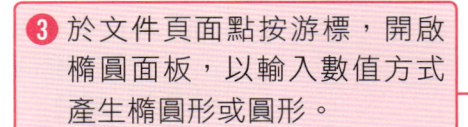

❸ 於文件頁面點按游標，開啟橢圓面板，以輸入數值方式產生橢圓形或圓形。

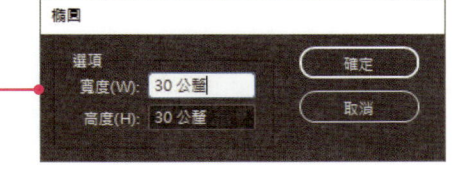

Tips

- 按住 Shift 鍵不放，點按游標拖曳範圍，即可等比例繪製圓形。
- 按住 Alt 鍵不放，點按游標拖曳範圍，即可以中心為基準繪製橢圓形。
- 按住 Shift + Alt 鍵不放，點按游標拖曳範圍，即可以中心為基準，等比例繪製圓形。

3 多邊形工具

建立多邊形和星形。

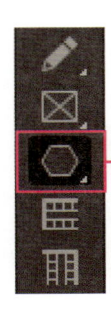

❶ 選取「多邊形工具」。

❷ 點按游標拖曳範圍，即可繪製多邊形。

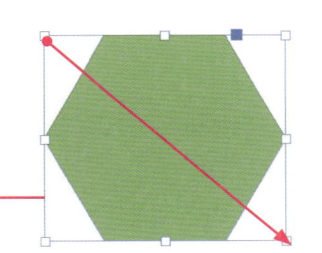

❸ 於文件頁面點按游標，開啟多邊形面板，以輸入數值方式產生多邊形或星形。

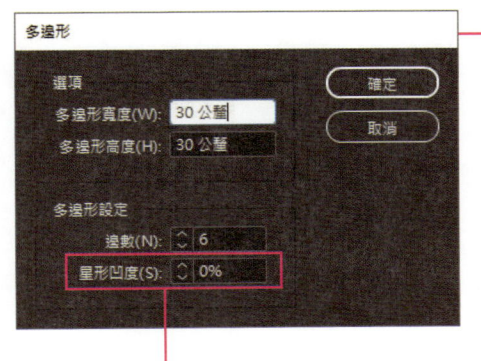

輸入星形凹度百分比，可繪製星形。

Tips

- 按住 Shift 鍵不放，點按游標拖曳範圍，即可等比例繪製多邊形。
- 按住 Alt 鍵不放，點按游標拖曳範圍，即可以中心為基準繪製多邊形。
- 按住 Shift + Alt 鍵不放，點按游標拖曳範圍，即可以中心為基準，等比例繪製多邊形。

Tips

點按游標拖曳範圍時（**滑鼠不能放開**），按一下 **Space 空白鍵**，接著按鍵盤的方向鍵（上：增加邊數。下：減少邊數），可控制多邊形的邊數；接著按鍵盤的方向鍵（左：減少凹度。右：增加凹度），可控制星形的凹度；再次按下空白鍵返回一般格點模式。

4-2 框架工具

編排設計時，若需繪製預留圖文的位置，可使用框架工具建立框架形狀。

1 矩形框架工具

建立矩形或正方形框架。

❶ 選取「矩形框架工具」。

❷ 點按游標拖曳範圍，即可繪製矩形框架。

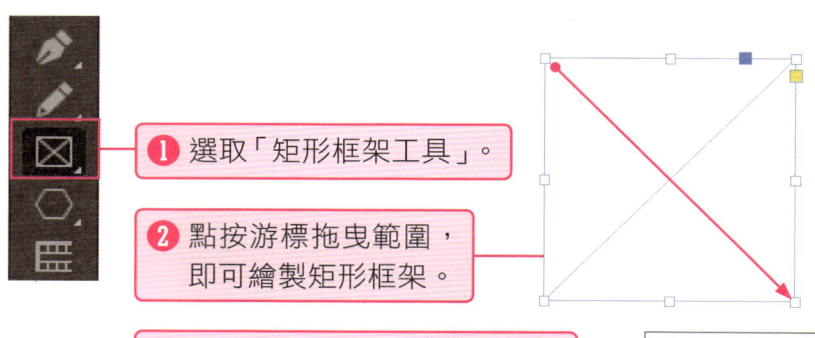

❸ 於文件頁面點按游標，開啟矩形面板，以輸入數值方式產生矩形或正方形框架。

Tips
- 按住 Shift 鍵不放，點按游標拖曳範圍，即可等比例繪製正方形框架。
- 按住 Alt 鍵不放，點按游標拖曳範圍，即可以中心為基準繪製矩形框架。
- 按住 Shift + Alt 鍵不放，點按游標拖曳範圍，即可以中心為基準，等比例繪製正方形框架。

圓角矩形框架

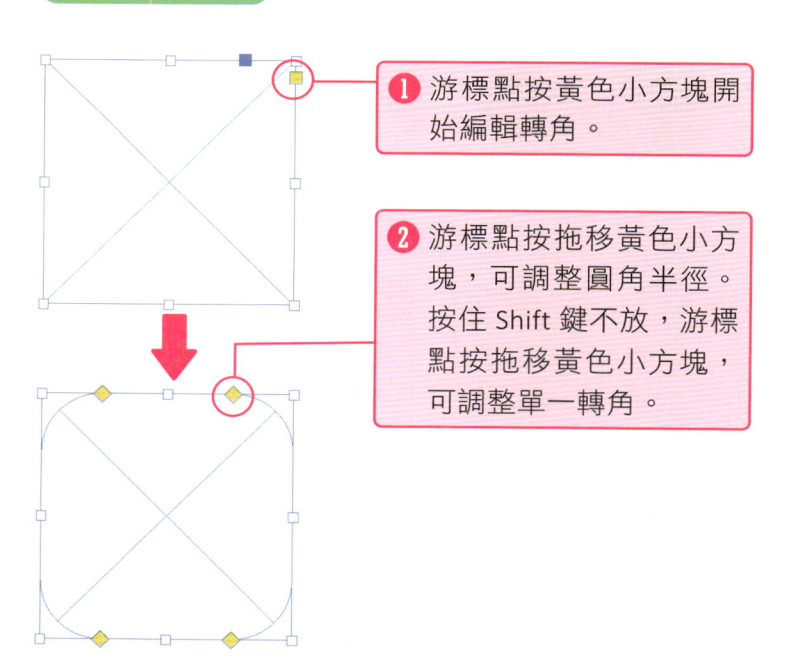

❶ 游標點按黃色小方塊開始編輯轉角。

❷ 游標點按拖移黃色小方塊，可調整圓角半徑。按住 Shift 鍵不放，游標點按拖移黃色小方塊，可調整單一轉角。

Tips
- 按住 Alt 鍵不放，游標點按黃色小方塊，可變更轉角形狀。
- 按住 Shift + Alt 鍵不放，游標點按黃色小方塊，可變更單一轉角形狀。

2 橢圓框架工具

建立橢圓形和圓形框架。

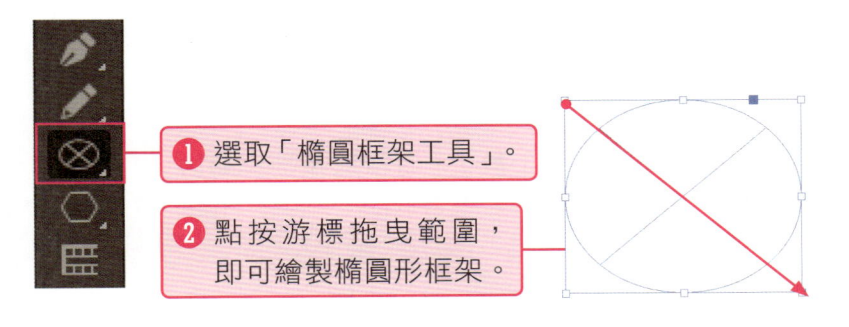

❶ 選取「橢圓框架工具」。

❷ 點按游標拖曳範圍，即可繪製橢圓形框架。

❸ 於文件頁面點按游標，開啟橢圓面板，以輸入數值方式產生橢圓形或圓形框架。

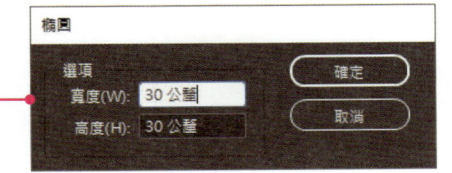

Tips
- 按住 Shift 鍵不放，點按游標拖曳範圍，即可等比例繪製圓形框架。
- 按住 Alt 鍵不放，點按游標拖曳範圍，即可以中心為基準繪製橢圓形框架。
- 按住 Shift + Alt 鍵不放，點按游標拖曳範圍，即可以中心為基準，等比例繪製圓形框架。

3 多邊形框架工具

建立多邊形和星形框架。

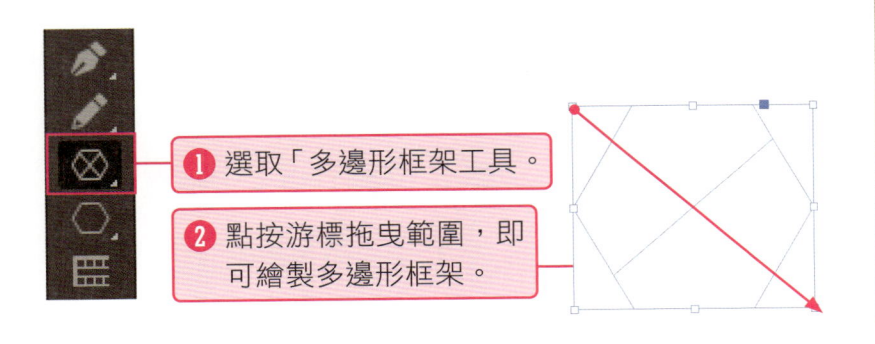

❶ 選取「多邊形框架工具」。

❷ 點按游標拖曳範圍，即可繪製多邊形框架。

❸ 於文件頁面點按游標，開啟多邊形面板，以輸入數值方式產生多邊形或星形框架。

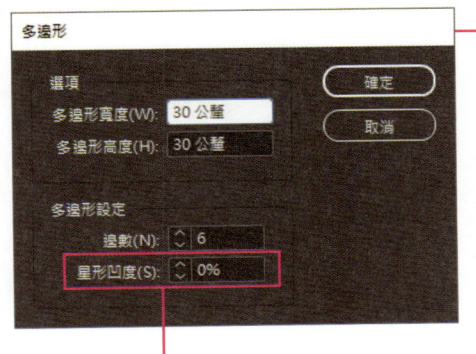

輸入星形凹度百分比，可繪製星形框架。

Tips
- 按住 Shift 鍵不放，點按游標拖曳範圍，即可等比例繪製多邊形框架。
- 按住 Alt 鍵不放，點按游標拖曳範圍，即可以中心為基準繪製多邊形框架。
- 按住 Shift + Alt 鍵不放，點按游標拖曳範圍，即可以中心為基準，等比例繪製多邊形框架。

Tips

點按游標拖曳範圍時（**滑鼠不能放開**），按一下 **Space 空白鍵**，接著按鍵盤的方向鍵（上：增加邊數。下：減少邊數），可控制多邊形框架的邊數；接著按鍵盤的方向鍵（左：減少凹度。右：增加凹度），可控制星形框架的凹度；再次按下空白鍵返回一般格點模式。

欄列矩陣

無論是以圖形工具或框架工具繪製圖形，或是於「應用功能列」選擇「檔案＞置入」匯入檔案或影像，皆能以等距的欄列矩陣形式為之。下方敘述以「矩形工具」作為範例說明。

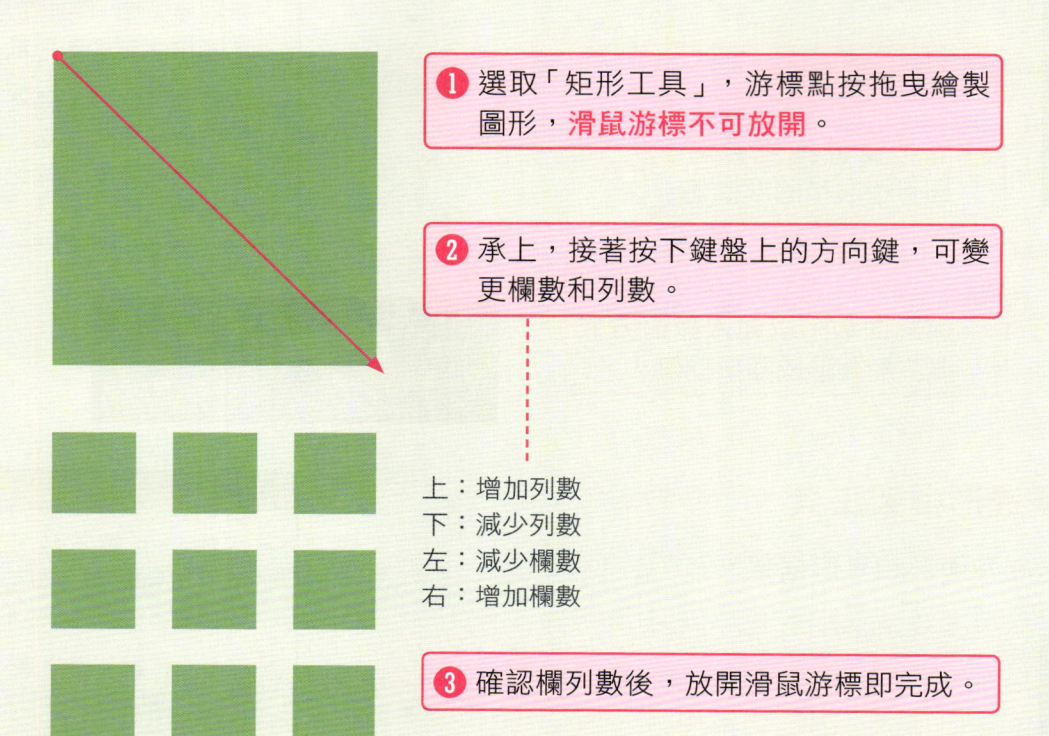

❶ 選取「矩形工具」，游標點按拖曳繪製圖形，**滑鼠游標不可放開**。

❷ 承上，接著按下鍵盤上的方向鍵，可變更欄數和列數。

上：增加列數
下：減少列數
左：減少欄數
右：增加欄數

❸ 確認欄列數後，放開滑鼠游標即完成。

4-3 路徑線條

路徑由一個以上的直線或曲線所構成，每條路徑由錨點控制起始點、方向和曲率，並分為開放路徑和封閉路徑兩種形式。

1 直線工具

繪製任意方向的直線線段。

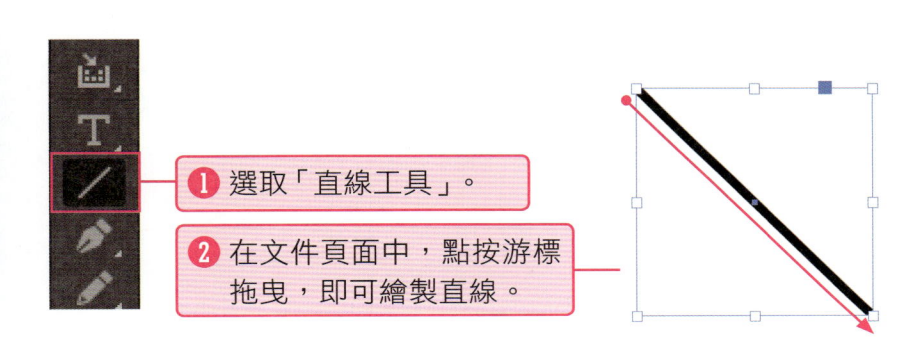

❶ 選取「直線工具」。

❷ 在文件頁面中，點按游標拖曳，即可繪製直線。

Tips
按住 Shift 鍵不放，可繪製 45 度、水平和垂直的直線。

2 鋼筆工具

繪製直線、曲線和形狀等線條路徑，使用錨點和控制點修改路徑形狀。

繪製直線

❶ 選取「鋼筆工具」點按游標一下，建立「錨點1」，接著點按任意位置，建立「錨點2」，即繪製一條直線，以此類推可延伸繪製多條直線。

Tips
按住 Shift 鍵不放，點按游標即可繪製 45 度、水平和垂直的直線。

起/終點

❷ 鋼筆工具繪製過程中，按住 Ctrl 鍵不放，點按任意空白位置即可與路徑斷開。若要接續既有路徑，將游標停靠於路徑端點，待出現「斜線」圖示，點按一下或點按住拖曳，即可接續繪製。

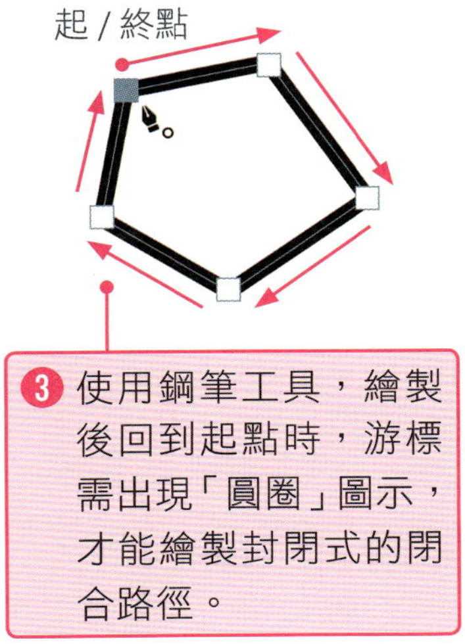

❸ 使用鋼筆工具，繪製後回到起點時，游標需出現「圓圈」圖示，才能繪製封閉式的閉合路徑。

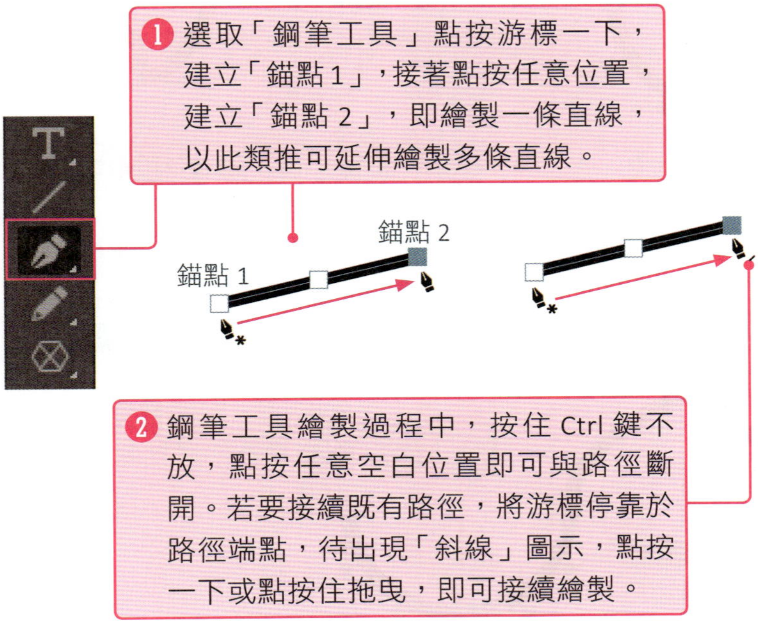

04 圖形與路徑

編輯錨點

① 實心錨點表示已選取。

② 空心錨點表示未選取。

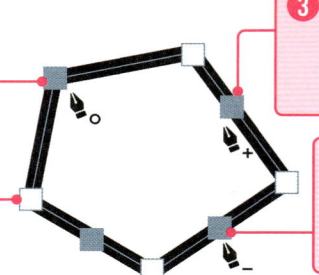

③ 將鋼筆工具置於選取的路徑上，會自動切換為「新增錨點工具」，用以增加錨點。亦可手動選取「新增錨點工具」增加錨點。 🖊️ 新增錨點工具

④ 將鋼筆工具置於錨點上，會自動切換為「刪除錨點工具」，用以刪除錨點。亦可手動選取「刪除錨點工具」刪除錨點。 🖊️ 刪除錨點工具

Tips

- 選取「鋼筆工具」，按住 Ctrl 鍵不放，即可點按選取單一錨點，拖曳一個區間範圍可同時選取多個錨點，選取的錨點皆可點按游標拖移移動。
- 已選取單一或多個錨點，按 Delete 鍵即可刪除。

繪製曲線

① 選取「鋼筆工具」點按一下，建立「錨點 1」。

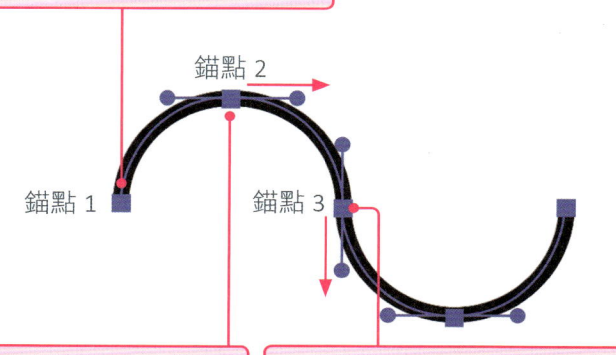

錨點 1　錨點 2　錨點 3

② 點按游標向右拖曳，產生方向控制把手，建立「錨點 2」。

③ 點按游標向下拖曳，產生方向控制把手，建立「錨點 3」，以此操作方式即可繪製曲線。

④ 使用「鋼筆工具」按住 Ctrl 鍵不放，可切換為「直接選取工具」，點按錨點拖移游標可調整位置，以及點按方向控制把手的控制點，調整方向和編輯路徑曲線。

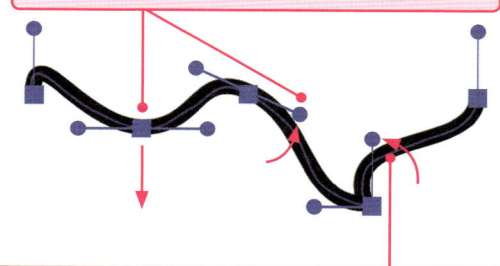

⑤ 使用「鋼筆工具」按住 Alt 鍵不放，可切換為「轉換方向點工具」，點按方向控制把手的控制點，調整單邊路徑曲線。亦可手動選取「轉換方向點工具」調整。 📐 轉換方向點工具 Shift+C

⑥ 使用「轉換方向點工具 📐 轉換方向點工具 Shift+C」點按平滑控制點，可將曲線路徑轉換為轉角控制點。

⑦ 承上，相反的，點按拖曳轉角控制點，可轉換為平滑控制點。

3 路徑管理員

編輯路徑和錨點，以及形狀組合與轉換。

選擇「視窗＞物件與版面＞路徑管理員」，
開啟「路徑管理員面板」。

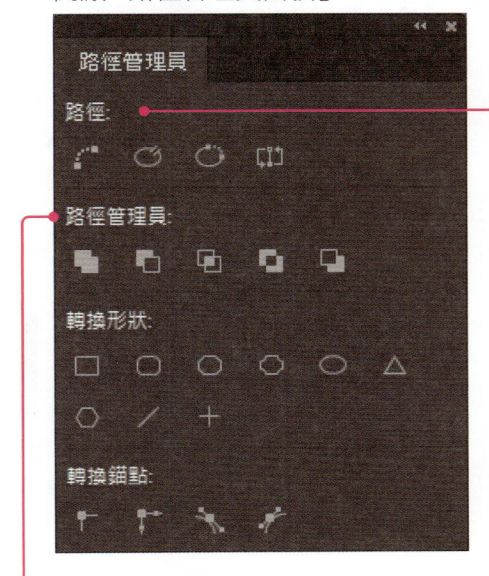

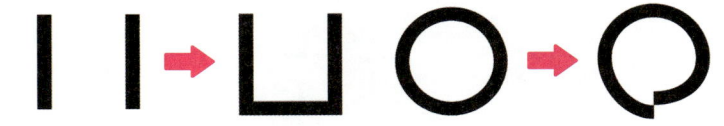

❶ 路徑

❷ 路徑管理員

結合路徑
連接兩個端點

開放路徑
開放封閉的路徑

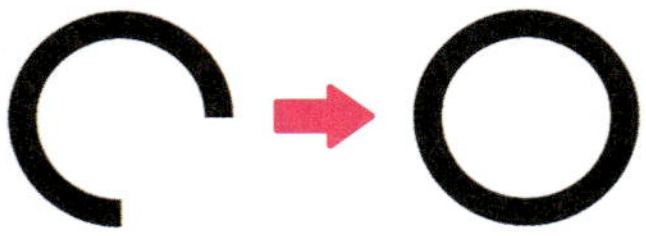

封閉路徑
封閉開放的路徑

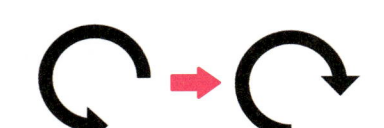

反轉路徑
變更路徑的方向

聯集
將選取物件組合成一個
形狀。

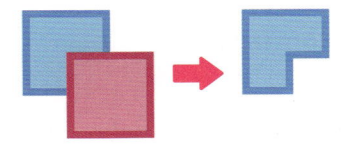

差集
將最下方的物件依最上方的
物件形狀剪裁。

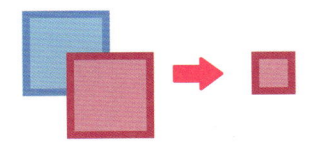

交集
只保留物件重疊的
區域。

排除重疊
排除物件重疊的區域。

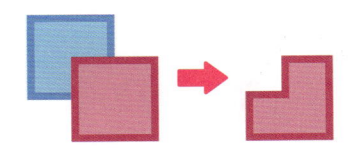

依後置物件剪裁
將最上方的物件依最下方的
物件形狀剪裁。

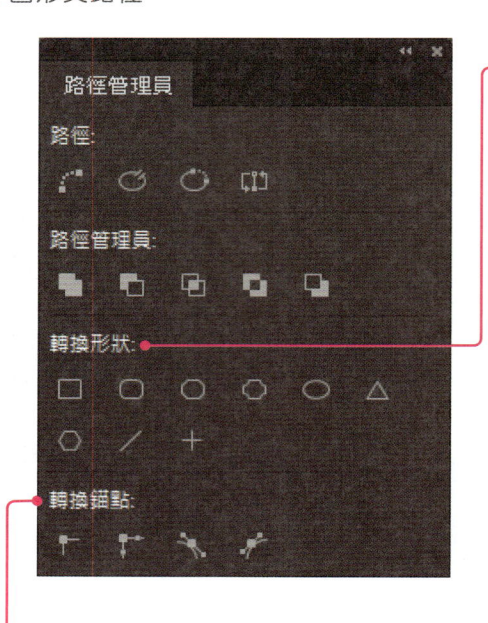

04 圖形與路徑

❸ 轉換形狀，可將任何圖形路徑轉換為其他形狀。

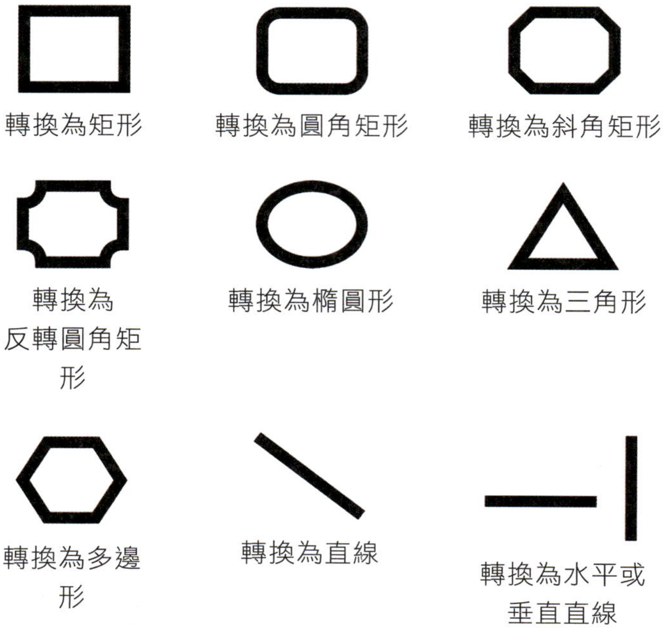

轉換為矩形　轉換為圓角矩形　轉換為斜角矩形

轉換為反轉圓角矩形　轉換為橢圓形　轉換為三角形

轉換為多邊形　轉換為直線　轉換為水平或垂直直線

❹ 轉換錨點，以「直接選取工具」選取錨點後，選擇轉換錨點方式。

標準，將選取的點變更為沒有方向點或方向線。

轉角，將選取的點變更為有獨立的方向線。

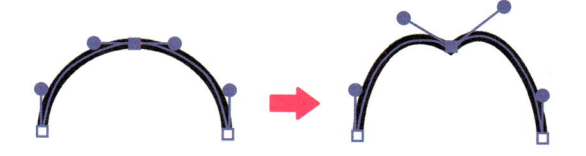

平滑，將選取的點變更為具有連接方向線的連續曲線。

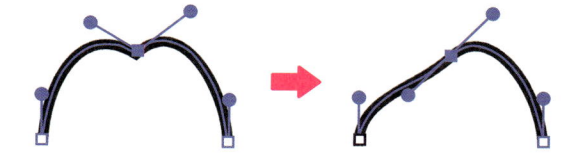

對稱，將選取的點變更為具有等長方向線的平滑點。

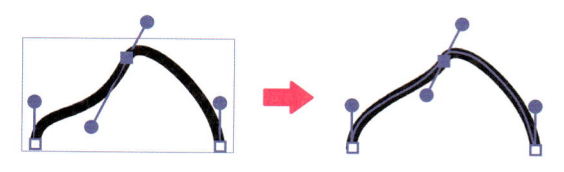

「屬性面板」轉換點與刪除點

於「屬性面板」亦可進行轉換錨點。

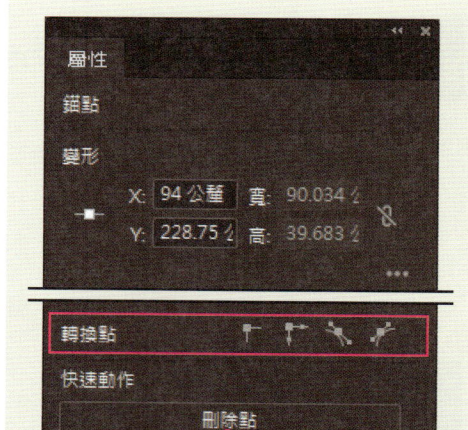

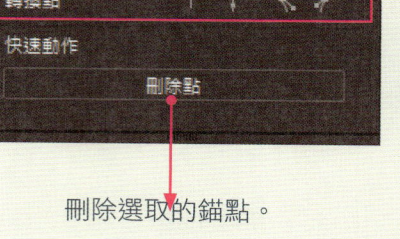

刪除選取的錨點。

4-4 綜合工具

繪圖和路徑等相關工具種類眾多,並具備許多實用的功能和技巧。

1 鉛筆工具

可繪製任意形狀的開放和封閉路徑。

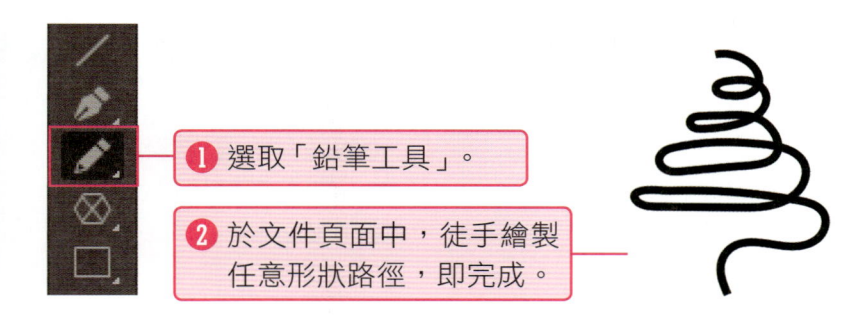

❶ 選取「鉛筆工具」。

❷ 於文件頁面中,徒手繪製任意形狀路徑,即完成。

Tips
繪製過程中,按住 Alt 鍵不放,游標即顯示小圓圈,繪製完成的形狀即是封閉路徑。

2 平滑工具

調整路徑線條,使其輪廓線條更為平滑。

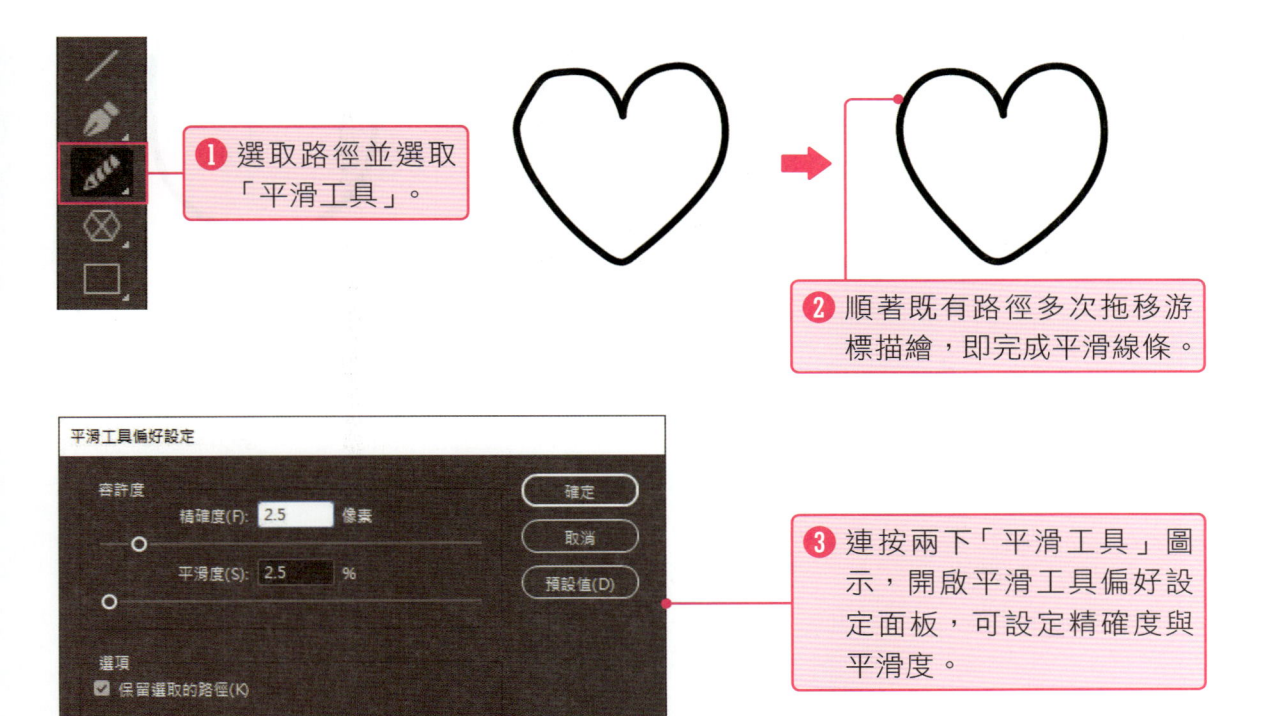

❶ 選取路徑並選取「平滑工具」。

❷ 順著既有路徑多次拖移游標描繪,即完成平滑線條。

❸ 連按兩下「平滑工具」圖示,開啟平滑工具偏好設定面板,可設定精確度與平滑度。

3 擦除工具

擦除線條上的路徑與錨點。

❶ 選取路徑並選取「擦除工具」。

❷ 順著既有路徑拖移游標描繪,即可擦除線條上的路徑與錨點。

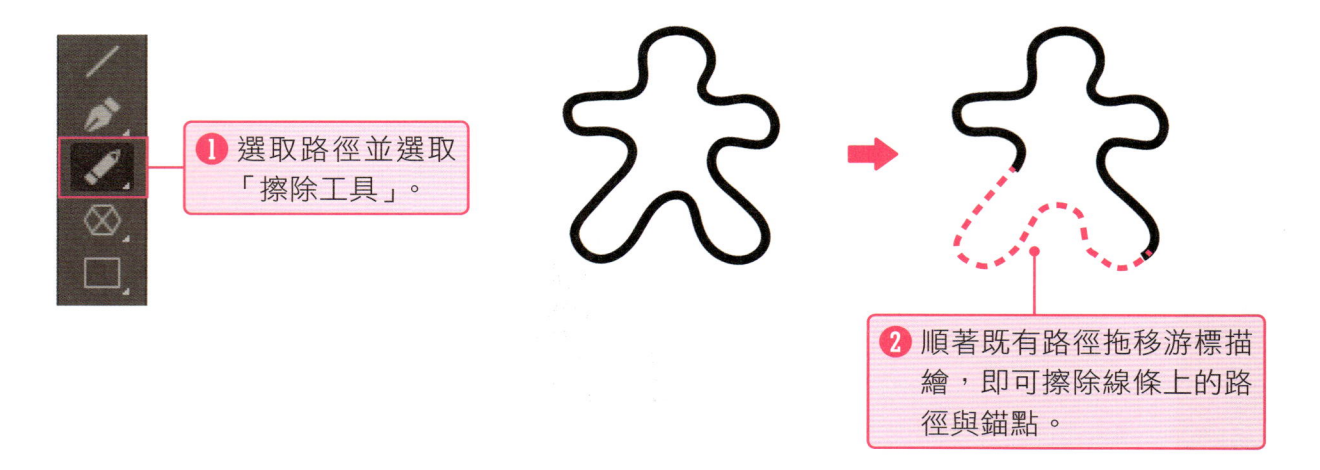

4 剪刀工具

剪斷路徑上指定的錨點或路徑。

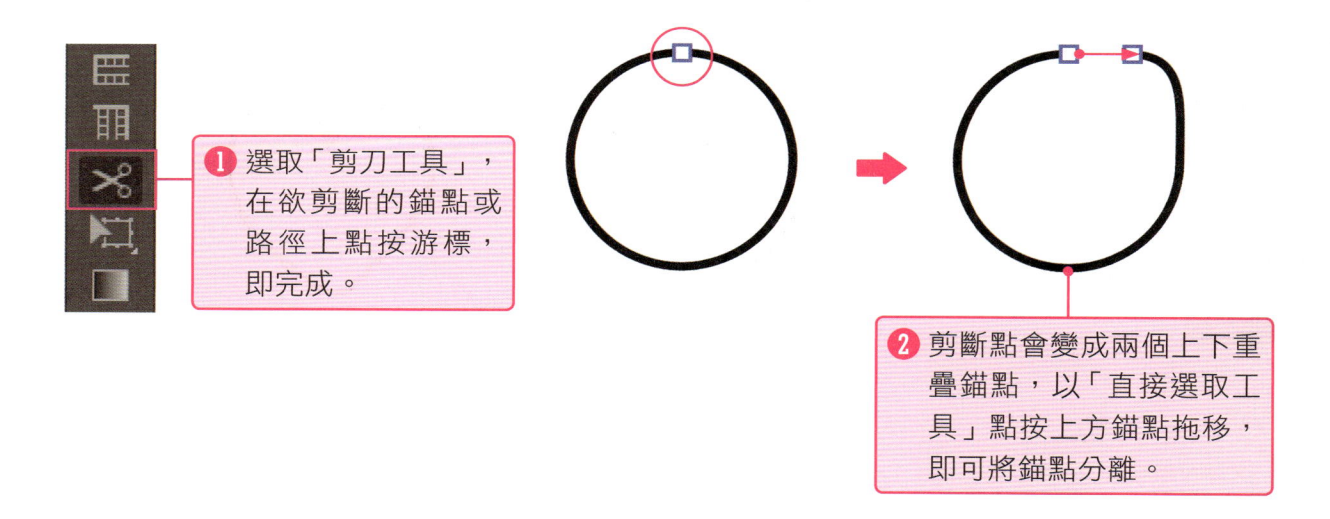

❶ 選取「剪刀工具」,在欲剪斷的錨點或路徑上點按游標,即完成。

❷ 剪斷點會變成兩個上下重疊錨點,以「直接選取工具」點按上方錨點拖移,即可將錨點分離。

04 課後習題

選擇題

( ) 1. 使用「鋼筆工具」繪製曲線時，下列哪個步驟是建立平滑曲線的關鍵？
    (A) 在每個轉折點點按一下即可建立平滑的曲線
    (B) 點按並拖曳游標以產生方向控制把手，藉此控制曲線的弧度
    (C) 繪製完成後，再使用「平滑工具」調整曲線
    (D) 按住 Shift 鍵點按即可繪製出平滑的曲線

( ) 2. 使用橢圓形工具繪製「正圓形」時，應按住哪個鍵？
    (A) Shift   (B) Ctrl   (C) Alt   (D) Space

( ) 3. 矩形框架工具的主要用途是什麼？
    (A) 用來繪製矩形路徑   (B) 用來繪製正方形路徑
    (C) 用來創建矩形背景   (D) 用來預留圖文的位置

( ) 4. 右圖顯示矩形框架工具的操作過程，如何使框架以中心為基準進行繪製？
    (A) 使用 Ctrl 鍵   (B) 使用 Alt 鍵
    (C) 使用 Shift 鍵   (D) 使用 Space 鍵

( ) 5. 使用直線工具如何繪製水平或垂直的直線？
    (A) 按住 Shift 鍵並拖曳   (B) 按住 Alt 鍵並拖曳
    (C) 使用方向鍵進行調整   (D) 使用 Ctrl 鍵調整角度

( ) 6. 路徑管理員的主要功能是什麼？
    (A) 修改路徑的尺寸及填色   (B) 編輯路徑和錨點，進行形狀組合與轉換
    (C) 設定路徑的群組關係   (D) 繪製新的路徑

( ) 7. 右圖顯示了路徑管理員的使用介面，請問哪個按鈕可以封閉開放的路徑？
    (A) ①
    (B) ②
    (C) ③
    (D) ④

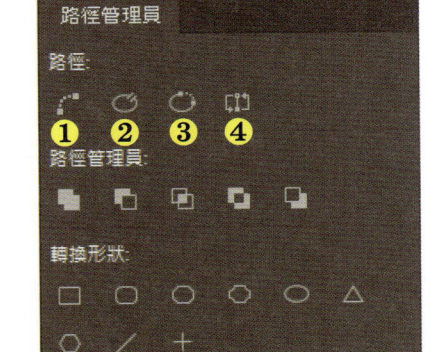

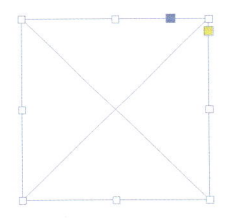

(　　) 8. 如何設置平滑工具的精確度與平滑度？
　　　　(A) 在屬性面板中調整
　　　　(B) 使用快捷鍵 Ctrl + Shift + P
　　　　(C) 連按兩下「平滑工具」圖示，開啟偏好設定面板
　　　　(D) 按住 Shift 鍵並調整路徑

(　　) 9. 如何使用擦除工具？
　　　　(A) 選取路徑並使用擦除工具沿著路徑點按拖移
　　　　(B) 使用 Ctrl 鍵並選取多個錨點
　　　　(C) 使用 Shift 鍵加選路徑
　　　　(D) 使用 Alt 鍵繪製新路徑

(　　) 10. 如何使用剪刀工具剪斷路徑線條？
　　　　(A) 點擊路徑端點　　　　　　　　(B) 在欲剪斷的路徑或錨點上點按游標
　　　　(C) 使用 Shift 鍵選取多個路徑　　(D) 使用 Alt 鍵拖曳路徑

單元小實作

繪製與參考範例相同的圖形。

參考範例

提示重點
- 使用「橢圓工具」和「多邊形工具」繪製。
- 使用「路徑管理員」組合形狀。

　　除上述之外，亦可使用其他方式為之。

05

色彩與上色

編排設計中,色彩配置屬非常重要的一環,以色彩基礎與實務經驗,使用適切主題風格的色彩進行排版。

- ▶ 5-1 色票
- ▶ 5-2 圖形上色
- ▶ 5-3 顏色主題工具
- ▶ 課後習題

05 色彩與上色

5-1 色票

　　色票即調配完成的顏色、漸層和色調,並且命名儲存於「色票面板」,以個別色票或群組色票顯示,並可將文件頁面的版型與物件,快速地套用色票或修改色彩配置。

❶ 選擇「視窗＞顏色＞色票」開啟色票面板。

修改物件顏色
修改文字顏色

❷ 色票面板的功能選單。

填色
線條

調整色調百分比

❽ 刪除選取的色票或群組色票。

❸ 將選取的色票和顏色群組新增至我的目前 CC 資料庫,即儲存至 Adobe Creative Cloud Libraries 雲端硬碟,以供其他 Adobe 軟體互相分享使用。

❹ 色票檢視,依需求設定欲顯示的色票。

❻ 新增色票,自訂增加新的色票。

❼ 游標連按兩下色票,亦可進入色票選項。

❺ 新增顏色群組,將設定完成的色票,予以分類組成群組。

1 「印刷色」色票

以四色印刷油墨青色（Cyan）、洋紅色（Magenta）、黃色（Yellow）和黑色（Black），配置顏色比例完成，儲存定義為「印刷色」色票。

❶ 選擇「視窗＞顏色＞顏色」開啟顏色面板，以及選擇「視窗＞顏色＞色票」開啟色票面板。

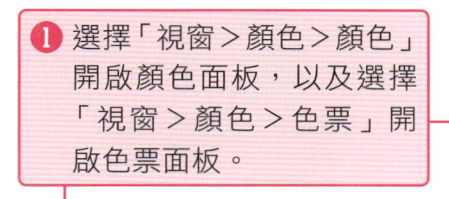

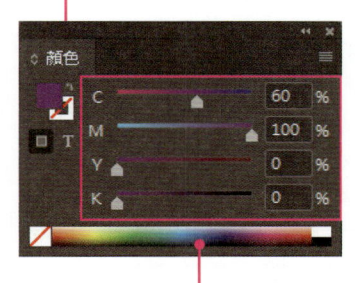

InDesign 色票屬整體色票
在 InDesign 中的色票皆具整體特性，在文件頁面中，所有套用相同色票的物件或版型，於修改顏色或色彩配置時，僅需調整色票設定的顏色，即可自動更新整份文件檔案。

❷ 於「顏色面板」以 CMYK 模式調整顏色後，接著在「色票面板」點按「新增色票」圖示，即新增「印刷色」色票完成。

❸ 若需修改色票設定，以游標連按兩下色票，開啟色票選項視窗。

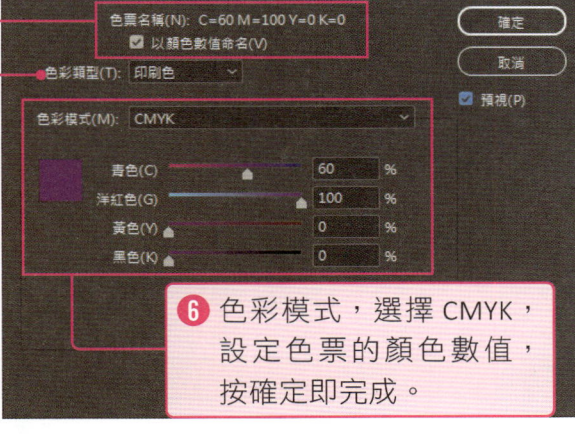

❹ 建議勾選「以顏色數值命名」，容易辨識選擇，不會與相似顏色的色票混淆。

❺ 色彩類型，選擇印刷色。

❻ 色彩模式，選擇 CMYK，設定色票的顏色數值，按確定即完成。

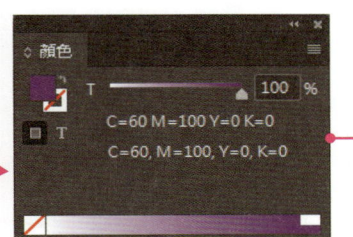

❼ 新增完成的色票，於「顏色面板」可調整色調的百分比。

2 「特別色」色票

特別色為預先調配混合而成的特殊油墨，除了可以替代 CMYK 四色外，尚有金屬色和螢光色等特別色油墨。印刷時需要製作獨立印版，印刷顏色較為飽和、均勻，質感較佳，比四色更適合做為大面積印刷，相對的製作成本也比較高，建議可與印刷四色相輔併用。

❶ 選擇「色票面版 > 選單」選擇新增色票，開啟新增色票視窗。

❷ 色彩類型，選擇特別色。

❸ 色彩模式，選擇 PANTONE, DIC…等色票清單，以下為常用色票：
- DIC Color Guide
（日本 DIC 油墨色票指南）
- PANTONE + CMYK Coated
（美國 PANTONE CMYK 油墨印刷塗佈紙）
- PANTONE + CMYK Uncoated
（美國 PANTONE CMYK 油墨印刷非塗佈紙）
- PANTONE + Metallic Coated
（美國 PANTONE 金屬油墨印刷塗佈紙）

❹ 輸入色票號碼（例如：PANTONE 871C），即可快速搜尋欲使用之色票。

❺ 選擇欲使用之色票，接著按新增，於色票面版即新增特別色「PANTONE + Metallic Coated」色票，以此類推，可逐一搜尋選擇與新增色票。

❻ 亦可新增至 CC Libraries，以供其他 Adobe 軟體互相分享使用。

Tips

於設計完稿的文件檔案中，設定特別色需與色票本（PANTONE 色票，DIC 色票）搭配使用，並與印刷廠互相討論對稿，必要時更建議前往印刷廠區看印，才可達到預期的色彩表現與印刷品質。

3 「無」色票

「無」色票即是刪除物件和文字的填色或線條顏色。

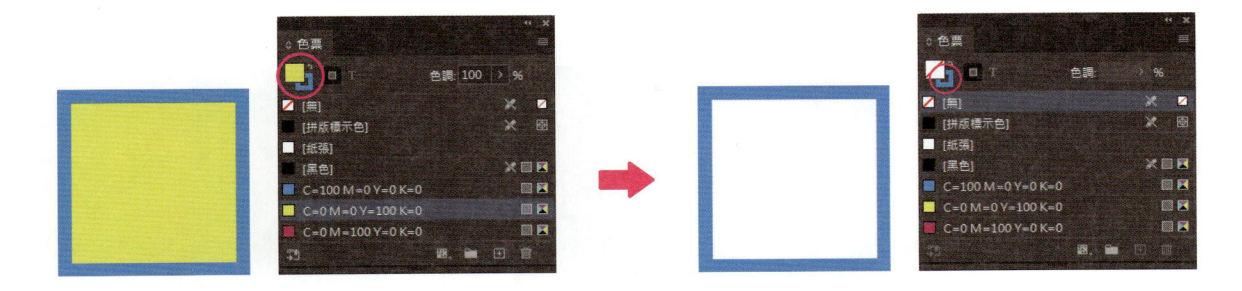

4 「拼板標示色」色票

「拼板標示色」色票的 CMYK 數值皆為 100，主要用作印刷色版在分色印刷時，可以精準校正對齊。

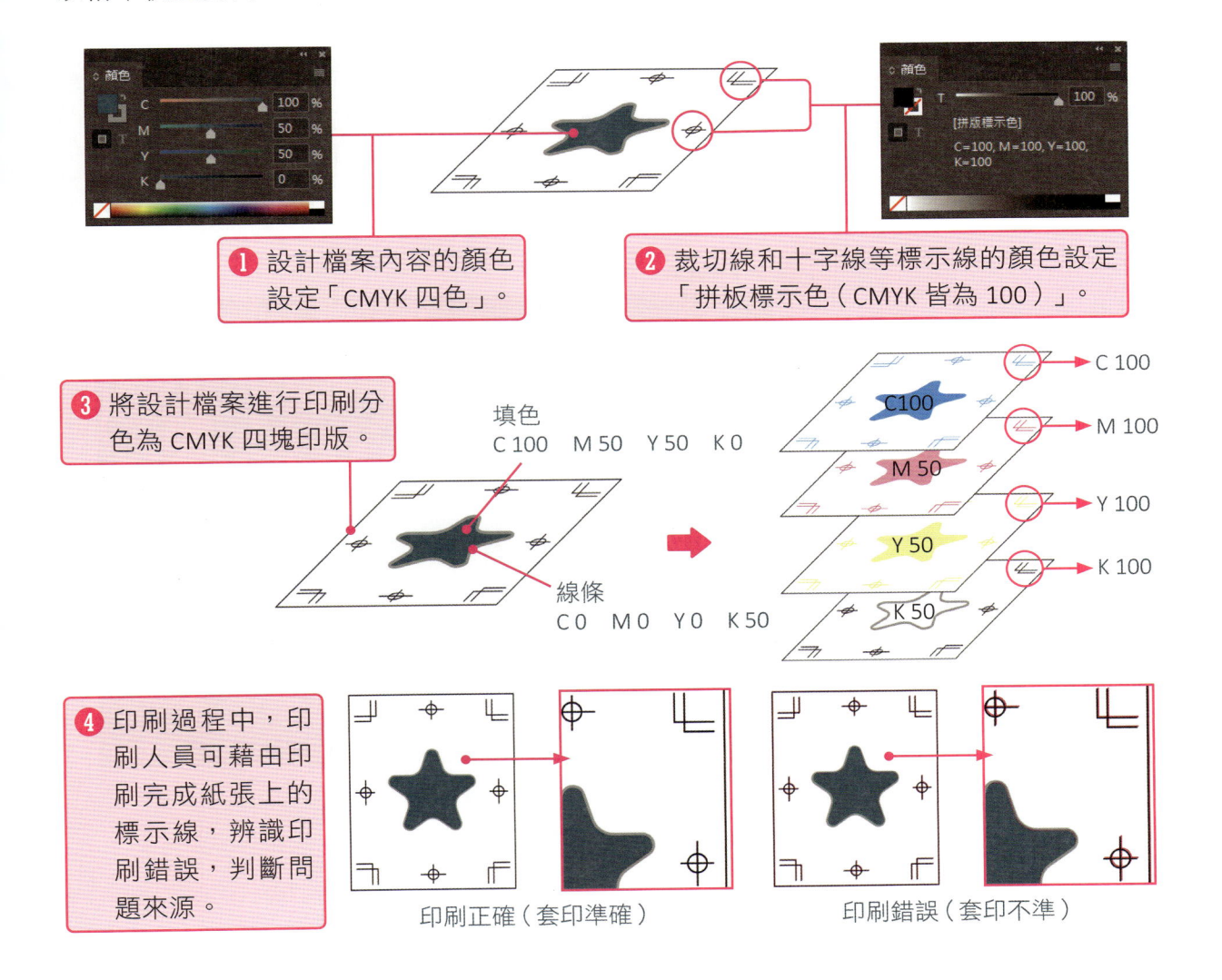

❶ 設計檔案內容的顏色設定「CMYK 四色」。

❷ 裁切線和十字線等標示線的顏色設定「拼板標示色（CMYK 皆為 100）」。

❸ 將設計檔案進行印刷分色為 CMYK 四塊印版。

填色　C 100　M 50　Y 50　K 0
線條　C 0　M 0　Y 0　K 50

C 100
M 100
Y 100
K 100

❹ 印刷過程中，印刷人員可藉由印刷完成紙張上的標示線，辨識印刷錯誤，判斷問題來源。

印刷正確（套印準確）　　印刷錯誤（套印不準）

5 「漸層」色票

漸層為兩個以上相同或不同的顏色，逐階演變的色彩，配置完成並儲存定義為「漸層」色票。

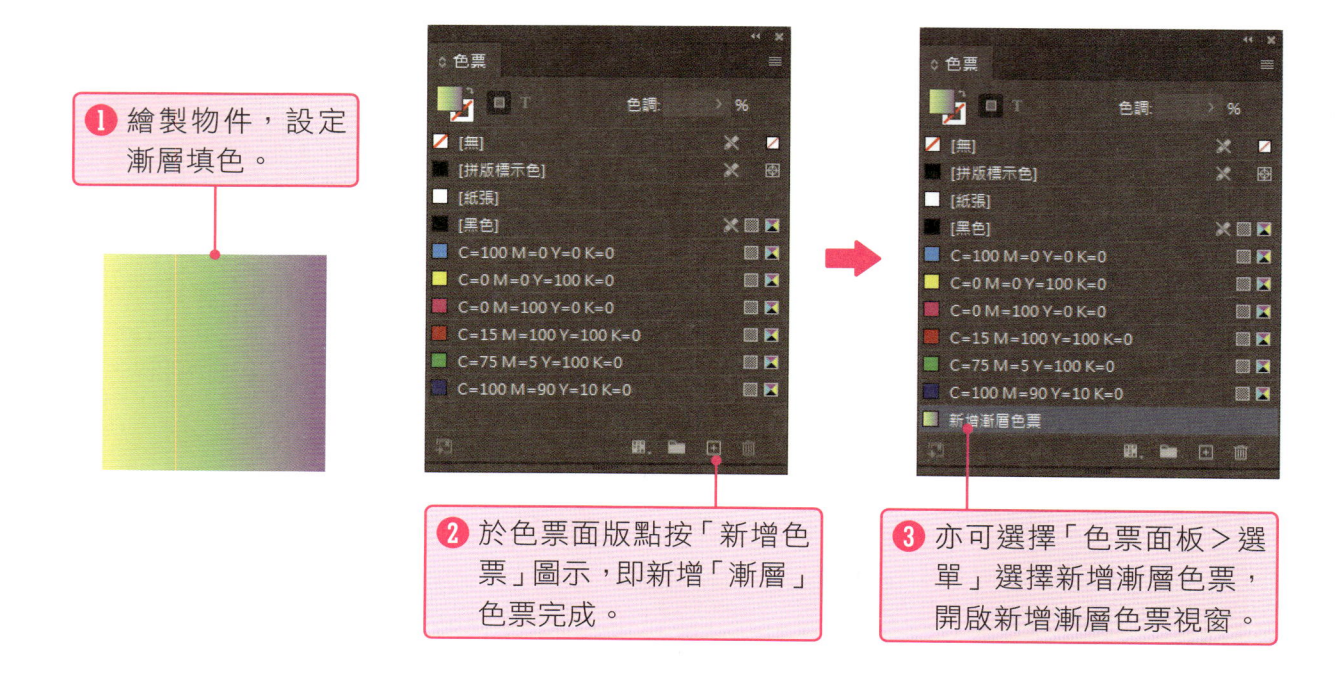

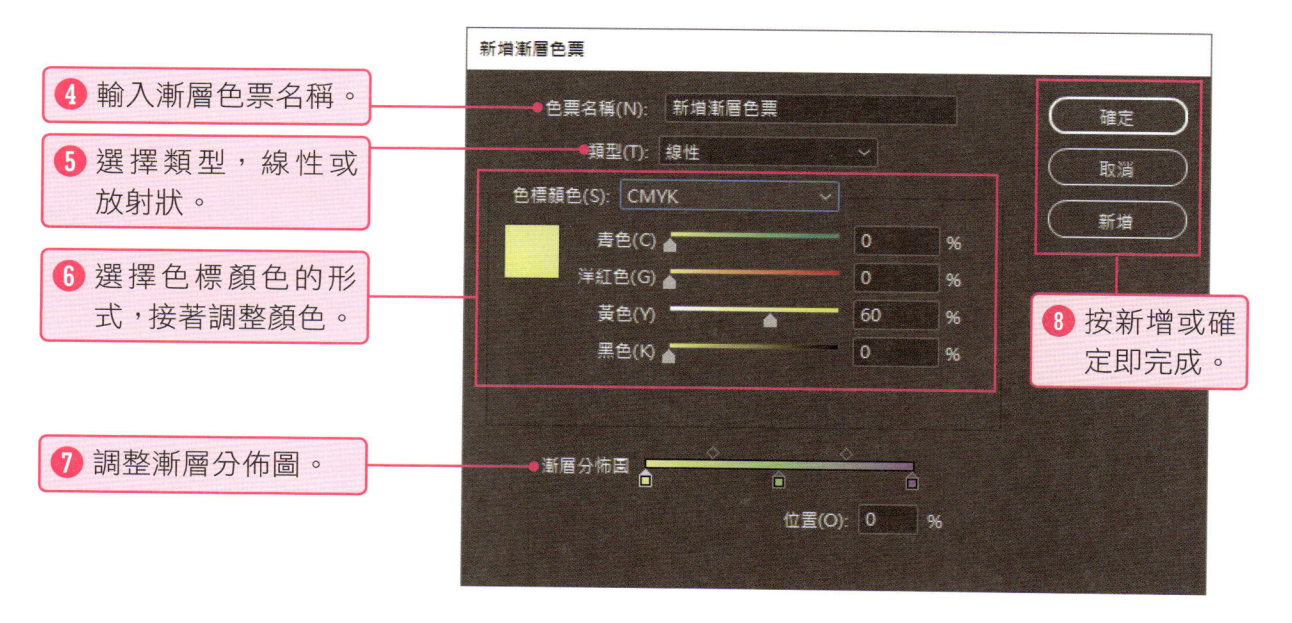

❶ 繪製物件，設定漸層填色。

❷ 於色票面版點按「新增色票」圖示，即新增「漸層」色票完成。

❸ 亦可選擇「色票面板＞選單」選擇新增漸層色票，開啟新增漸層色票視窗。

❹ 輸入漸層色票名稱。

❺ 選擇類型，線性或放射狀。

❻ 選擇色標顏色的形式，接著調整顏色。

❼ 調整漸層分佈圖。

❽ 按新增或確定即完成。

6 顏色群組

顏色群組即是將色票組成群組，可包含印刷色、特別色和漸層，不可包含無、拼版標示色、紙張和黑色。

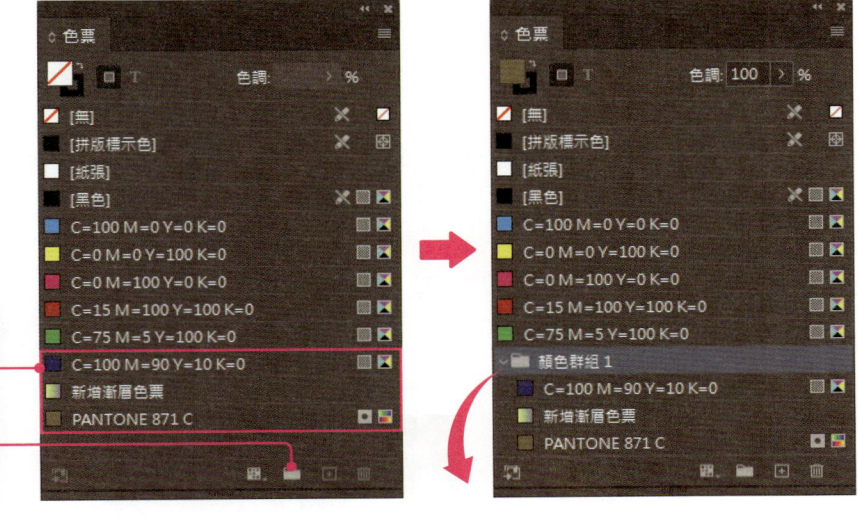

① 選取欲組成「顏色群組」的色票。

② 點按「新增顏色群組」圖示，即完成。

③ 游標點按一下「顏色群組」名稱，等待一秒後接著點第二下，即可修改名稱。或以游標連按兩下「顏色群組」名稱，開啟編輯顏色群組視窗，亦可修改。

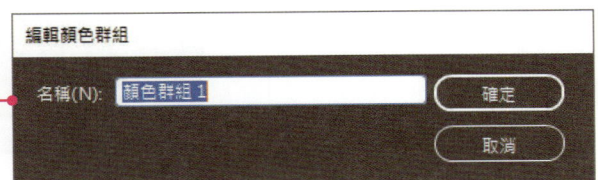

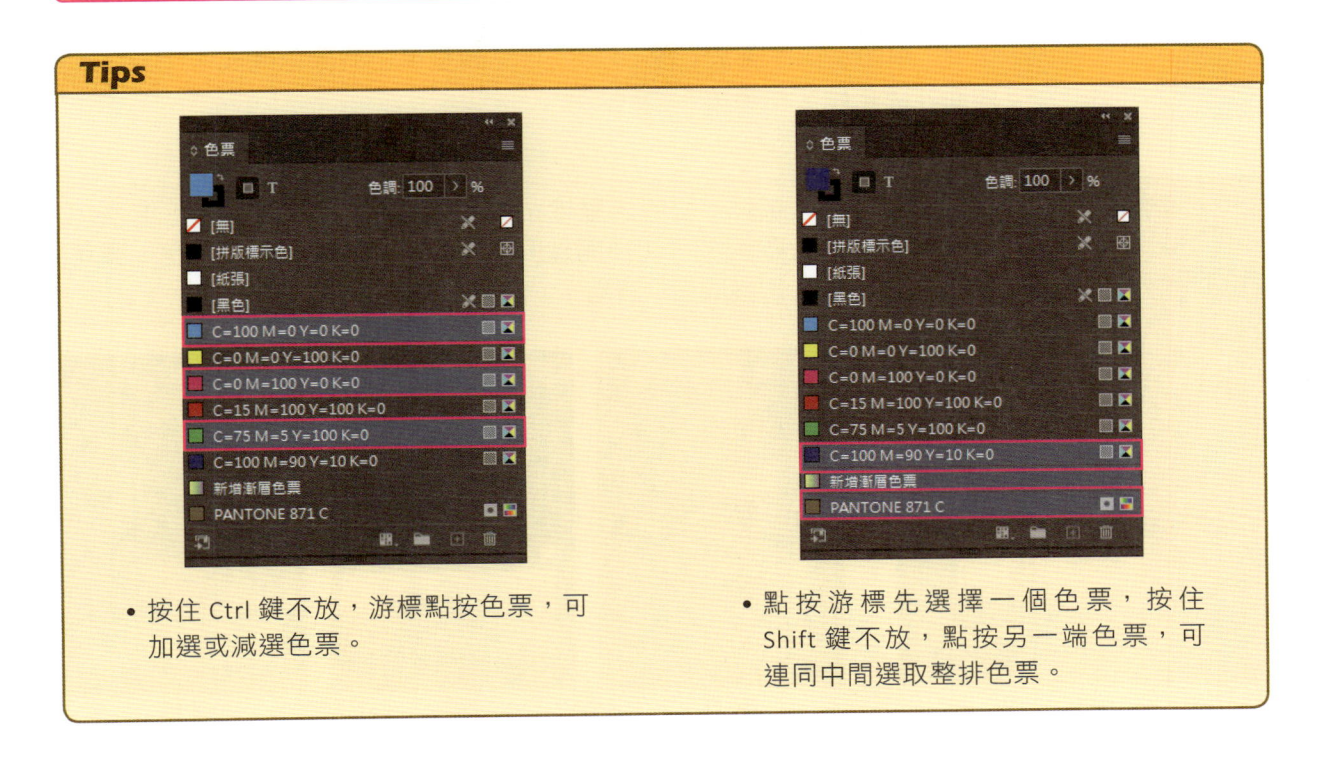

Tips

- 按住 Ctrl 鍵不放，游標點按色票，可加選或減選色票。

- 點按游標先選擇一個色票，按住 Shift 鍵不放，點按另一端色票，可連同中間選取整排色票。

5-2 圖形上色

繪製圖形的路徑線條，可將顏色依配色需求套用至圖形的填色或線條。

1 填色與線條

填色

填色即是圖形內的顏色，可填入顏色和漸層，開放路徑與封閉路徑的圖形皆可填色。

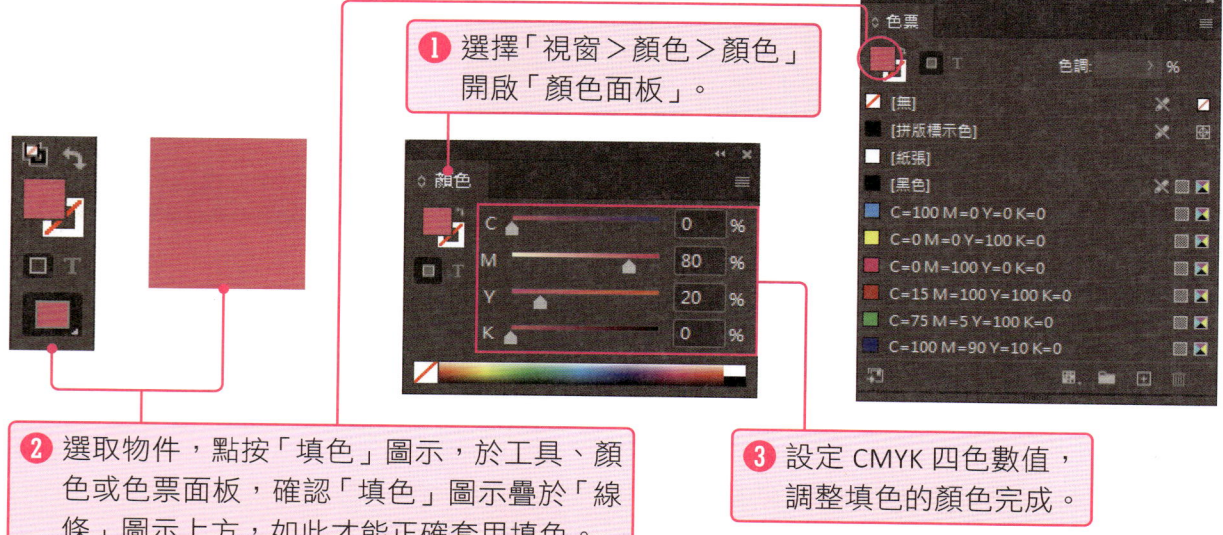

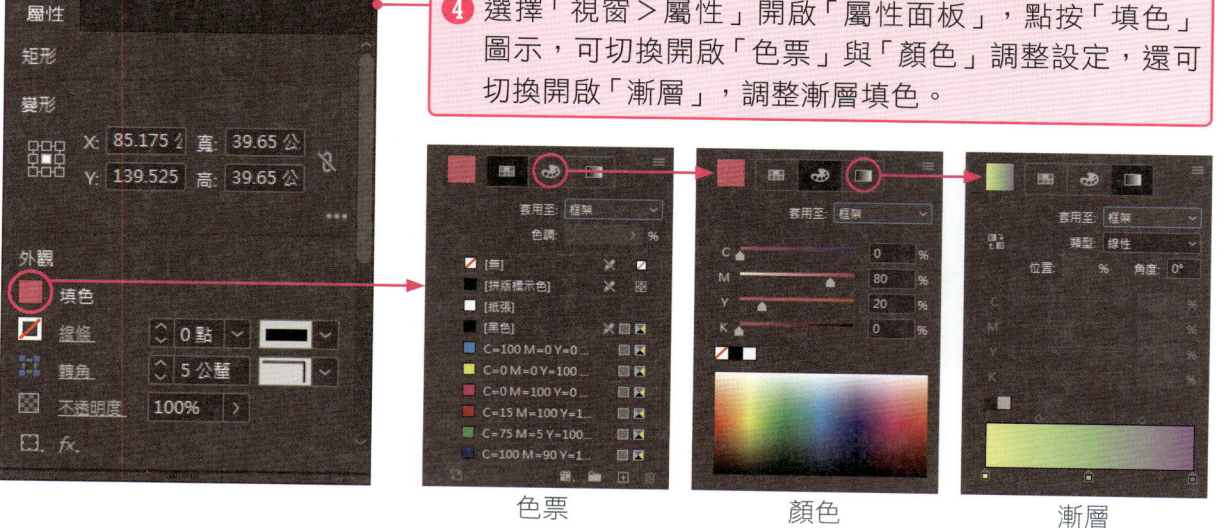

❶ 選擇「視窗＞顏色＞顏色」開啟「顏色面板」。

❷ 選取物件，點按「填色」圖示，於工具、顏色或色票面板，確認「填色」圖示疊於「線條」圖示上方，如此才能正確套用填色。

❸ 設定 CMYK 四色數值，調整填色的顏色完成。

❹ 選擇「視窗＞屬性」開啟「屬性面板」，點按「填色」圖示，可切換開啟「色票」與「顏色」調整設定，還可切換開啟「漸層」，調整漸層填色。

色票　　　顏色　　　漸層

線條

線條即圖形輪廓路徑，可調整粗細寬度和顏色，亦可填入漸層，且能以各種線條類型呈現。

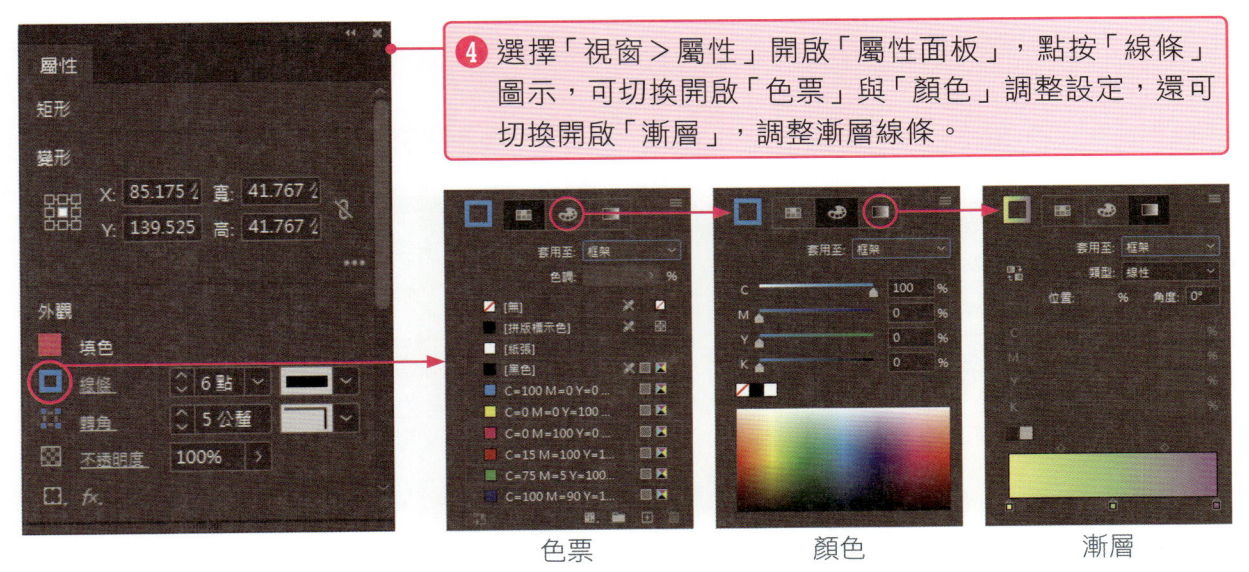

❶ 選擇「視窗＞顏色＞顏色」開啟「顏色面板」。

❷ 選取物件，點按「線條」圖示，於工具、顏色或色票面板，確認「線條」圖示疊於「填色」圖示上方，如此才能正確套用線條。

❸ 設定 CMYK 四色數值，調整線條的顏色完成。

❹ 選擇「視窗＞屬性」開啟「屬性面板」，點按「線條」圖示，可切換開啟「色票」與「顏色」調整設定，還可切換開啟「漸層」，調整漸層線條。

色票　　　顏色　　　漸層

線條面板

調整線條的屬性與類型設定。

❶ 調整線條的粗細寬度。

❷ 選擇線條路徑端點的外觀。

平端點　　圓端點　　方端點

❸ 設定在何時要由尖角轉換成斜角。

❹ 選擇轉角控制點的外觀。

尖角　　圓角　　斜角

❺ 選擇對齊路徑的線條位置。

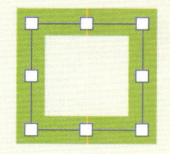

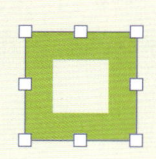

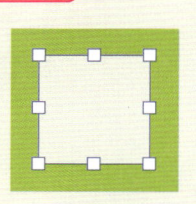

對齊中央　　對齊內部　　對齊外部

❻ 選擇線條類型。

❼ 選擇路徑起始處和結束處的箭頭外觀。

❽ 調整縮放箭頭起始處和結束處的大小。

❾ 調整路徑對齊箭頭的位置

箭頭超出路徑終點　　箭頭對齊路徑終點

❿ 調整線條空白間隙的顏色與色調。

2 漸層色票工具

在兩個或多個顏色，或是相同顏色不同色調之間建立逐階的漸變效果。

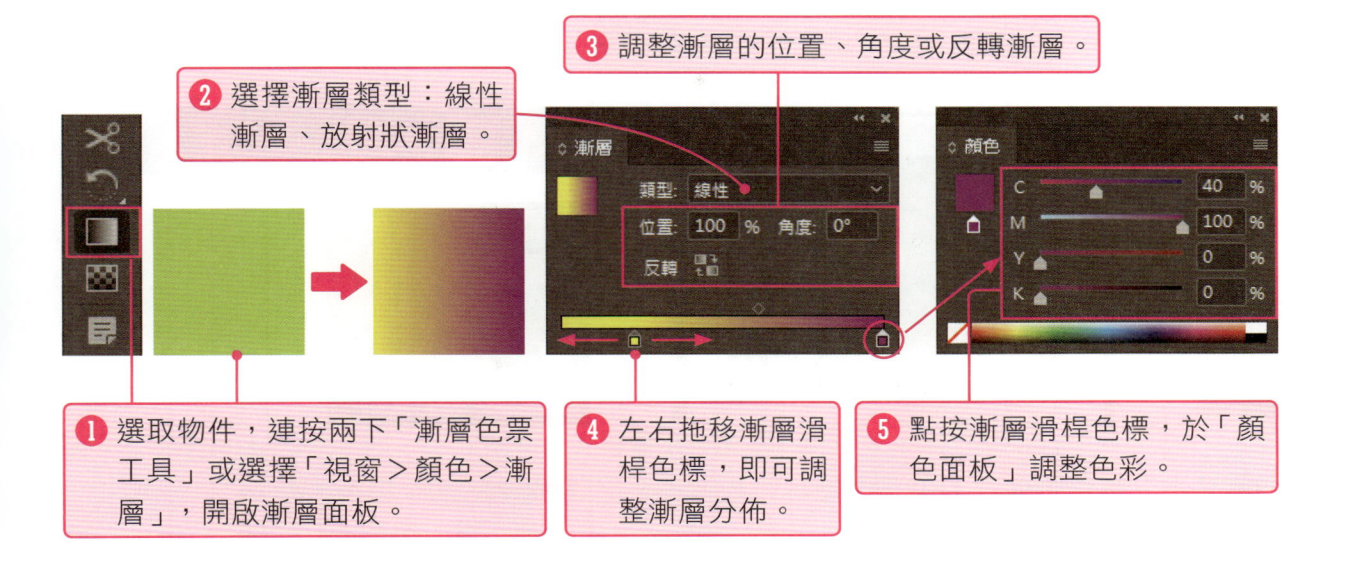

❷ 選擇漸層類型：線性漸層、放射狀漸層。

❸ 調整漸層的位置、角度或反轉漸層。

❶ 選取物件，連按兩下「漸層色票工具」或選擇「視窗 > 顏色 > 漸層」，開啟漸層面板。

❹ 左右拖移漸層滑桿色標，即可調整漸層分佈。

❺ 點按漸層滑桿色標，於「顏色面板」調整色彩。

❻ 亦可選取「漸層色票工具」可直接於物件上拖曳游標調整漸層。

線性漸層　　　　　　　放射狀漸層

Tips

修改漸層色標的顏色

a. 游標點按漸層滑桿色標，按住 Alt 鍵不放，再點按「色票面板」色票，即套用顏色完成。

b. 游標按住「色票面板」色票不放，拖曳至漸層滑桿色標上方，待出現「＋」號，放開游標即套用顏色完成。

5-3 顏色主題工具

從文件頁面內的影像或物件，摘取其顏色主題，新增儲存至「色票面板」或「CC Libraries」。

❶ 選取「顏色主題工具」點按影像，隨即顯現顏色主題工具。

❷ 選擇主題：彩色、亮、暗、深、柔和。

❸ 將顏色主題新增至「色票面板」。

❹ 將顏色主題增至「CC Libraries」。

05 課後習題

選擇題

( ) 1. 色票中的「印刷色」是使用哪些顏色組成的？
(A) RGB (B) CMYK (C) HEX (D) HSL

( ) 2. 右圖為 Indesign 的色票面板。哪個按鈕可以在 InDesign 中新增一個自訂色票？
(A) ①
(B) ②
(C) ③
(D) ④

( ) 3. 「無色票」的作用是什麼？
(A) 刪除物件的填色或線條顏色
(B) 將物件設為透明
(C) 用來增加漸層效果
(D) 修改物件的邊框

( ) 4. 右圖顯示的是色票面板，選取想要組成群組的色票後，哪個按鈕可以新增顏色群組？
(A) ①
(B) ②
(C) ③
(D) ④

( ) 5. 特別色與印刷四色的主要區別是什麼？
(A) 印刷四色更適合大面積印刷
(B) 特別色使用預先調配的油墨，適合需要特殊印刷效果的場景
(C) 特別色僅用於數位印刷
(D) 印刷四色需要較高的成本

( ) 6. 如何將色票新增至 CC Libraries？
(A) 點選色票後，點按「將選取的色票新增至我的目前 CC 程式庫」
(B) 手動將色票拖入 CC Libraries
(C) 使用「檔案＞匯入色票」功能
(D) 在色票面板中右鍵選擇「匯出至 CC Libraries」

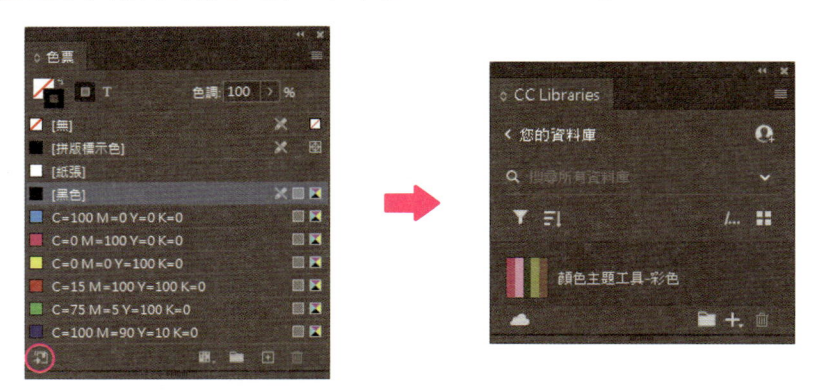

( ) 7. 在 Adobe InDesign 中，「拼板標示色」色票的主要作用是什麼？
(A) 用於取代印刷四色，減少油墨使用量
(B) 用於在分色印刷時，精準校正對齊印刷色版
(C) 專門用於網頁設計，確保顏色在不同裝置上一致
(D) 用於使物件呈現半透明或透明效果

( ) 8. 漸層填色的滑桿可以用來調整什麼？
(A) 調整圖形的線條粗細
(B) 更改圖形的邊框樣式
(C) 調整透明度
(D) 改變漸層顏色的分布

( ) 9. 如何從圖片中提取顏色主題？
(A) 選擇「顏色主題工具」點按圖片，隨即顯示顏色主題
(B) 使用「填色」工具點按圖片
(C) 使用「線條」工具繪製框架
(D) 選擇「編輯」＞「顏色」選項

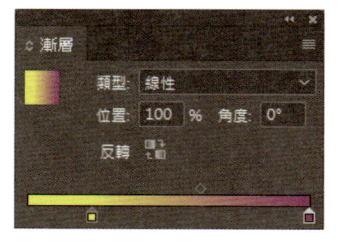

(　　) 10. 如何在線條面板中設置箭頭樣式？
　　　　(A) 在屬性面板中進行設置
　　　　(B) 使用漸層色票工具
　　　　(C) 在工具列中進行調整
　　　　(D) 在「線條面板」中選擇箭頭起始與結束樣式

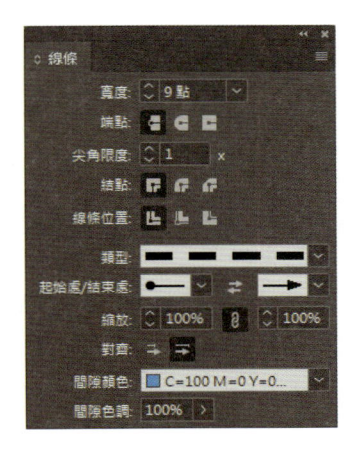

單元小實作

繪製一個尺寸為 40×30mm 的 icon 圖示，線條位置：對齊內部，並新增「漸層色票」於「色票面板」（其餘屬性皆為自訂）。

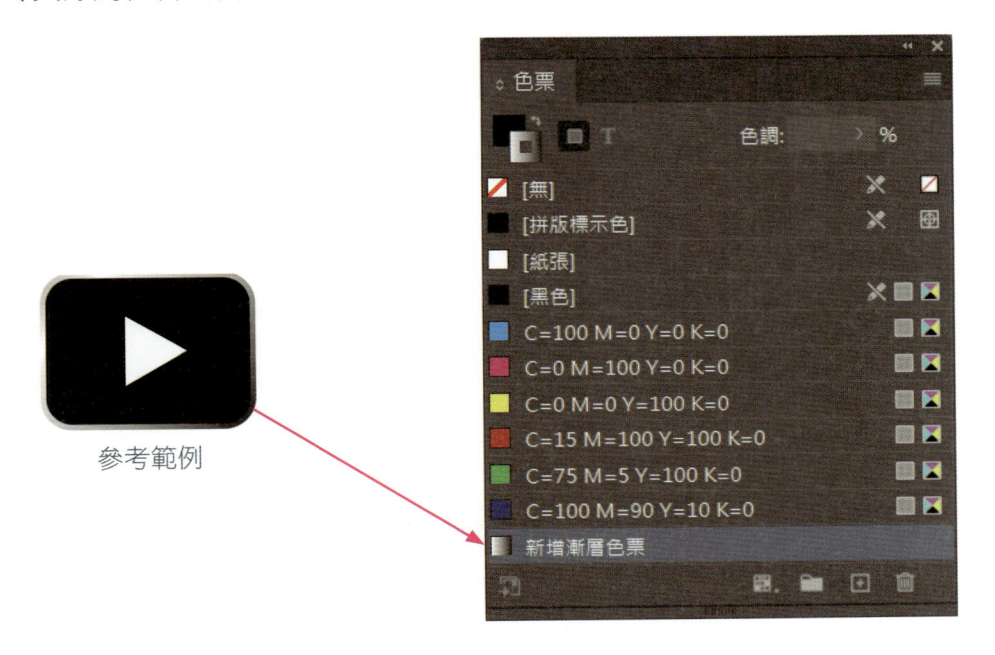

參考範例

提示重點
- 以「線條面板」設定線條位置。
- 選取「漸層色票工具」便於繪製漸層的分佈與角度。

Note

06

物件

InDesign 物件相關功能豐富多元,可快速的編輯、調整和變形,還可套用各式效果與混合模式。

▶ 6-1 選取物件
▶ 6-2 調整物件
▶ 6-3 變形物件
▶ 6-4 物件特效
▶ 課後習題

06 物件

6-1 選取物件

依照物件排列順序與圖層堆疊的情況，使用最便利且快速的工具，精確選取目標物件。

1 選取工具

選取一個或多個，以及一組或多組的物件。

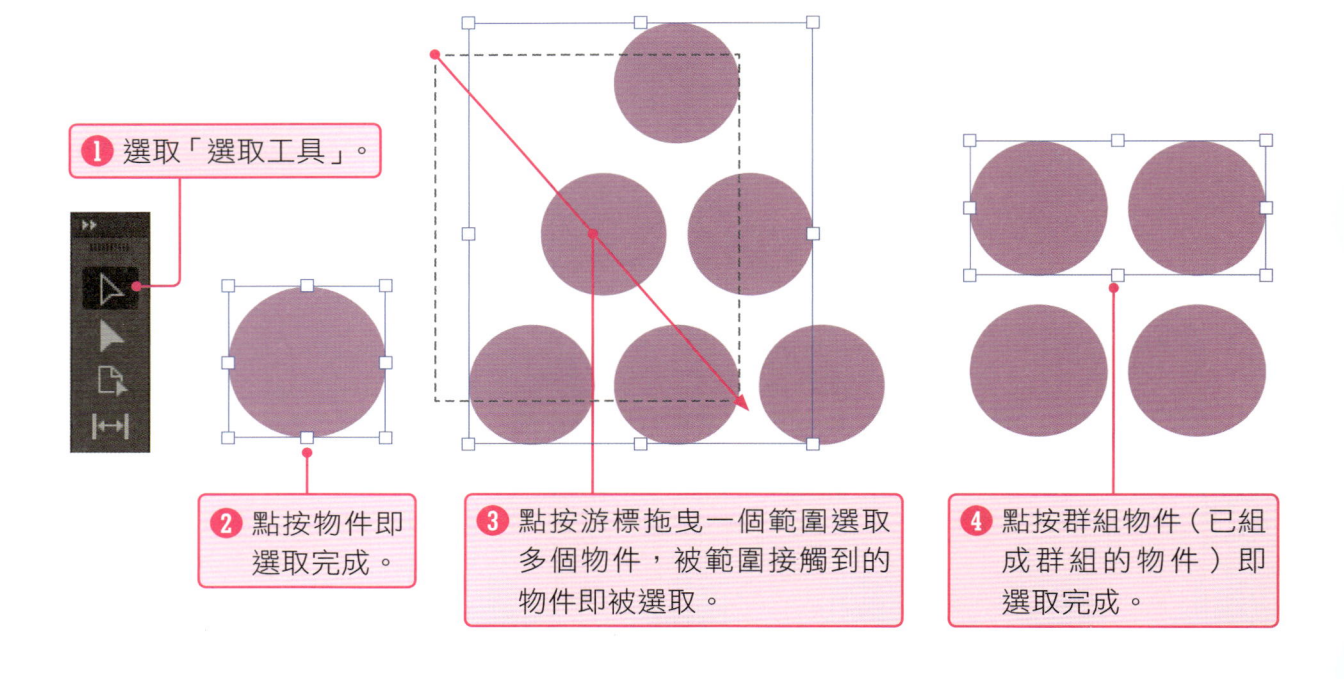

❶ 選取「選取工具」。

❷ 點按物件即選取完成。

❸ 點按游標拖曳一個範圍選取多個物件，被範圍接觸到的物件即被選取。

❹ 點按群組物件（已組成群組的物件）即選取完成。

Tips

- 按住 Shift 鍵不放，游標點按欲選取的物件或群組物件，即可增加選取。反之，已先選取多個物件或群組物件，游標點按不想選取的物件或群組物件，即可減少選取。
- 點按工作區域空白處即取消選取。
- 選取物件之後，按 Delete 鍵即刪除。

2 直接選取工具

可選取和調整錨點，改變路徑和形狀。

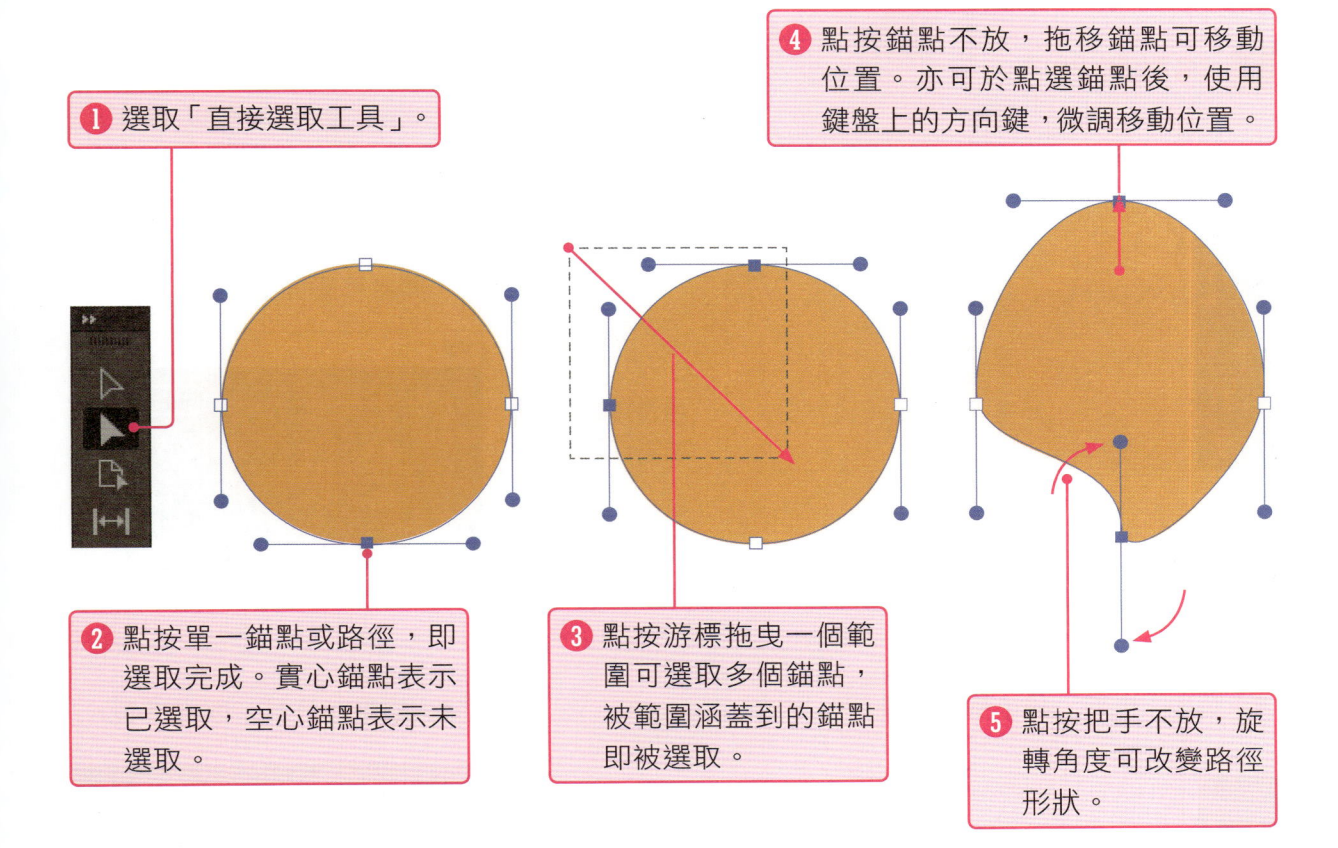

① 選取「直接選取工具」。

② 點按單一錨點或路徑，即選取完成。實心錨點表示已選取，空心錨點表示未選取。

③ 點按游標拖曳一個範圍可選取多個錨點，被範圍涵蓋到的錨點即被選取。

④ 點按錨點不放，拖移錨點可移動位置。亦可於點選錨點後，使用鍵盤上的方向鍵，微調移動位置。

⑤ 點按把手不放，旋轉角度可改變路徑形狀。

Tips

按住 Shift 鍵不放，游標點按欲選取的錨點，即可增加選取。反之，已先選取多個錨點，游標點按不想選取的錨點，即可減少選取。

6-2 調整物件

以物件的邊框和錨點,快速且直覺式的編輯調整物件。

1 移動物件

❶ 選取「選取工具」點按物件拖移,即完成。

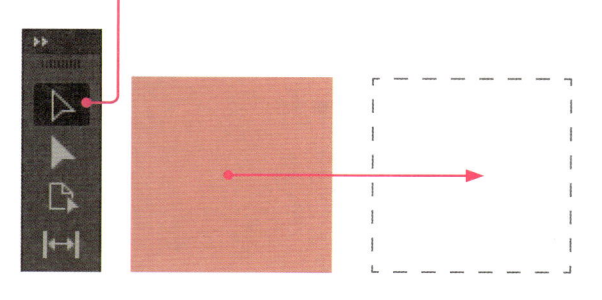

Tips
按住 Shift 鍵不放,能以 45 度、水平或垂直方式拖移物件。

❷ 選擇「物件 > 變形 > 移動」開啟移動面板。

設定移動的水平或垂直距離。

設定移動的距離和角度。

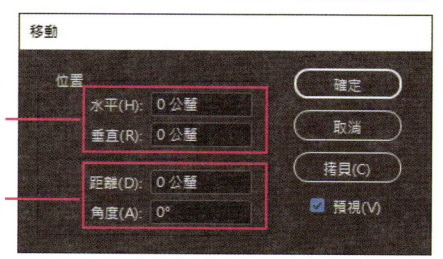

2 複製物件

❶ 選取「選取工具」選取物件。

❷ 選擇「編輯 > 拷貝」進行複製。

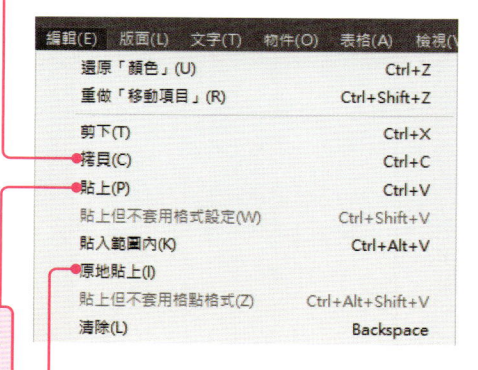

❸ 選擇「編輯 > 貼上」貼至「目前畫面中央位置」。

❹ 選擇「編輯 > 原地貼上」貼至「原物件的位置」。

Tips
- 按住 Alt 鍵不放,待出現雙箭頭圖示,點按物件拖移即可複製。 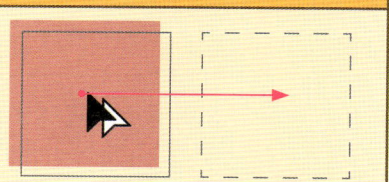
- 按住 Alt + Shift 鍵不放,點按物件拖移,能以 45 度、水平或垂直方式複製物件。

3 變形物件

以物件的邊框調整變形。

Tips
- 按住 Shift 鍵不放，可等比例縮放。
- 按住 Shift 鍵不放，能以 45 度旋轉。
- 按住 Alt 鍵，以中心為基準，任意水平或垂直縮放。
- 按住 Alt + Shift 鍵，以中心為基準，等比例縮放。

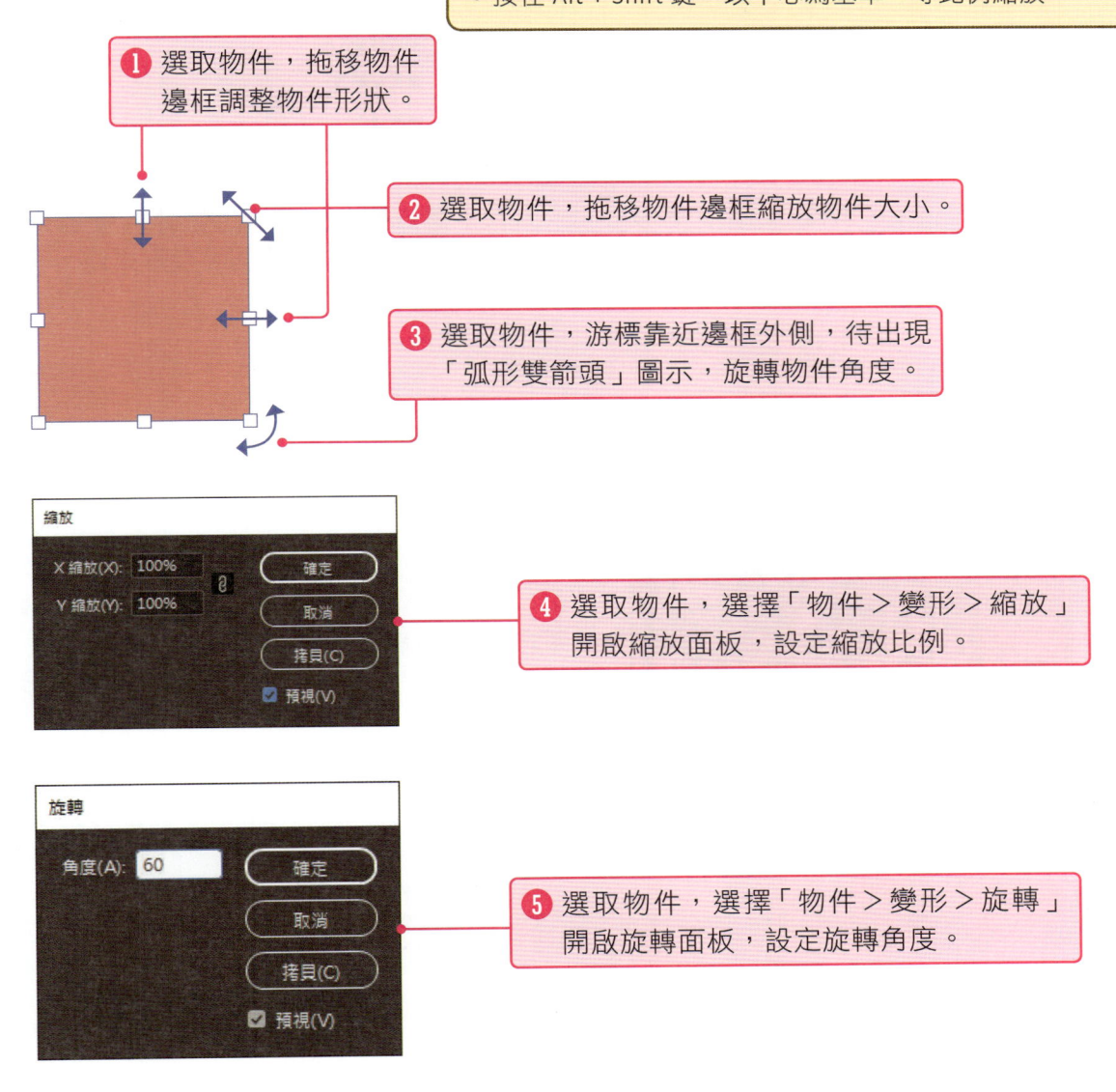

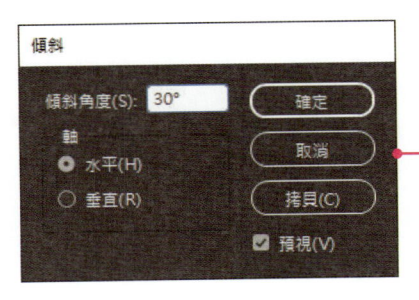

❶ 選取物件，拖移物件邊框調整物件形狀。

❷ 選取物件，拖移物件邊框縮放物件大小。

❸ 選取物件，游標靠近邊框外側，待出現「弧形雙箭頭」圖示，旋轉物件角度。

❹ 選取物件，選擇「物件＞變形＞縮放」開啟縮放面板，設定縮放比例。

❺ 選取物件，選擇「物件＞變形＞旋轉」開啟旋轉面板，設定旋轉角度。

❻ 選取物件，選擇「物件＞變形＞傾斜」開啟傾斜面板，設定傾斜角度與基準軸。

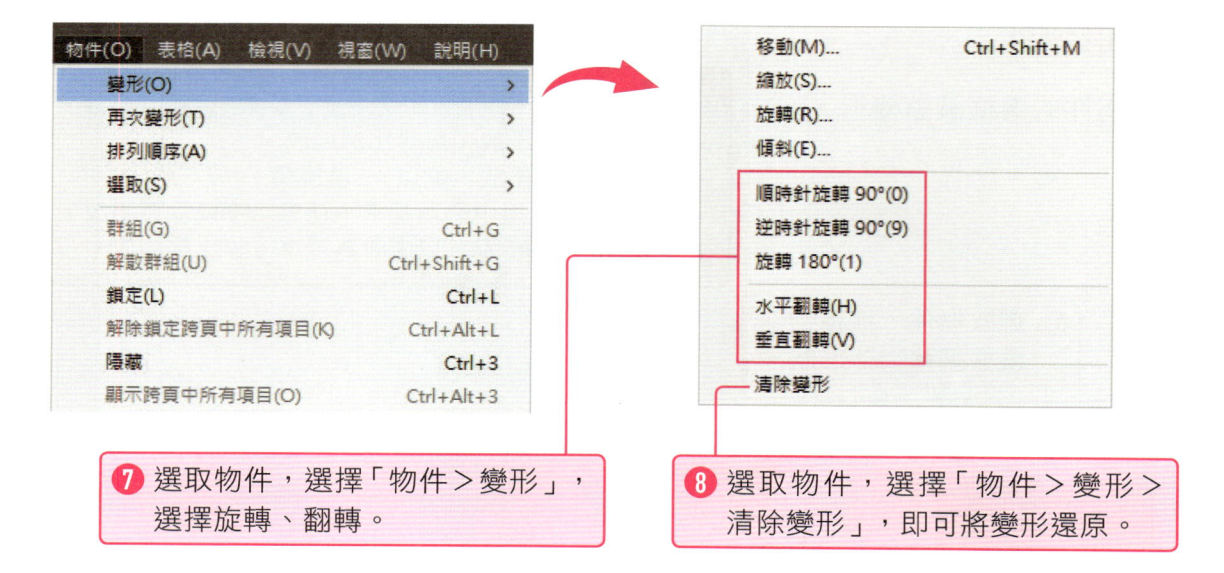

❼ 選取物件，選擇「物件＞變形」，選擇旋轉、翻轉。

❽ 選取物件，選擇「物件＞變形＞清除變形」，即可將變形還原。

變形面板

選擇「視窗＞物件與版面＞變形」開啟變形面板。

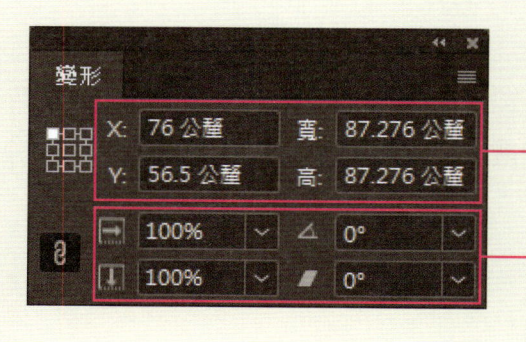

設定基準點參考點，座標位置與尺寸。

設定縮放百分比、旋轉角度與水平傾斜角度。

4 對齊和均分物件

選取所有目標物件或錨點，進行對齊或均分。

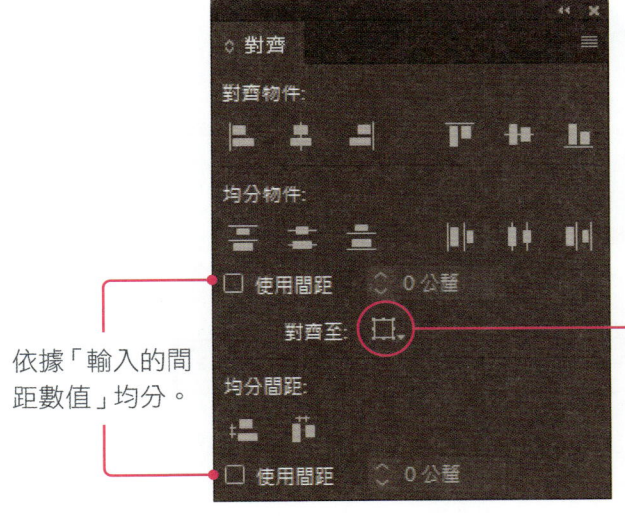

對齊選取範圍：以選取的所有物件為基準。
對齊關鍵物件：選取所有物件，接著點按指定其中一個為關鍵物件（藍色粗框顯示）作為基準。
對齊邊界：排除邊界，將選取的物件與版心對齊。
對齊邊界：將選取的物件與目前單一頁面對齊。
對齊跨頁：將選取的物件與目前跨頁頁面對齊。

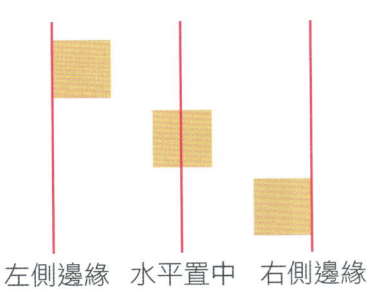

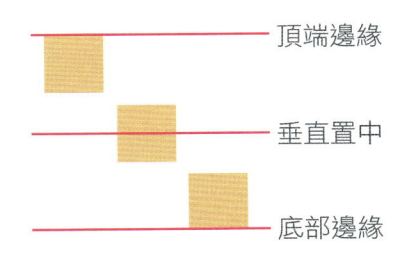

依據「輸入的間距數值」均分。

對齊物件

左側邊緣　水平置中　右側邊緣

頂端邊緣
垂直置中
底部邊緣

均分物件

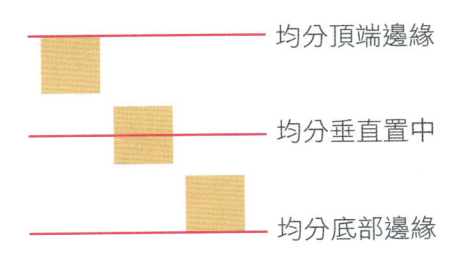

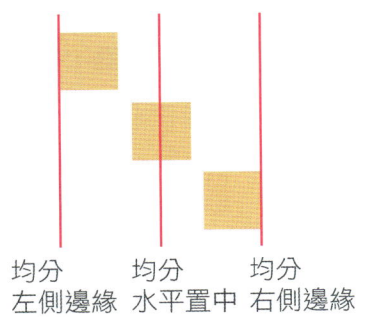

均分頂端邊緣
均分垂直置中
均分底部邊緣

均分左側邊緣　均分水平置中　均分右側邊緣

均分間距

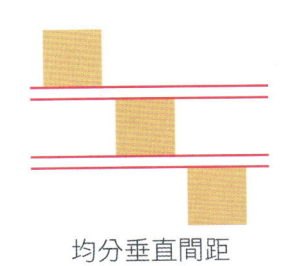

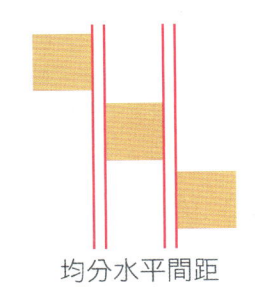

均分垂直間距

均分水平間距

5 間隙工具

快速調整兩個以上物件之間的間隙大小。

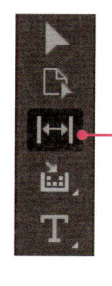

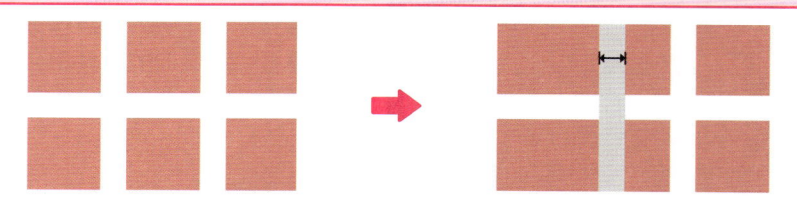

❶ 選取「間隙工具」。

❷ 移動間隙位置，拖移調整「整排對齊的物件」尺寸大小。

❸ 按住 Shift 鍵，拖移調整單一「彼此相鄰的物件」間隙位置。

❹ 按住 Ctrl 鍵，拖移調整「整排對齊的物件」間隙大小。

若按住 Ctrl + Shift 鍵，則僅作用於單一「彼此相鄰的物件」。

❺ 按住 Alt 鍵，拖移調整「整排對齊的物件」間隙位置與移動物件。

若按住 Alt + Shift 鍵，則僅作用於單一「彼此相鄰的物件」。

❻ 按住 Ctrl + Alt 鍵，拖移調整「整排對齊的物件」間隙大小與移動物件。

若按住 Ctrl + Alt + Shift 鍵，則僅作用於單一「彼此相鄰的物件」。

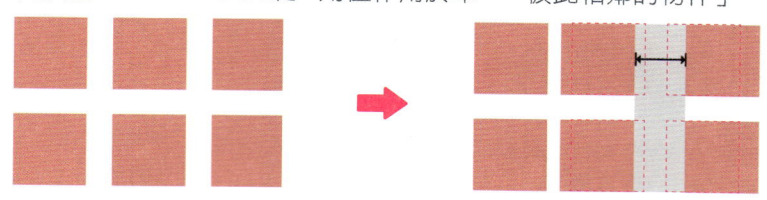

6-3 變形物件

變形工具與功能眾多，依據目標物件狀況與使用目的，選擇合適的工具。

1 任意變形工具

對物件進行縮放、旋轉和傾斜。

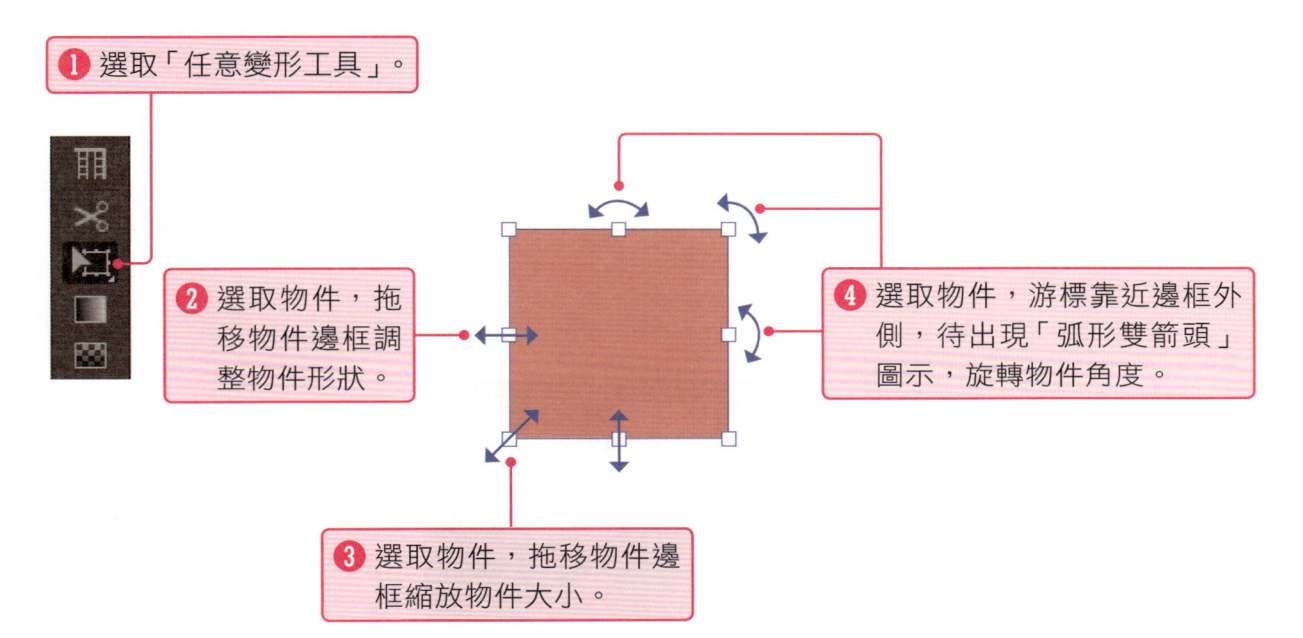

❶ 選取「任意變形工具」。

❷ 選取物件，拖移物件邊框調整物件形狀。

❸ 選取物件，拖移物件邊框縮放物件大小。

❹ 選取物件，游標靠近邊框外側，待出現「弧形雙箭頭」圖示，旋轉物件角度。

Tips

選取「任意變形工具」配合快速鍵，可執行各式變形功能。

- 游標按住控制點，再按住 Shift 鍵，即可等比例縮放。
- 游標按住控制點，再按住 Shift 鍵，即以 45 度旋轉。
- 游標按住控制點，再按住 Alt 鍵，即以中心為基準，任意水平或垂直縮放。
- 游標按住控制點，再按住 Alt + Shift 鍵，即以中心為基準，等比例縮放。
- 游標按住控制點，再按住 Ctrl 鍵拖移角落控制點，即單側傾斜與旋轉。
- 游標按住控制點，再按住 Ctrl 鍵拖移側邊控制點，即單側傾斜。
- 游標按住控制點，再按住 Ctrl + Alt 鍵拖移側邊控制點，即以中心為基準的對稱反向傾斜。

2 旋轉工具

對物件進行旋轉。

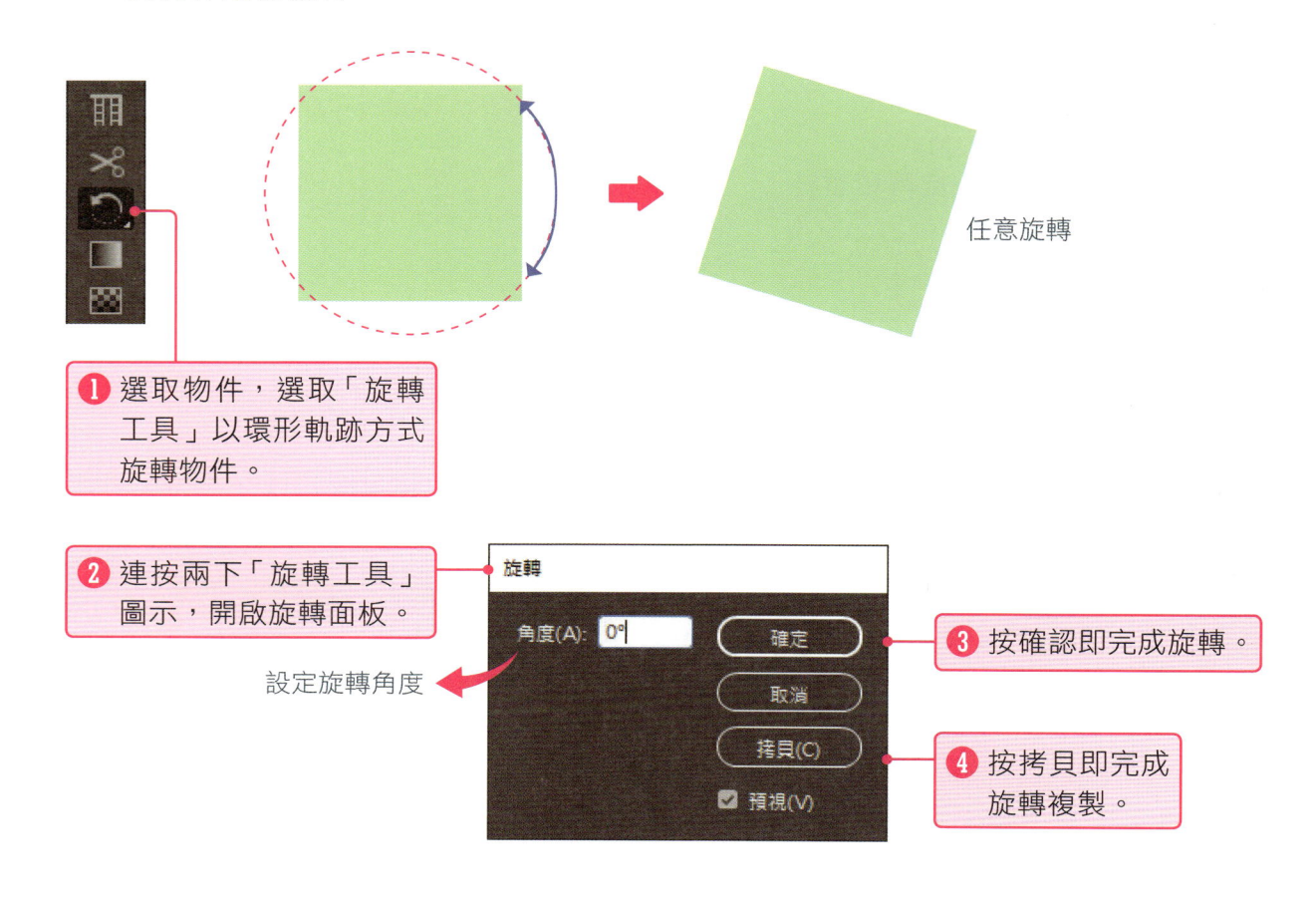

❶ 選取物件,選取「旋轉工具」以環形軌跡方式旋轉物件。

❷ 連按兩下「旋轉工具」圖示,開啟旋轉面板。

設定旋轉角度

任意旋轉

❸ 按確認即完成旋轉。

❹ 按拷貝即完成旋轉複製。

> **Tips**
>
> - 按住 Shift 鍵不放,能以 45 度旋轉。
> - 一般物件以中心位置為基準點,若要改變旋轉時的基準點,可於選取物件後,選取「旋轉工具」,按住 Alt 鍵不放,游標點按新基準點的位置,即更改完成。

3 縮放工具

對物件進行縮放。

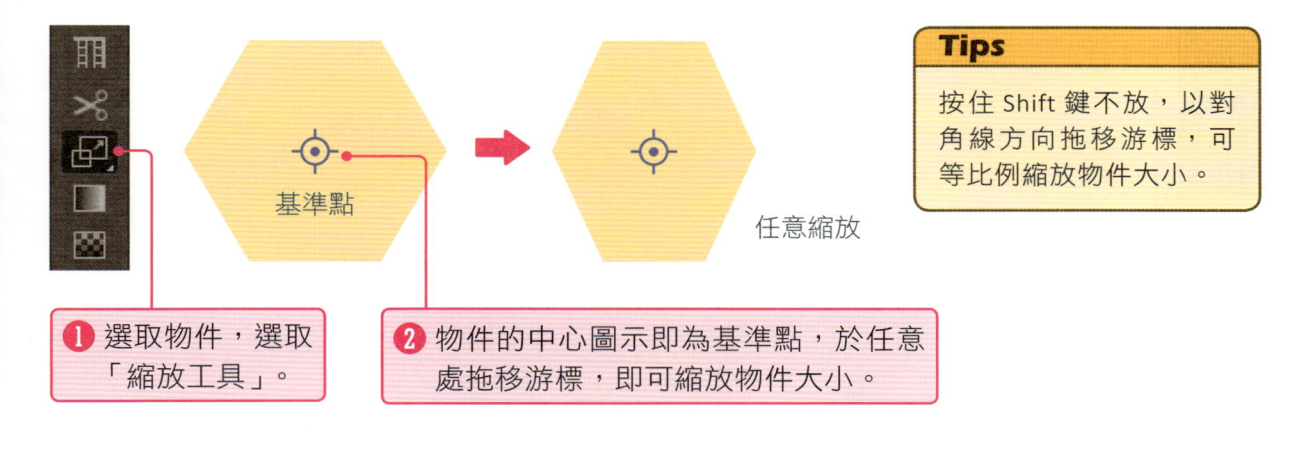

Tips
按住 Shift 鍵不放,以對角線方向拖移游標,可等比例縮放物件大小。

基準點

任意縮放

① 選取物件,選取「縮放工具」。

② 物件的中心圖示即為基準點,於任意處拖移游標,即可縮放物件大小。

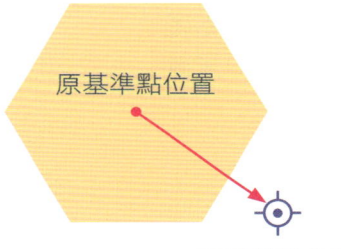

原基準點位置

新基準點位置

③ 點按物件中心基準點圖示不放,拖移游標即可改變基準點位置。

④ 選取物件,連按兩下「縮放工具」圖示,開啟旋轉面板。

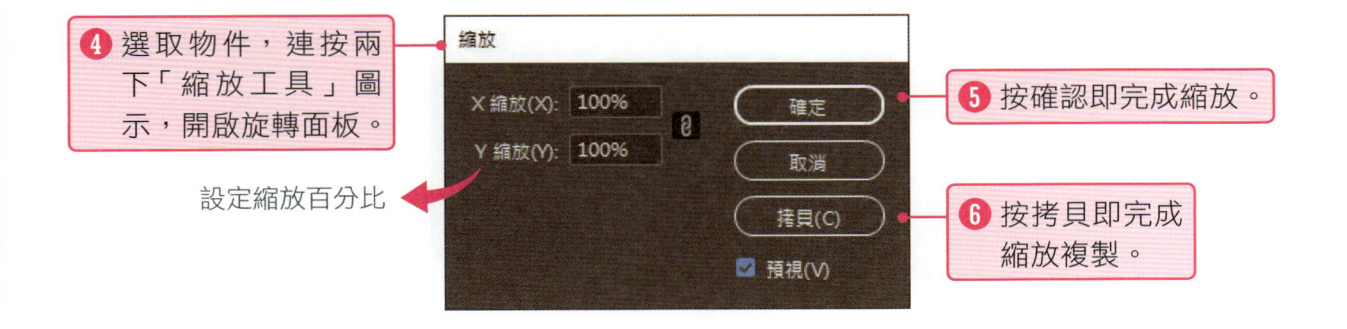

設定縮放百分比

縮放
X 縮放(X): 100%
Y 縮放(Y): 100%
確定
取消
拷貝(C)
☑ 預視(V)

⑤ 按確認即完成縮放。

⑥ 按拷貝即完成縮放複製。

Tips
一般物件以中心位置為基準點,若要改變縮放時的基準點,可於選取物件後,選取「縮放工具」,按住 Alt 鍵不放,游標點按新基準點的位置,即更改完成。

06 物件

4 傾斜工具

任意傾斜

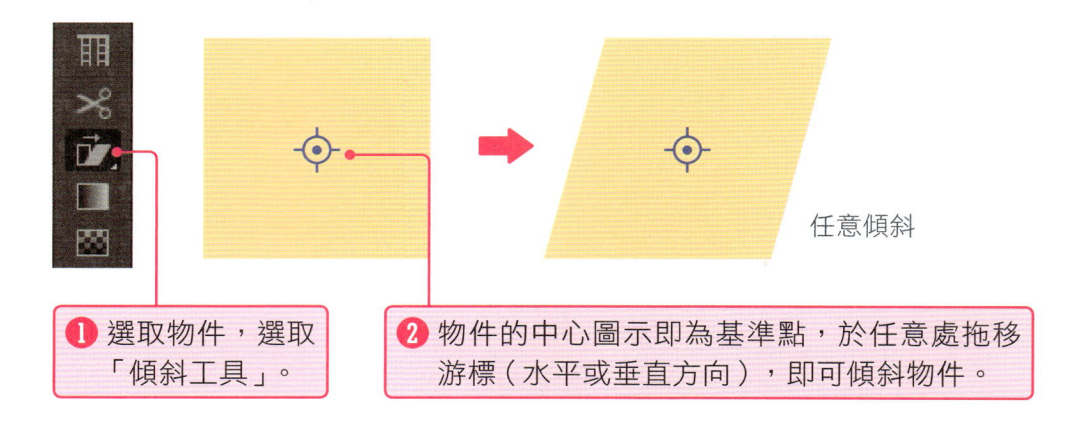

❶ 選取物件,選取「傾斜工具」。

❷ 物件的中心圖示即為基準點,於任意處拖移游標(水平或垂直方向),即可傾斜物件。

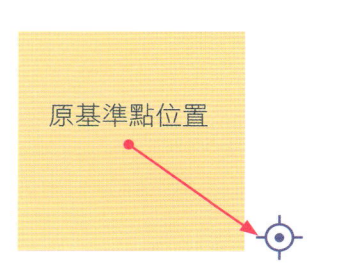

原基準點位置

新基準點位置

❸ 點按物件中心的基準點圖示不放,拖移游標即可改變基準點位置。

❹ 選取物件,連按兩下「傾斜工具」圖示,開啟旋轉面板。

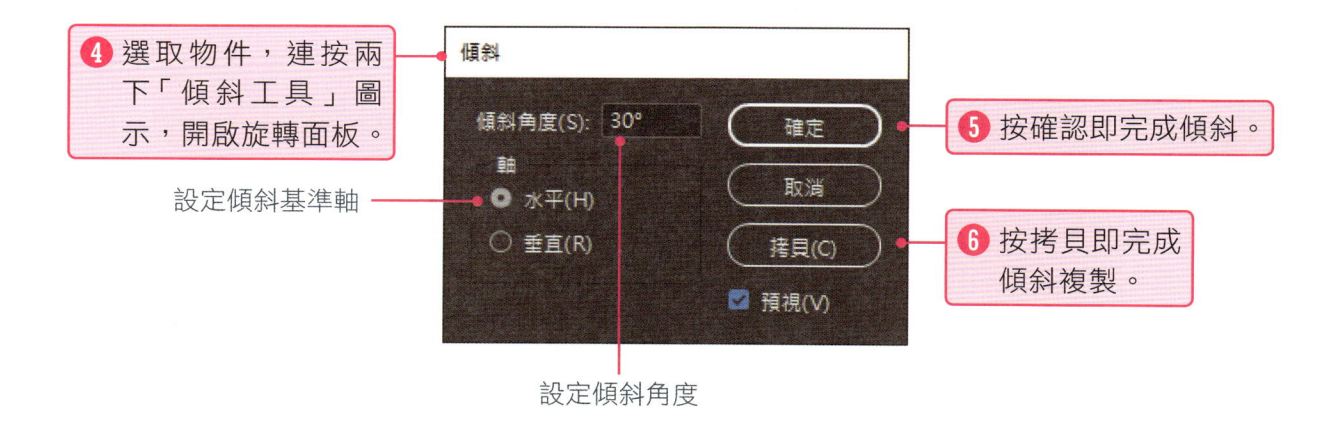

設定傾斜基準軸

設定傾斜角度

❺ 按確認即完成傾斜。

❻ 按拷貝即完成傾斜複製。

Tips

一般物件以中心位置為基準點,若要改變傾斜時的基準點,可於選取物件後,選取「傾斜工具」,按住 Alt 鍵不放,游標點按新基準點的位置,即更改完成。

6-4 物件特效

　　InDesign 內建許多特殊效果，以及混合模式與不透明度，以供圖形、文字和影像等物件套用。

1 物件效果

　　選取物件後，選擇「物件＞效果」，選取欲套用之效果，以及調整選項與設定數值。

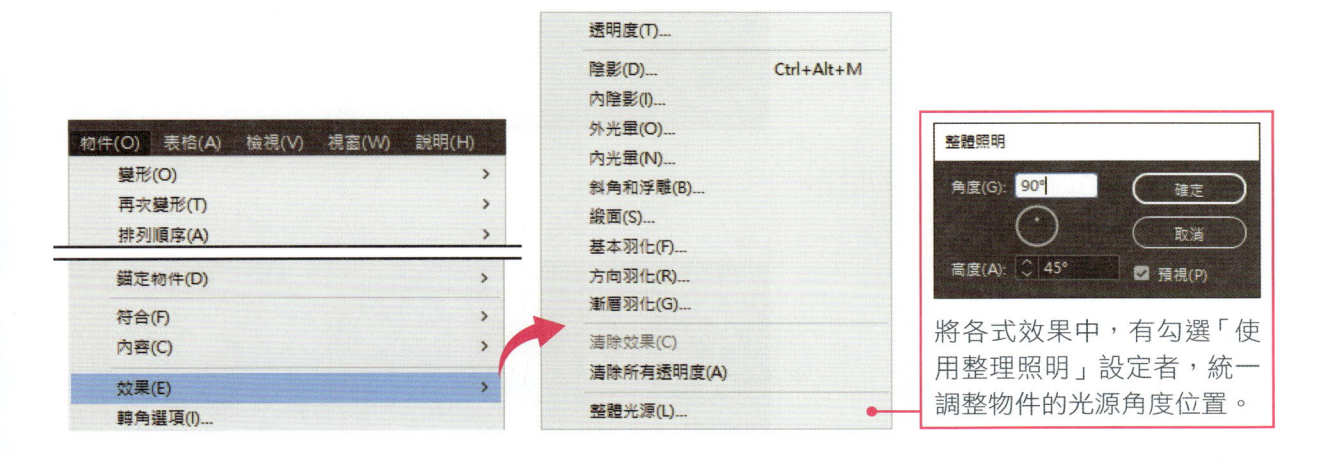

將各式效果中，有勾選「使用整理照明」設定者，統一調整物件的光源角度位置。

透明度 將物件調整為半透明狀態。

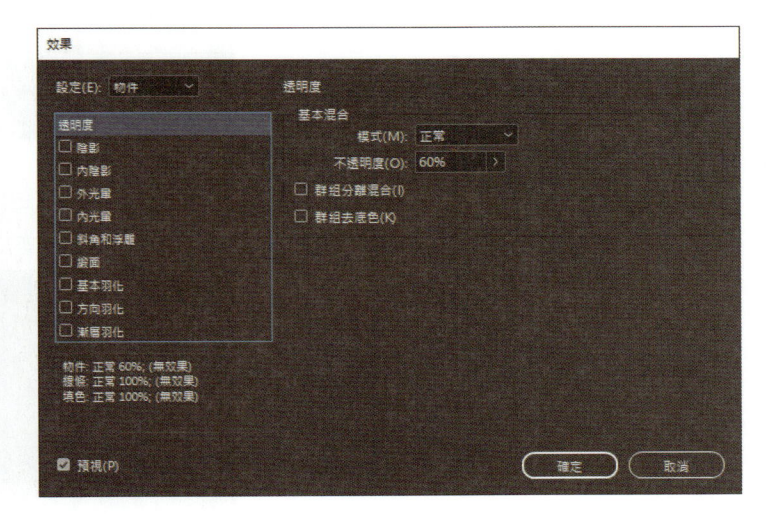

06 物件

陰影 建立物件後面的陰影。

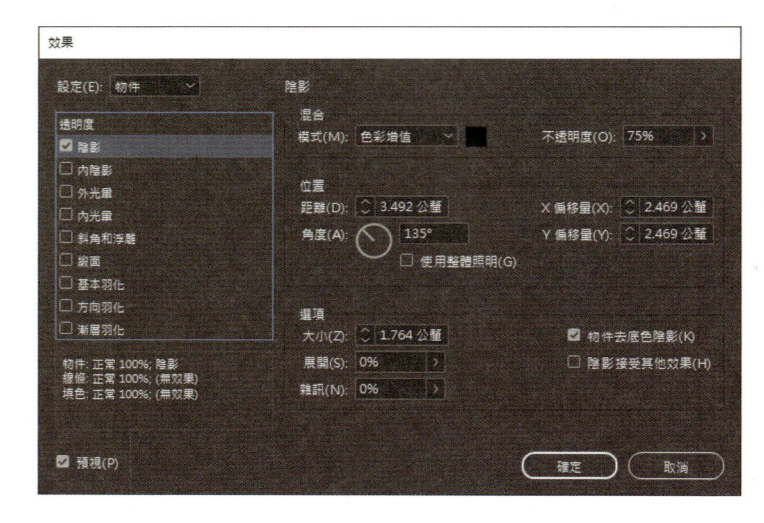

內陰影 建立物件邊緣內的陰影。

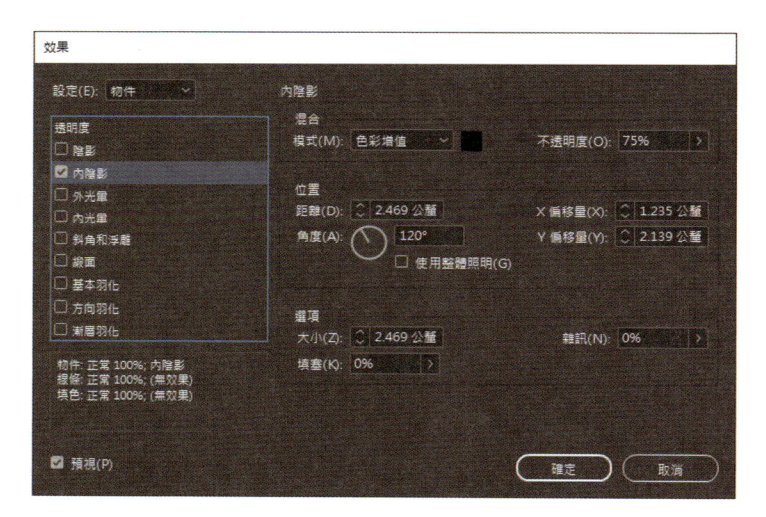

外光暈 建立物件外部邊緣散發的光暈。

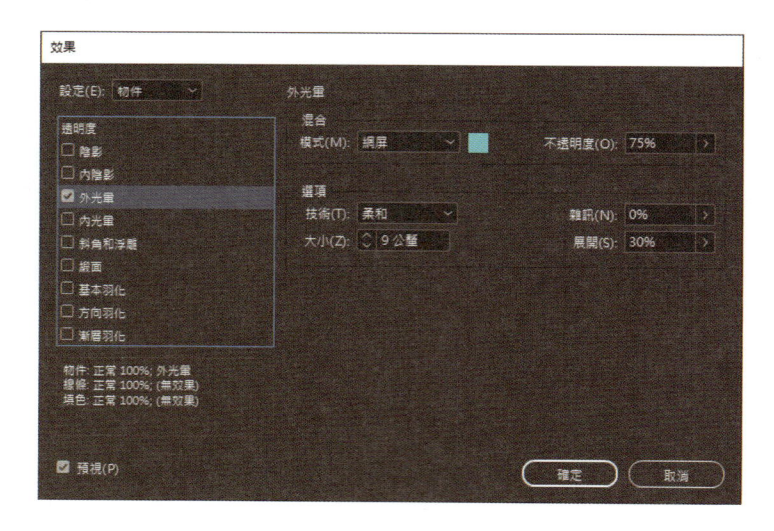

內光量 建立物件內部邊緣散發的光暈。

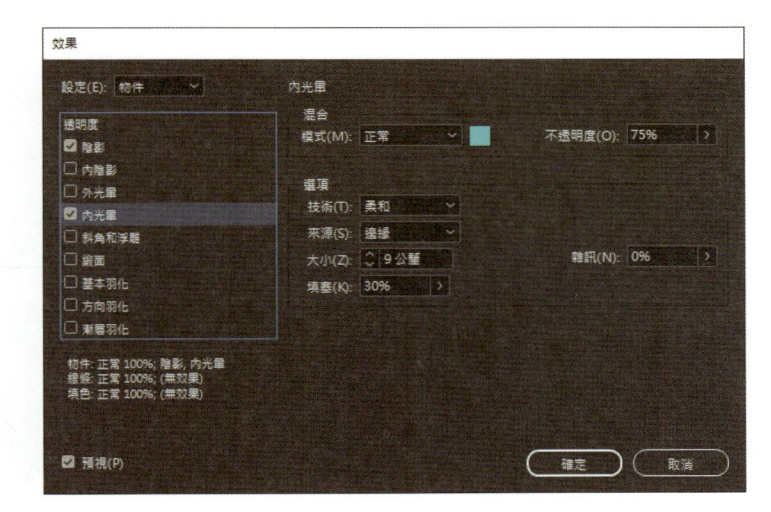

斜角和浮雕 建立物件的立體外觀。

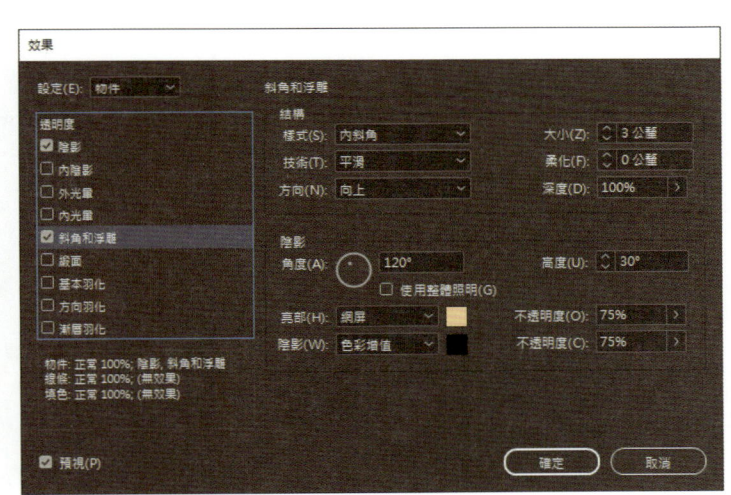

緞面 建立物件內部的緞狀光澤。

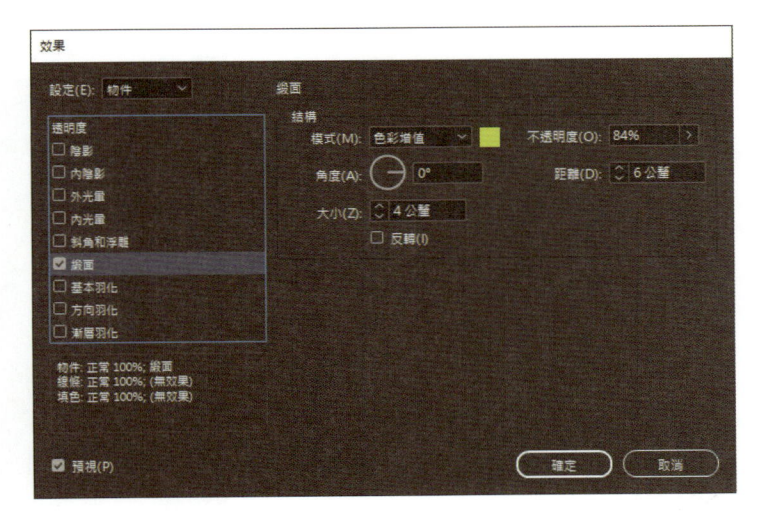

06 物件

基本羽化 以基本整體建立物件的淡化與柔化邊緣。

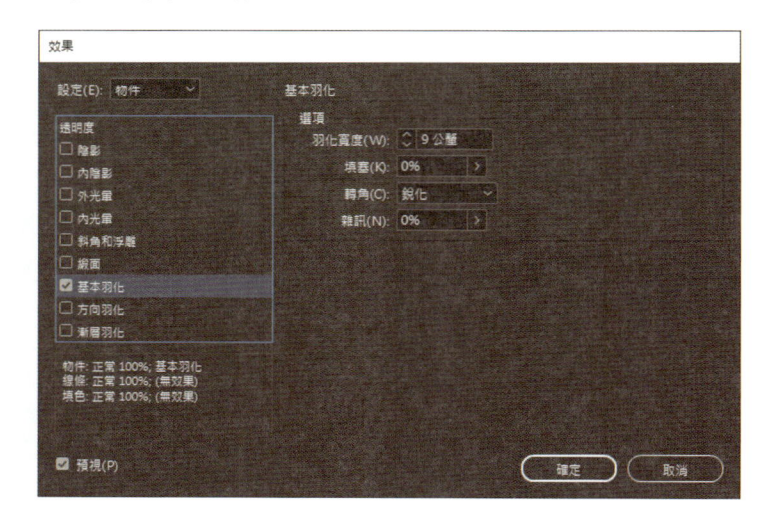

方向羽化 以方向方位建立物件的淡化與柔化邊緣。

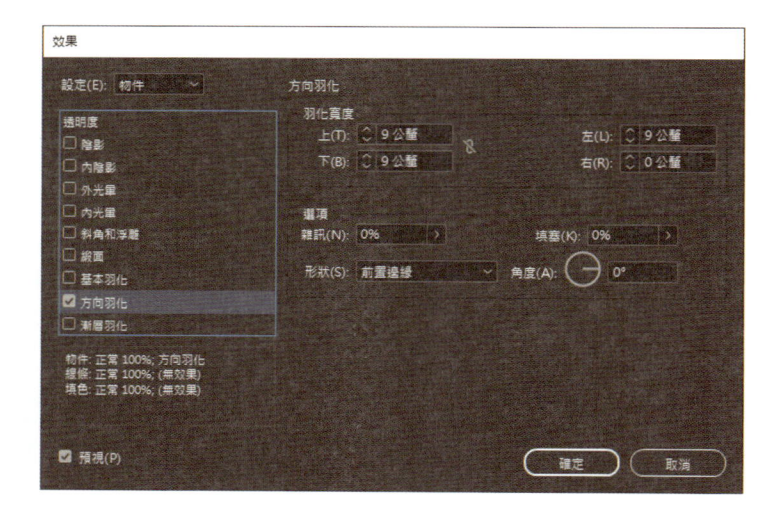

漸層羽化 以漸層方式建立物件的淡化與柔化邊緣。

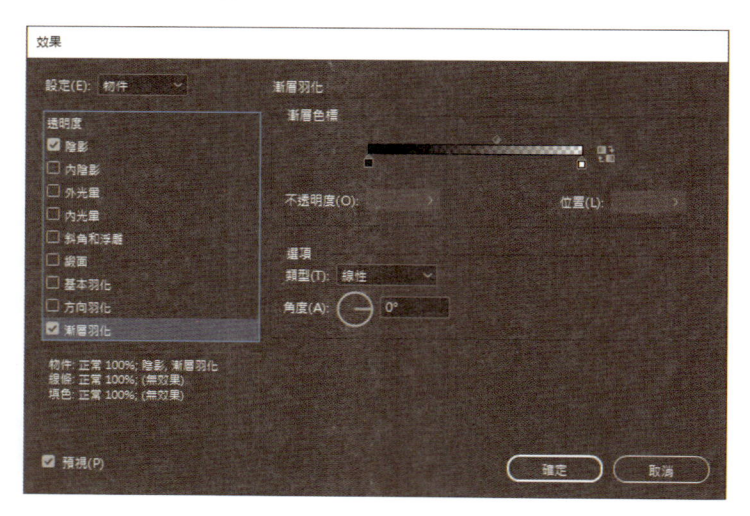

漸層羽化工具

將圖形、文字或影像等物件套用不透明度淡化漸層。

❶ 選取物件。

❷ 選取「漸層羽化工具」，游標於物件上點按拖曳，即完成不透明度的淡化漸層。

2 物件樣式

將建立完成的效果儲存為物件樣式,並且可以套用至其他物件。

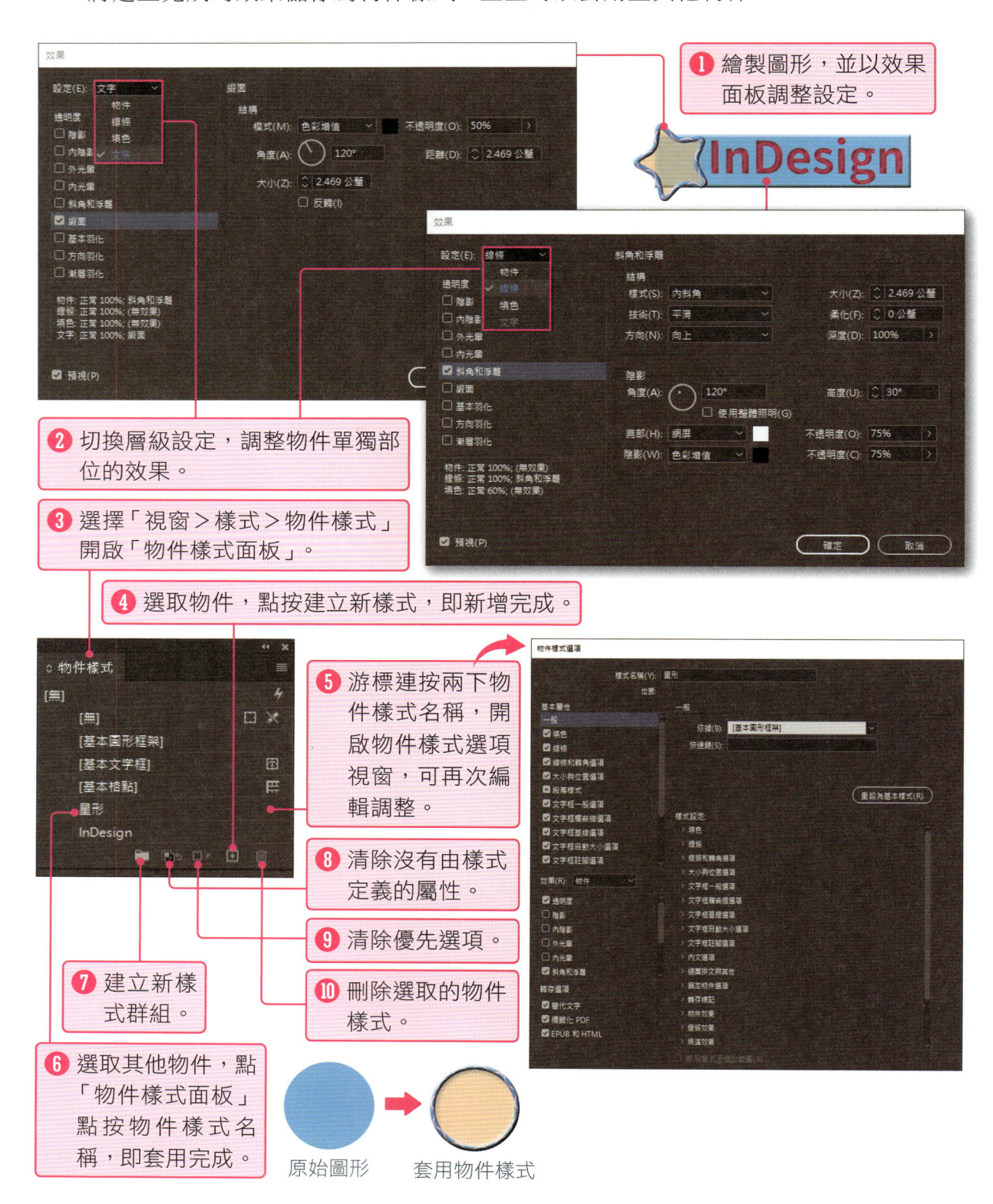

❶ 繪製圖形,並以效果面板調整設定。

❷ 切換層級設定,調整物件單獨部位的效果。

❸ 選擇「視窗＞樣式＞物件樣式」開啟「物件樣式面板」。

❹ 選取物件,點按建立新樣式,即新增完成。

❺ 游標連按兩下物件樣式名稱,開啟物件樣式選項視窗,可再次編輯調整。

❽ 清除沒有由樣式定義的屬性。

❾ 清除優先選項。

❼ 建立新樣式群組。

❿ 刪除選取的物件樣式。

❻ 選取其他物件,點「物件樣式面板」點按物件樣式名稱,即套用完成。

原始圖形　套用物件樣式

06 課後習題

選擇題

(　　) 1. 在 Adobe InDesign 中，若要選取多個不相鄰的物件或群組物件，應使用「選取工具」並搭配下列哪個按鍵？
(A) Alt　(B) Shift　(C) Ctrl　(D) Tab

(　　) 2. 在 Adobe InDesign 中，使用「直接選取工具」的**主要目的**是什麼？
(A) 選取一個或多個完整的物件
(B) 選取和調整錨點，改變路徑和形狀
(C) 對選取的物件進行縮放、旋轉和傾斜等變形操作
(D) 快速調整兩個以上物件之間的間隙大小

(　　) 3. Indesign 可透過直接操作物件的邊框及控制點進行物件的縮放變形，若要以物件的中心為基準進行等比例縮放，應選取物件後拖曳邊框，並同時按住下列哪些按鍵？
(A) Shift
(B) Alt
(C) Alt + Shift
(D) Ctrl + Shift

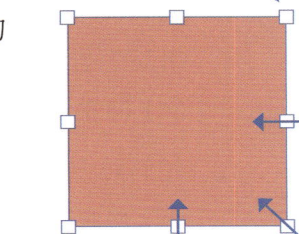

(　　) 4. 使用「旋轉工具」變形物件時，如何改變旋轉的基準點？
(A) 使用「選取工具」設置
(B) 使用屬性面板中的基準點選項
(C) 按住 Alt 鍵不放點按游標，此時點按的位置即為新基準點
(D) 使用填色工具調整基準點

(　　) 5. 下列哪一個圖示的工具，可以用作旋轉物件？
(A)　　(B)　　(C)　　(D)

(　　) 6. 物件變形時的快速鍵，何者正確？
(A) 按住 Ctrl 鍵不放，可以等比例縮放
(B) 按住 Shift 鍵不放，可以等比例縮放或以 45 度角旋轉
(C) 按住 Alt 鍵不放，可以移動物件
(D) 按住 Ctrl + Shift 鍵可以取消變形

(　　) 7. 使用間隙工具拖移物件間隙時,要調整單一「彼此相鄰的物件」間隙位置應搭配那個鍵進行?
(A) Ctrl　　　　(B) Shift
(C) Alt　　　　 (D) Ctrl + Alt

(　　) 8. 如何在 InDesign 中為物件添加陰影效果?
(A) 選擇物件,點選「物件＞效果＞陰影」
(B) 使用「漸層工具」來調整陰影
(C) 在屬性面板中設置陰影強度
(D) 按住 Shift 鍵並拖曳陰影滑桿

(　　) 9. 在 Adobe InDesign 中,當需要將已套用至某個物件的包含陰影、外光暈等多種效果設定儲存起來,以便快速應用到其他物件時,應使用下列哪個功能?
(A) 物件變形　(B) 物件樣式　(C) 物件特效　(D) 混合模式

(　　) 10. 如何將已應用的效果保存為物件樣式?
(A) 選擇物件後,點擊「物件樣式面板」中的「建立新樣式」按鈕
(B) 使用快捷鍵 Ctrl + Shift + S
(C) 在效果面板中選擇「保存為樣式」
(D) 使用「路徑管理員」保存效果樣式

單元小實作

製作一個金屬效果的星形。

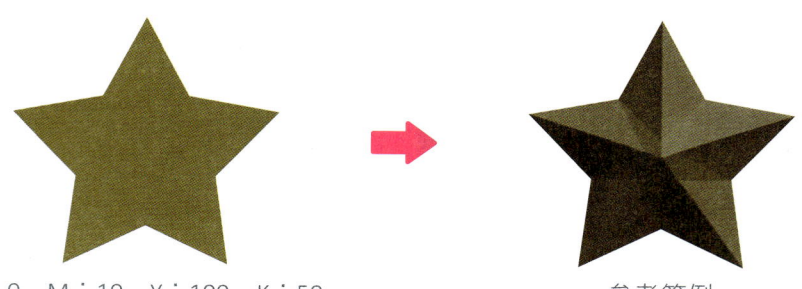

C：0　M：10　Y：100　K：50　　　　　參考範例

提示重點 以「物件＞效果」內陰影、斜角和浮雕、緞面等效果融合完成(可增減其他效果優化質感)。

07

文字

文字為排版中的重要元素，字元屬性和段落編排的設定配置，直接影響著整體版面的閱讀動線與流暢度。

- ▶ 7-1 建立文字
- ▶ 7-2 編輯文字
- ▶ 7-3 版面格點
- ▶ 7-4 項目符號和編號
- ▶ 7-5 尋找變更
- ▶ 7-6 定位點
- ▶ 課後習題

07 文字

7-1 建立文字

以各種建立文字方式的工具,新增 標題與段落。

1 文字工具

❶ 選取「文字工具」。

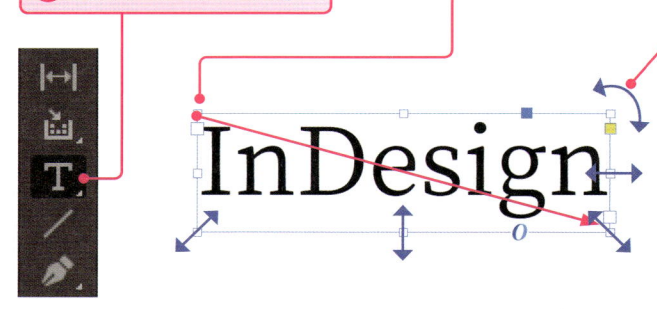

❷ 在文件頁面中的任意位置,點按游標往對角線方向拖曳範圍,即可輸入文字。

❸ 將游標停留於文字框的控制點上,待出現雙箭頭,點按游標拖移即可調整框架大小和文字段落自動換行。亦可手動按 Enter 鍵,強制文字換行。

❹ 將游標停留於文字框的控制點外側,待出現弧形雙箭頭,點按游標拖移即可旋轉文字框。

❺ 以「文字工具」於文字上點按一下,或是以「選取工具」於文字上連按兩下,即可將游標停留於文字中,即可開始編輯文字。

❻ 以「文字工具」於文字上拖移游標,可選取一個或多個字元。

填入預覽編排的替代文字

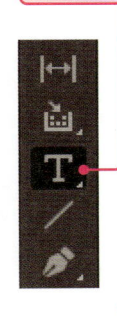

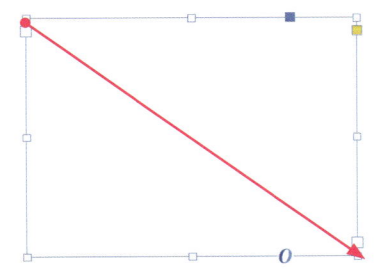

1. 選取「文字工具」。

2. 在文件頁面任意位置，點按游標往對角線方向拖曳範圍，游標即於文字框內閃爍。

3. 選擇「文字＞以預留位置文字填滿」填入替代的真實文字，便於預覽編排文字時的設計畫面。

4. 按住 Ctrl 鍵，選擇「文字＞以預留位置文字填滿」即可切換選擇其他語言的文字。

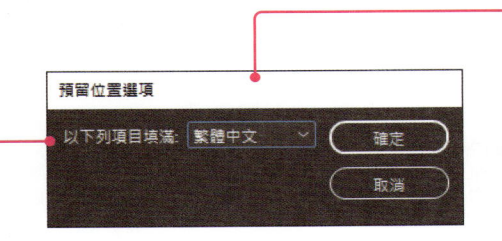

文字框中建立欄

1. 選取文字框。

2. 選擇「物件＞文字框選項」開啟文字框視窗，建立二欄或多欄，以及調整文字框選項設定。

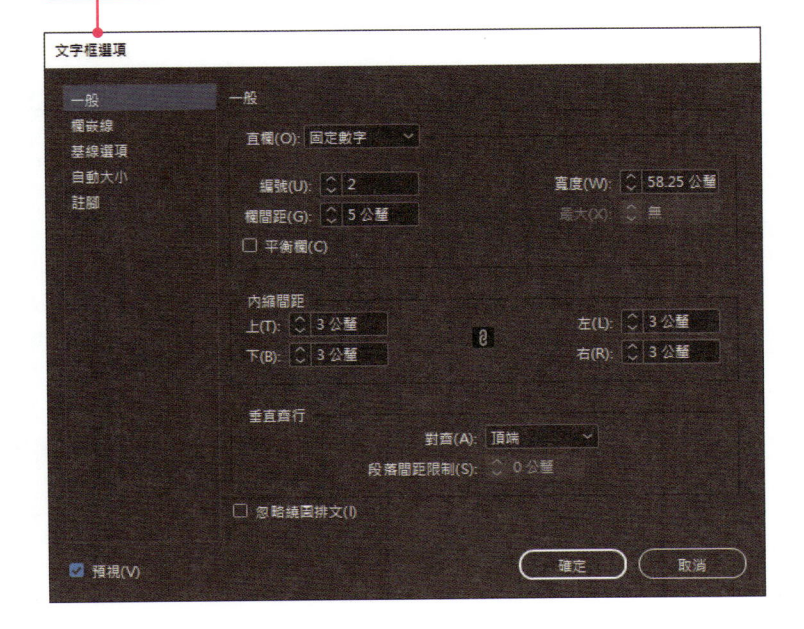

07 文字

串連文字

文字框與文字框，或是文字框與物件，可將文字互相串連接續。

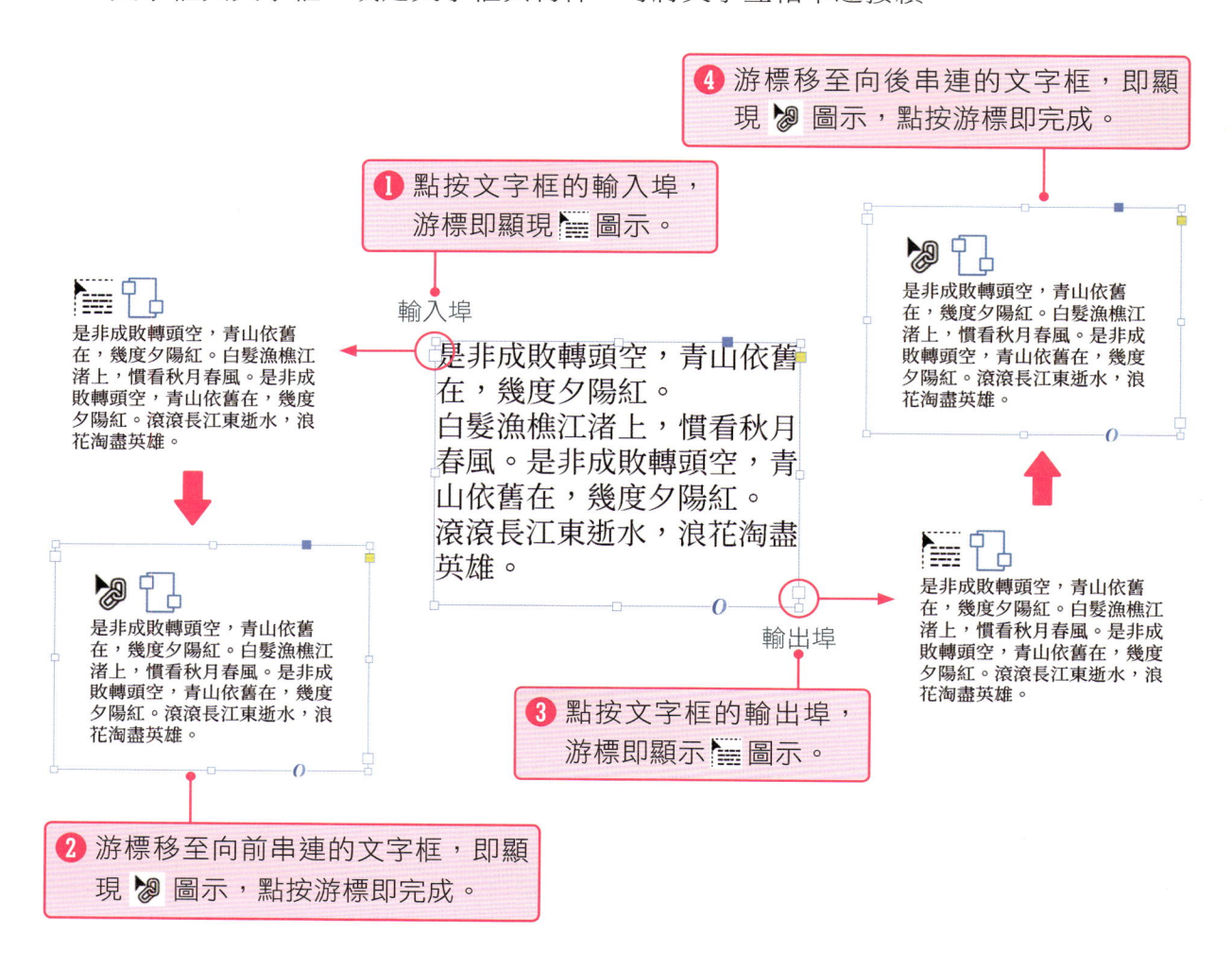

❶ 點按文字框的輸入埠，游標即顯現圖示。

❷ 游標移至向前串連的文字框，即顯現 圖示，點按游標即完成。

❸ 點按文字框的輸出埠，游標即顯示圖示。

❹ 游標移至向後串連的文字框，即顯現 圖示，點按游標即完成。

輸入埠

輸出埠

是非成敗轉頭空，青山依舊在，幾度夕陽紅。白髮漁樵江渚上，慣看秋月春風。是非成敗轉頭空，青山依舊在，幾度夕陽紅。滾滾長江東逝水，浪花淘盡英雄。

❺ 選擇「檢視＞其他＞顯示串連文字」開啟「顯示串連文字」可檢視查看文字框架的串連順序。

移除來源檔案的樣式與格式

InDesign 相容性高,但常將來源檔案的樣式設定一併帶入,而影響文件的字元和段落樣式設定,建議將來源檔案的樣式移除之後再置入。

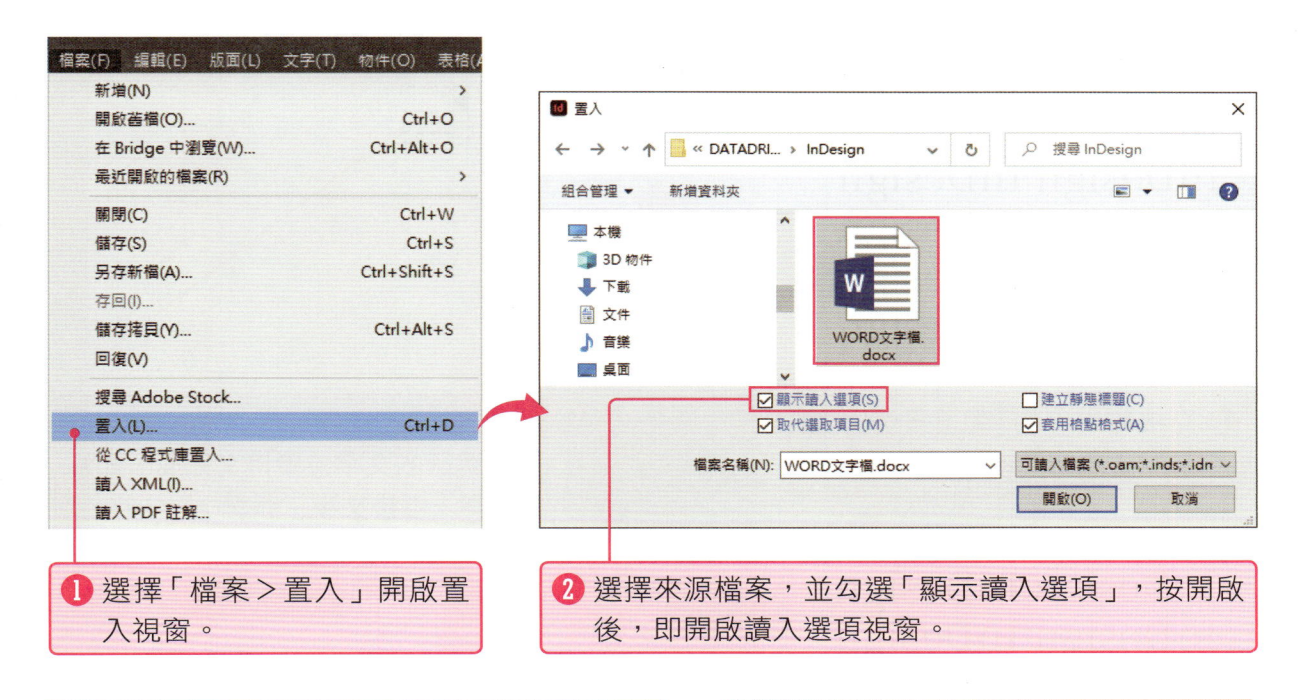

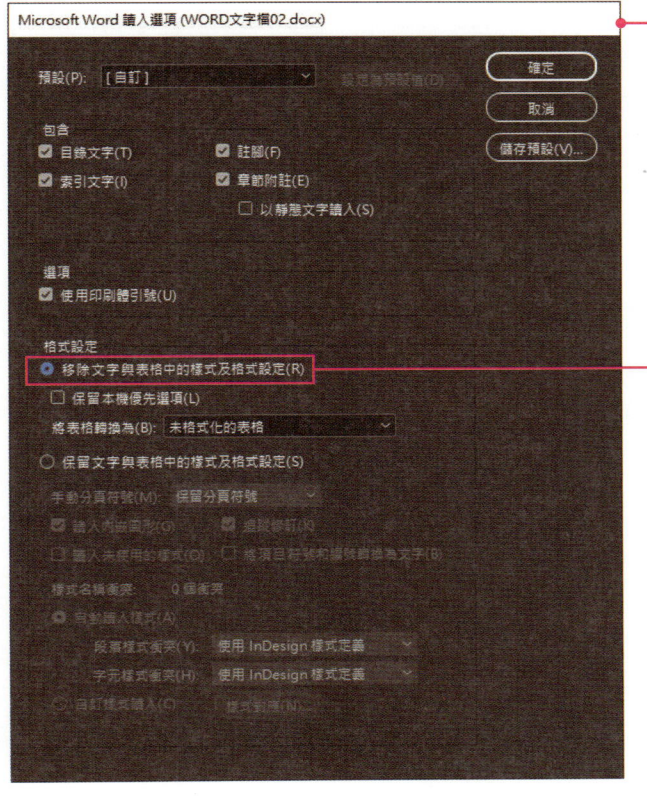

❶ 選擇「檔案 > 置入」開啟置入視窗。

❷ 選擇來源檔案,並勾選「顯示讀入選項」,按開啟後,即開啟讀入選項視窗。

❸ 於「格式設定」選擇「移除文字與表格中的樣式及格式設定」的選項設定,按確定即以「移除樣式」置入來源檔案。

從讀入的文字(包括表格中的文字)移除樣式和格式設定,例如字型、顏色和樣式。

溢排文字

當文字框上顯示「紅色十字」圖示，表示有溢排文字，即是部分文字被文字框遮蔽未完整顯現。

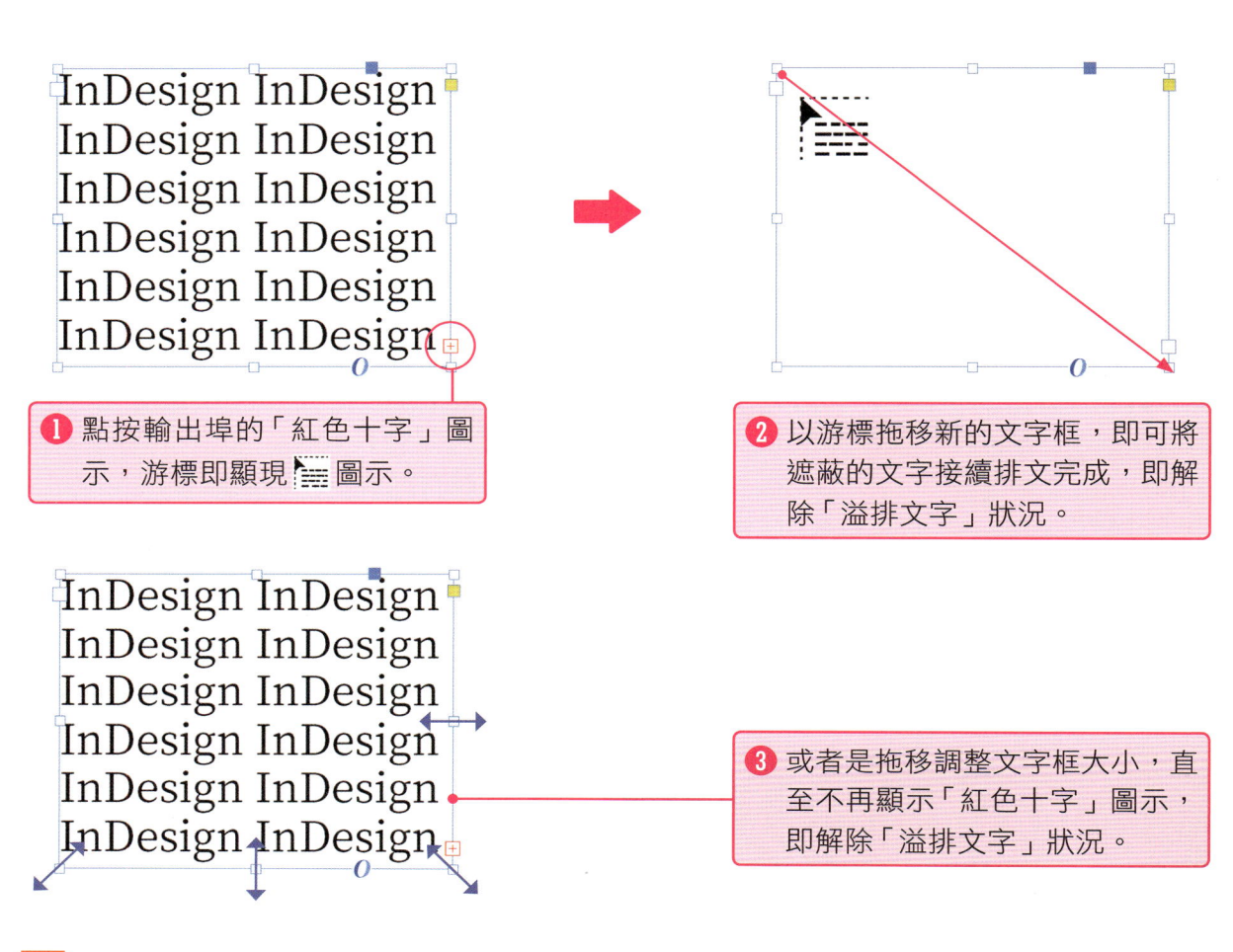

❶ 點按輸出埠的「紅色十字」圖示，游標即顯現 ▦ 圖示。

❷ 以游標拖移新的文字框，即可將遮蔽的文字接續排文完成，即解除「溢排文字」狀況。

❸ 或者是拖移調整文字框大小，直至不再顯示「紅色十字」圖示，即解除「溢排文字」狀況。

2 垂直文字工具

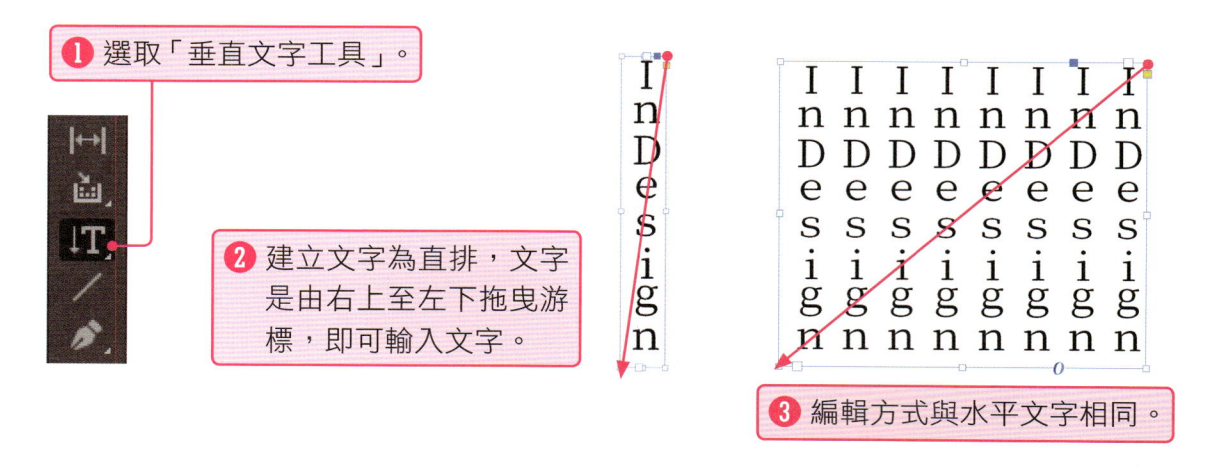

❶ 選取「垂直文字工具」。

❷ 建立文字為直排，文字是由右上至左下拖曳游標，即可輸入文字。

❸ 編輯方式與水平文字相同。

3 路徑文字工具

在路徑上新增文字，可以移動或翻轉，編輯文字和新增效果。

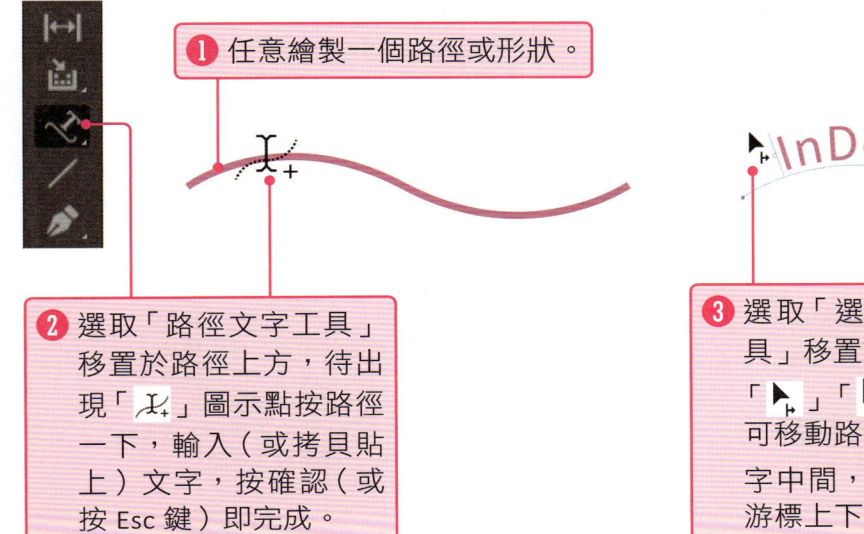

❶ 任意繪製一個路徑或形狀。

❷ 選取「路徑文字工具」移置於路徑上方，待出現「」圖示點按路徑一下，輸入（或拷貝貼上）文字，按確認（或按 Esc 鍵）即完成。

❸ 選取「選取工具」或「直接選取工具」移置於文字前端或後端，待出現「」「」圖示，按住游標拖移，可移動路徑上的文字位置。移置於文字中間，待出現「」圖示，點按游標上下拖移，可將文字上下翻轉。

4 垂直路徑文字工具

在路徑上新增文字，可以移動或翻轉，編輯文字和新增效果。

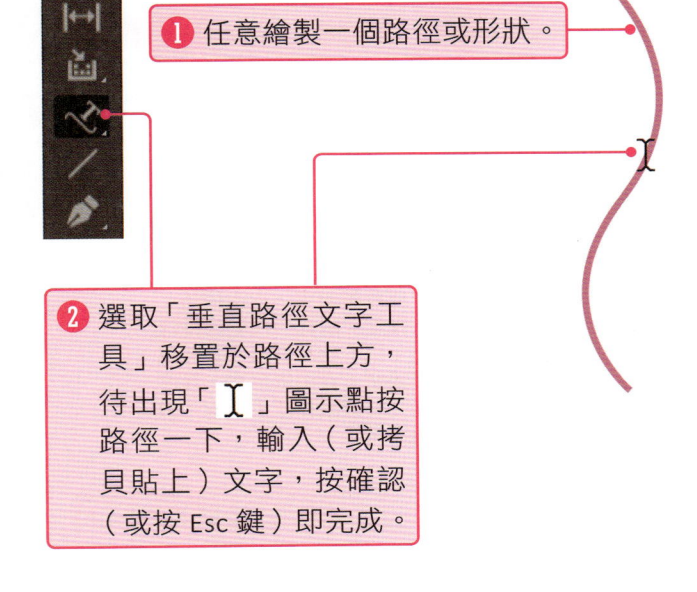

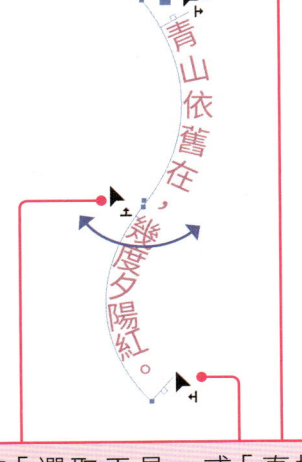

❶ 任意繪製一個路徑或形狀。

❷ 選取「垂直路徑文字工具」移置於路徑上方，待出現「」圖示點按路徑一下，輸入（或拷貝貼上）文字，按確認（或按 Esc 鍵）即完成。

❸ 選取「選取工具」或「直接選取工具」移置於文字前端或後端，待出現「」「」圖示，按住游標拖移，可移動路徑上的文字位置。移置於文字中間，待出現「」圖示，點按游標左右拖移，可將文字左右翻轉

07 文字

5 排文方法

游標點按文字框的輸入埠或輸出埠,以及「檔案＞置入」讀入文字於文件頁面,可搭配輔助鍵,以不同的排文方法進行編排文字。

手動排文

文字一次只能新增到一個文字框中,繼續排文時,則需重新載入文字圖示。

❶ 建立文字框後,游標不會顯示「已載入文字圖示」。

❷ 需自行手動,以游標點按輸出埠「紅色十字」圖示,向後接續排文。

❸ 在文件頁面中,若是以「點按游標一下」排文,可一次排文至該頁面版心的底部。

半自動排文

文字一次只能新增到一個文字框中,繼續排文時,會自動接續載入文字圖示。

❶ 按住 Alt 鍵建立文字框後,游標會自動顯示「已載入文字圖示」。

❷ 接著繼續按住 Alt 鍵,向後接續排文。

❸ 在文件頁面中,若是以按住 Alt 鍵「點按游標一下」排文,可一次排文至該頁面版心的底部。

自動排文

編排文字時會自動新增文字框和頁面,直到所有文字排完為止。

是非成敗轉頭空,青山依舊在,幾度夕陽紅。
白髮漁樵江渚上,慣看秋月春風。是非成敗轉頭空,青山依舊在,幾度夕陽紅。
滾滾長江東逝水,浪花淘盡英雄。是非成敗轉頭空,青

➡

是非成敗轉頭空,青山依舊在,幾度夕陽紅。白髮漁樵江渚上,慣看秋月春風。是非成敗轉頭空,青山依舊在,幾度夕陽紅。滾滾長江東逝水,浪花淘盡英雄。

❶ 在文件頁面中,按住 Shift 鍵「點按游標一下」排文,即自動新增文字框和頁面,一次排完所有的文字。

❷ 若有必要繼續排文時,仍是按住 Shift 鍵,向後接續排文,一次排完所有的文字。

固定頁面自動排文

編排文字時會自動新增文字框,但不會自動新增頁面,以既有的頁面自動排文。

是非成敗轉頭空,青山依舊在,幾度夕陽紅。
白髮漁樵江渚上,慣看秋月春風。是非成敗轉頭空,青山依舊在,幾度夕陽紅。
滾滾長江東逝水,浪花淘盡英雄。是非成敗轉頭空,青

➡

是非成敗轉頭空,青山依舊在,幾度夕陽紅。白髮漁樵江渚上,慣看秋月春風。是非成敗轉頭空,青山依舊在,幾度夕陽紅。滾滾長江東逝水,浪花淘盡英雄。

❶ 在文件頁面中,按住 Shift + Alt 鍵「點按游標一下」排文,必要時自動新增文字框,但不會自動新增頁面;若有文字未排完,即會變成溢排文字。

❷ 若有必要繼續排文時,仍是按住 Shift + Alt 鍵,向後接續排文。

7-2 編輯文字

建立文字後，設定適當的字元和段落屬性，進行圖文編排，並且可將設定完成的屬性儲存為樣式，以供其他字元或段落套用，以保持整份文件中，圖文編排的一致性。

1 字元

調整文字的屬性，選擇「視窗＞文字與表格＞字元」開啟「字元面板」。

❶ 字型，選擇使用的字型。

❷ 字型樣式，選擇字型的粗體 Bold、斜體 Italic 等樣式。

❸ 字型大小，選擇字型的尺寸大小。

❹ 行距，設定每行文字間之距離。

❺ 垂直縮放，設定文字高度縮放的百分比。

❻ 水平縮放，設定文字寬度縮放的百分比。

❼ 字距微調，特定文字之間的距離。

❽ 字距調整，調整所選取文字間之距離。

❾ 比例間距，調整文字與字身框的比例，亦即調整文字本身側邊的間隙。

❿ 指定格點數，強制文字佔幾格的字元格點。

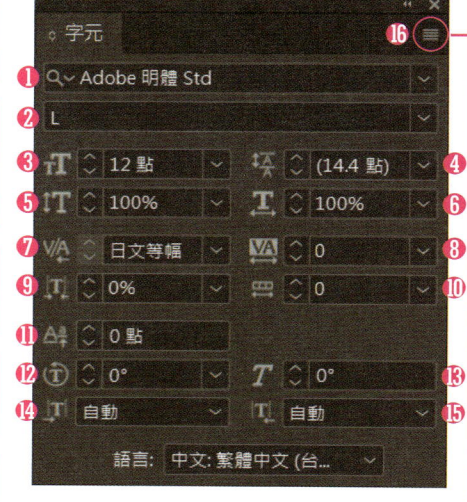

⓫ 基線位移，調整文字的基準線位置。

⓬ 字元旋轉，旋轉文字。

⓭ 字元傾斜，傾斜文字。

⓮ 文字前方間距，在文字的前方插入空格

⓯ 文字後方間距，在文字的後方插入空格。

⓰ 選單內有更多「字元」相關的設定。

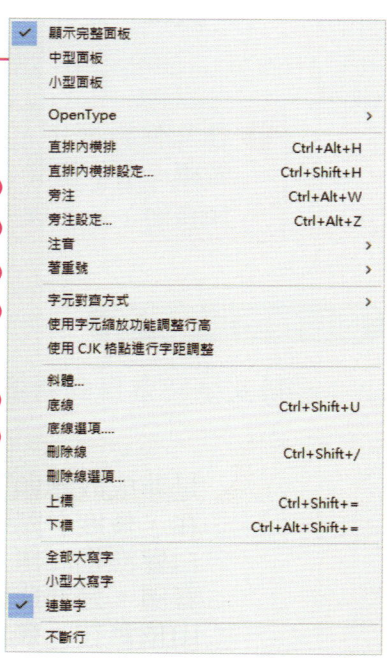

直排內橫排

將直排中的部分文字,旋轉方向調整為水平,例如:數字、日期等。

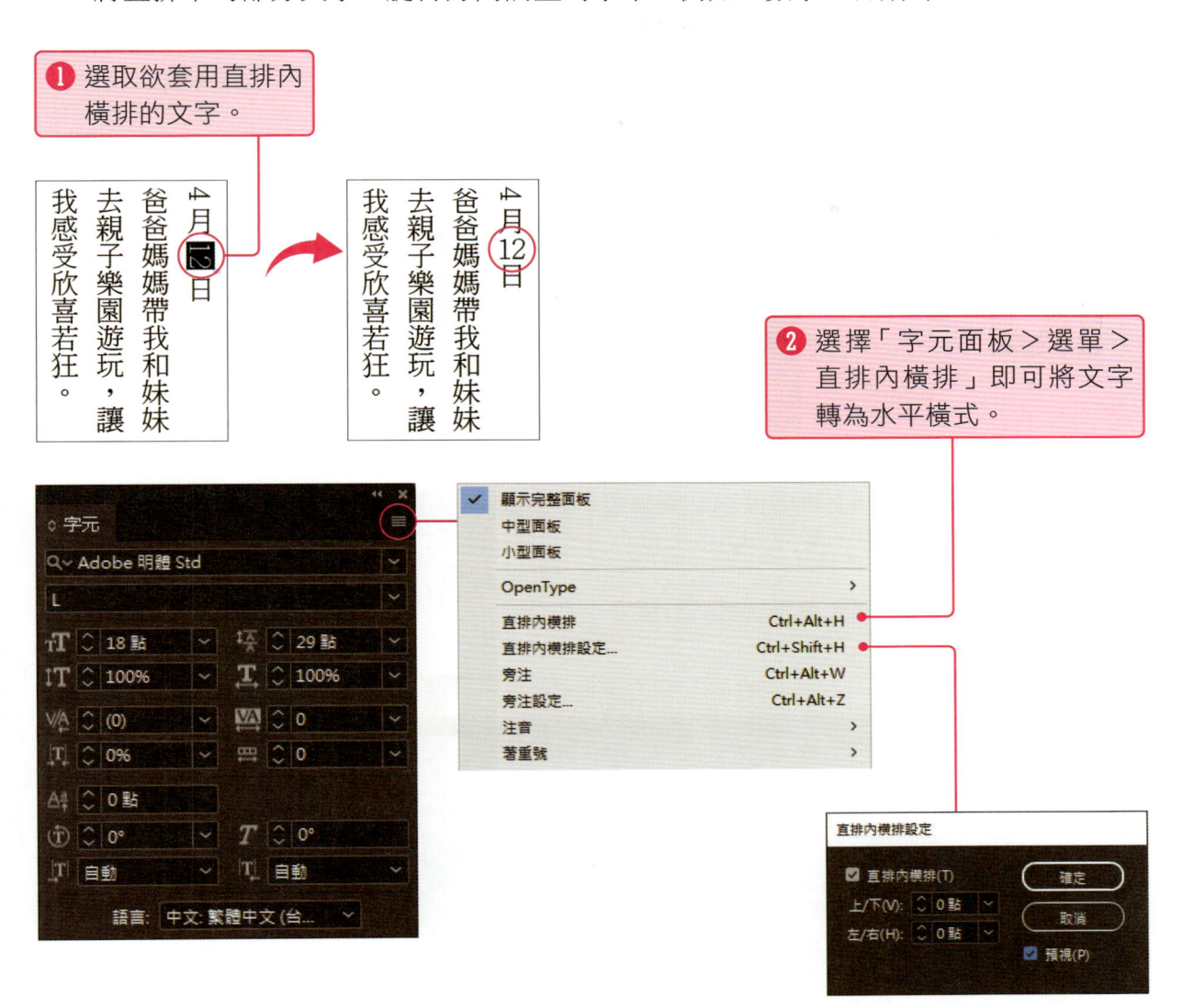

❶ 選取欲套用直排內橫排的文字。

❷ 選擇「字元面板 > 選單 > 直排內橫排」即可將文字轉為水平橫式。

❸ 選擇「字元面板 > 選單 > 直排內橫排設定」,開啟「直排內橫排」視窗,勾選「直排內橫排」即執行「直排內橫排」功能。還可以向上、向下、向左和向右,向四個方向移動調整文字。

2 字元樣式

指定一或多個字元,設定與套用字元樣式。

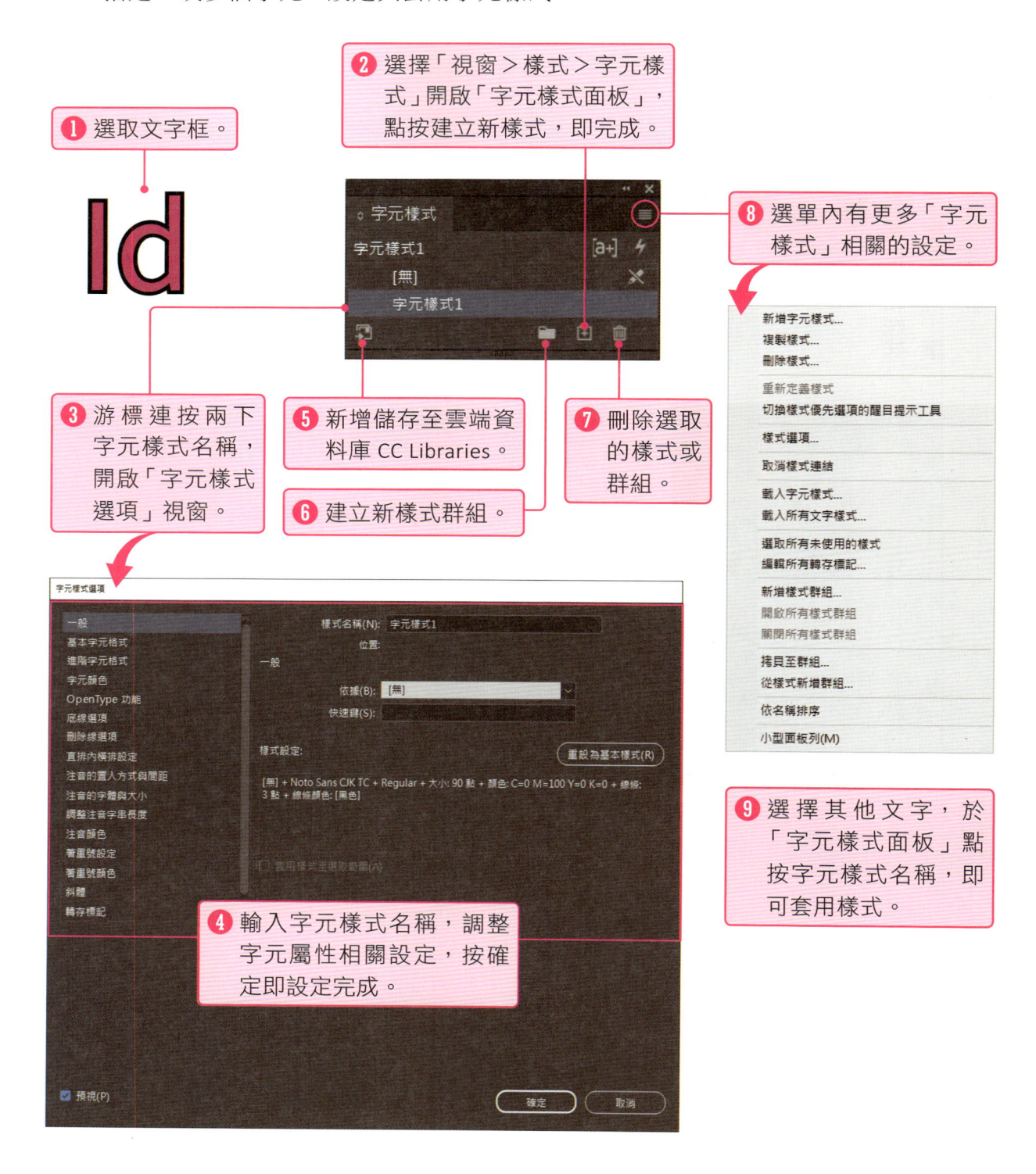

❶ 選取文字框。

❷ 選擇「視窗 > 樣式 > 字元樣式」開啟「字元樣式面板」,點按建立新樣式,即完成。

❸ 游標連按兩下字元樣式名稱,開啟「字元樣式選項」視窗。

❹ 輸入字元樣式名稱,調整字元屬性相關設定,按確定即設定完成。

❺ 新增儲存至雲端資料庫 CC Libraries。

❻ 建立新樣式群組。

❼ 刪除選取的樣式或群組。

❽ 選單內有更多「字元樣式」相關的設定。

新增字元樣式...
複製樣式...
刪除樣式...
重新定義樣式
切換樣式優先選項的醒目提示工具
樣式選項...
取消樣式連結
載入字元樣式...
載入所有文字樣式...
選取所有未使用的樣式
編輯所有轉存標記...
新增樣式群組...
開啟所有樣式群組
關閉所有樣式群組
拷貝至群組...
從樣式新增群組...
依名稱排序
小型面板列(M)

❾ 選擇其他文字,於「字元樣式面板」點按字元樣式名稱,即可套用樣式。

3 段落

調整段落的屬性,選擇「視窗>文字與表格>段落」開啟「段落面板」。

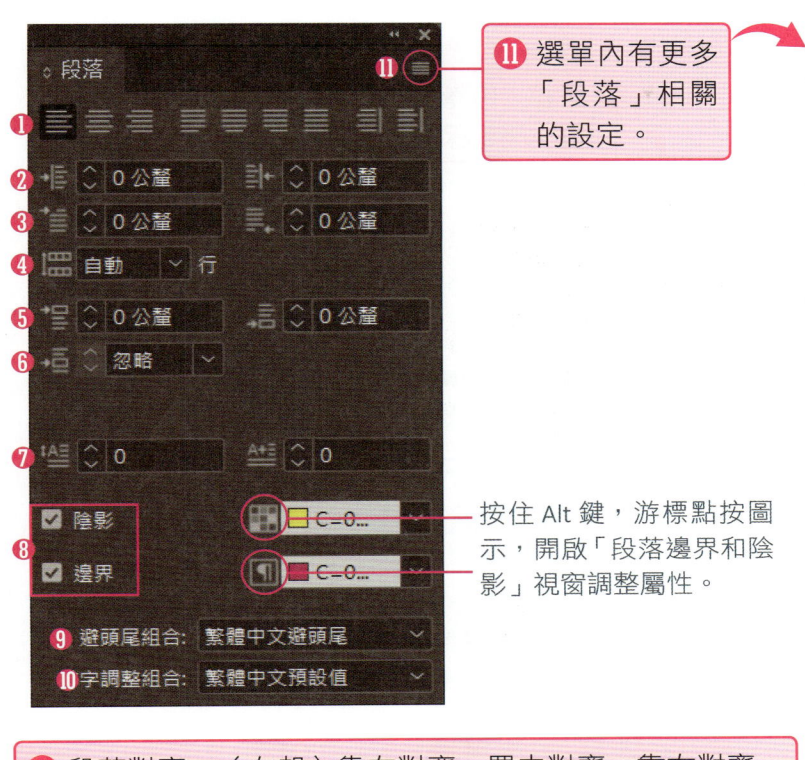

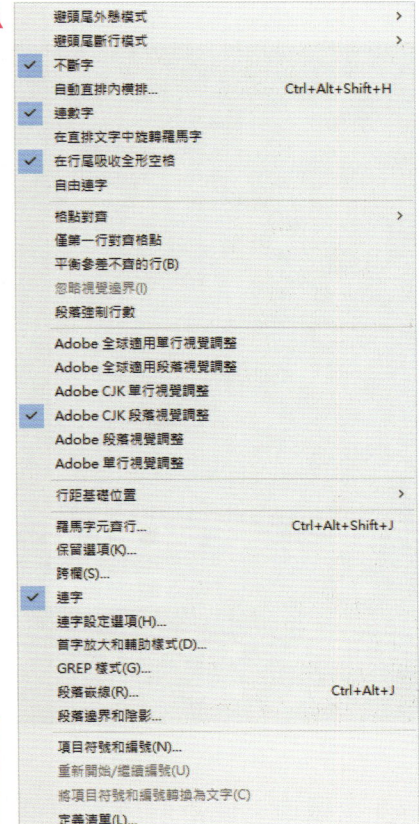

⓫ 選單內有更多「段落」相關的設定。

按住 Alt 鍵,游標點按圖示,開啟「段落邊界和陰影」視窗調整屬性。

❶ 段落對齊:(左起)靠左對齊、置中對齊、靠右對齊、齊行(末行靠左對齊)、齊行(末行置中對齊)、齊行(末行靠右對齊)、強制齊行、趨近裝訂編對齊、偏離裝訂編對齊。

❷ 段落縮排:左邊縮排、右邊縮排。

❸ 段落縮排:首行左邊縮排、末行右邊縮排。

❹ 強制行數;強制佔有的行數。

❺ 段落距離:與前段間距、與後段間距。

❻ 段落間距使用相同樣式;設定每個段落間距套用相同的距離。

❼ 將首字放大行數;段落首字放大所佔有的行數。將一或多個字元放大;設定首行的首字放大字數。

❽ 設定段落的底色與邊框屬性。

是非成敗轉頭空,青山依舊在,幾度夕陽紅。──陰影
白髮漁樵江渚上,慣看秋月春風。是非成敗轉頭空,青山依舊在,幾度夕陽紅。
滾滾長江東逝水,浪花淘盡英雄。──邊界

❾ 避頭尾組合:將特殊字元或符號,避免出現在行頭或行尾的設定。

❿ 排字調整組合:選擇適合段落編排的組合設定。

保留選項

從「段落」面板選單選擇「保留選項」,指定下一段落中要與目前段落接續在一起的行數。

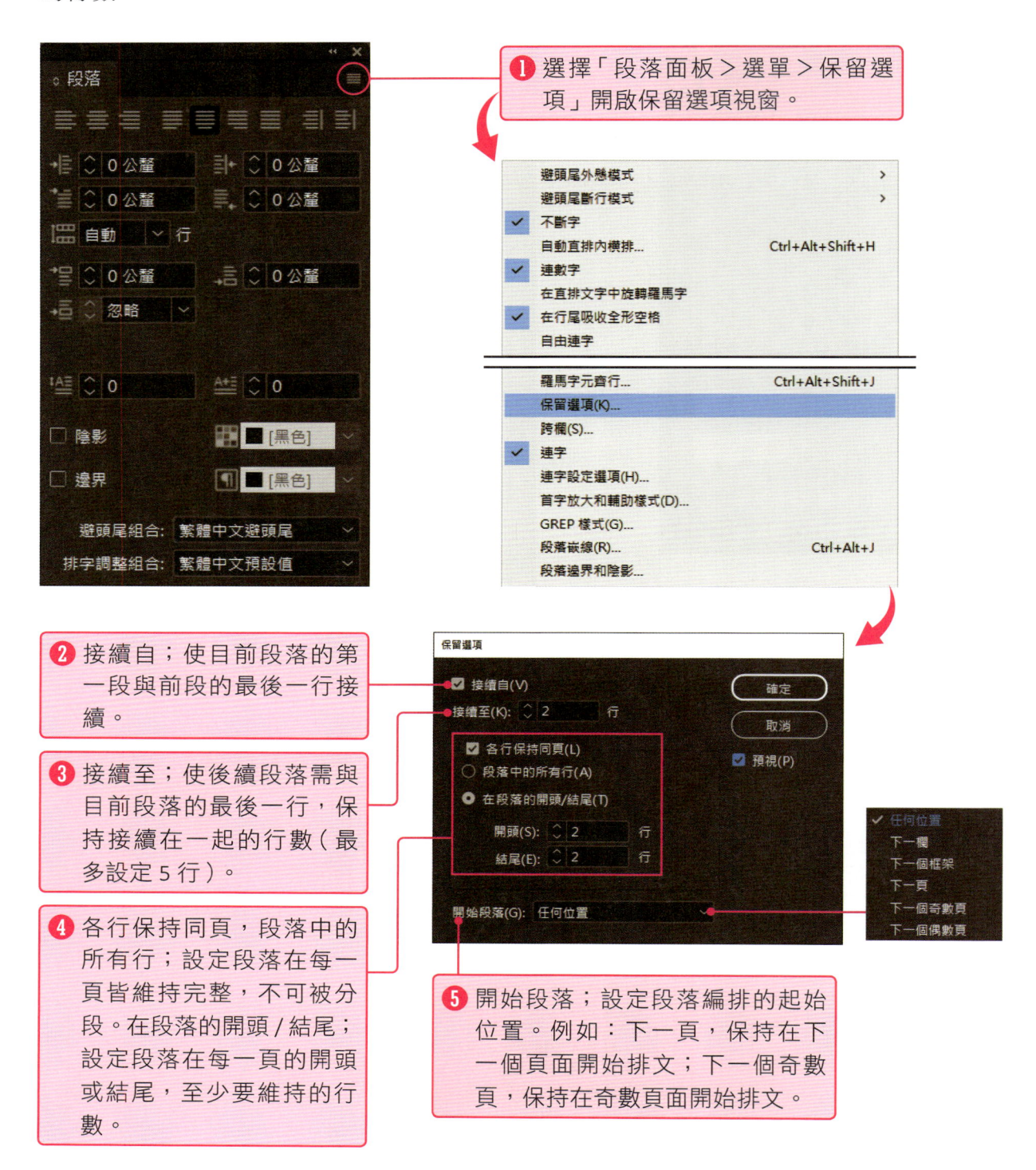

❶ 選擇「段落面板＞選單＞保留選項」開啟保留選項視窗。

❷ 接續自；使目前段落的第一段與前段的最後一行接續。

❸ 接續至；使後續段落需與目前段落的最後一行,保持接續在一起的行數（最多設定 5 行）。

❹ 各行保持同頁,段落中的所有行；設定段落在每一頁皆維持完整,不可被分段。在段落的開頭/結尾；設定段落在每一頁的開頭或結尾,至少要維持的行數。

❺ 開始段落；設定段落編排的起始位置。例如：下一頁,保持在下一個頁面開始排文；下一個奇數頁,保持在奇數頁面開始排文。

4 段落樣式

指定一個段落，設定與套用段落樣式。

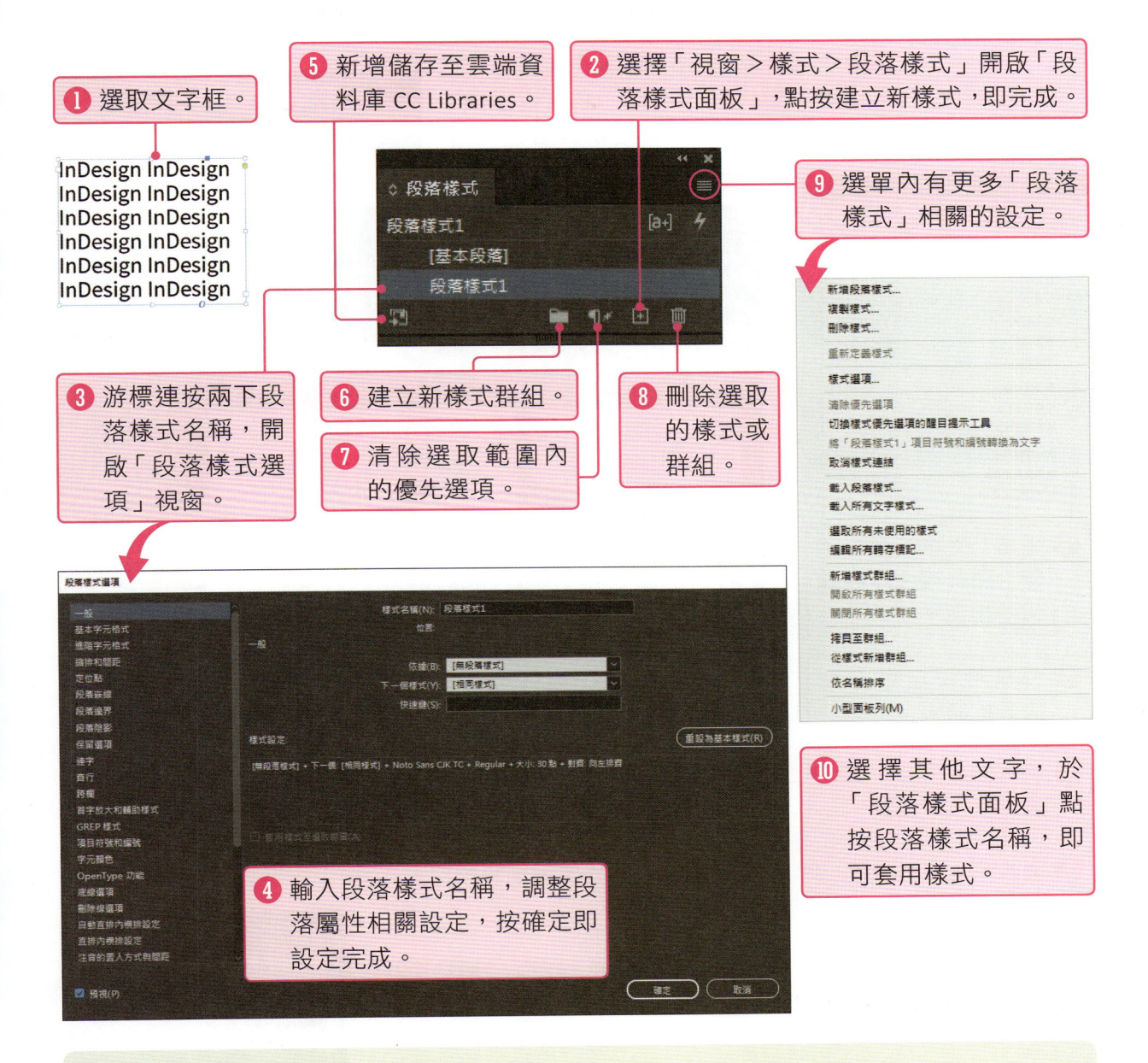

❶ 選取文字框。

❺ 新增儲存至雲端資料庫 CC Libraries。

❷ 選擇「視窗＞樣式＞段落樣式」開啟「段落樣式面板」，點按建立新樣式，即完成。

❾ 選單內有更多「段落樣式」相關的設定。

❸ 游標連按兩下段落樣式名稱，開啟「段落樣式選項」視窗。

❻ 建立新樣式群組。

❼ 清除選取範圍內的優先選項。

❽ 刪除選取的樣式或群組。

❹ 輸入段落樣式名稱，調整段落屬性相關設定，按確定即設定完成。

❿ 選擇其他文字，於「段落樣式面板」點按段落樣式名稱，即可套用樣式。

優先選項

即是對既有樣式所做的變更。原本已有套用樣式，接著又修改其他設定，這些再次編輯的調整稱為「優先選項」，並且會在樣式名稱旁顯示加號「＋」圖示。若想將再次編輯的調整覆蓋原先樣式的設定，將游標置於樣式名稱上方，按滑鼠右鍵，選擇「重新定義樣式」即完成更新套用。若選擇「清除優先選項」，則是回復原本套用樣式的設定。

5 複合字體

適用於漢字與英數混排，以及具有自訂混排特殊字型的需求。

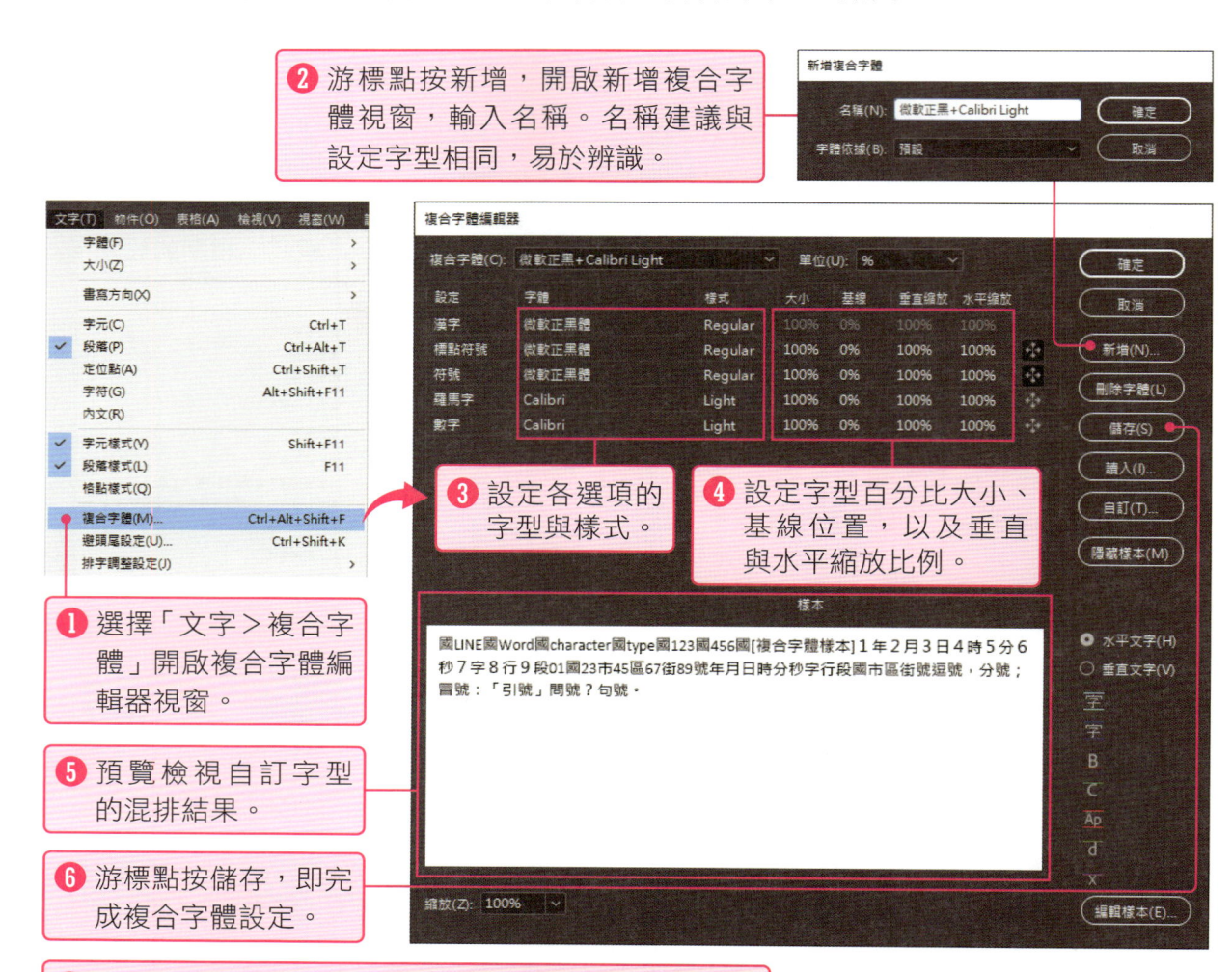

❷ 游標點按新增，開啟新增複合字體視窗，輸入名稱。名稱建議與設定字型相同，易於辨識。

❸ 設定各選項的字型與樣式。

❹ 設定字型百分比大小、基線位置，以及垂直與水平縮放比例。

❶ 選擇「文字＞複合字體」開啟複合字體編輯器視窗。

❺ 預覽檢視自訂字型的混排結果。

❻ 游標點按儲存，即完成複合字體設定。

❼ 選取文字框，選擇「文字＞字體」或是在「字元面板」選擇套用自訂完成的複合字型。

文字＞字體

Adobe 明體 Std → 微軟正黑體 + Calibri light（複合字體）

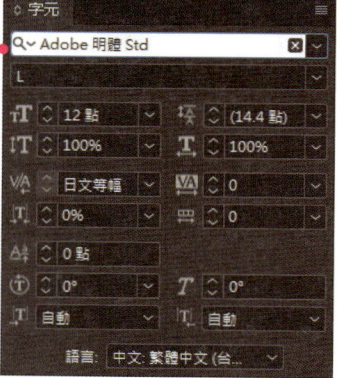

字元面板

6 文字上色

文字上色與物件上色方式相同。

文字填色

① 選取文字,並且於「工具面板」、「顏色面板」或「色票面板」,擇一點按「T」圖示。

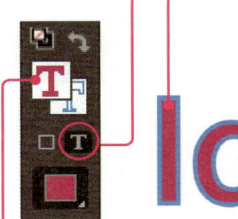

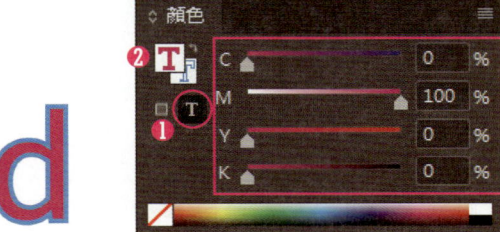

② 於「工具面板」、「顏色面板」或「色票面板」,擇一點按「填色」圖示,確認「填色」圖示疊於「線條」圖示上方,如此才能正確套用填色。

③ 於「顏色面板」設定 CMYK 數值,或是於「色票面板」選擇色票,即上色完成。

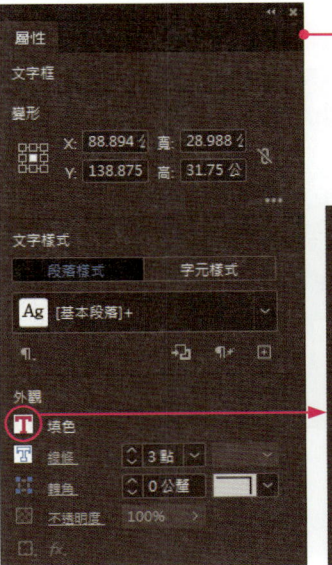

④ 選擇「視窗 > 屬性」開啟「屬性面板」,點按「填色」圖示,可切換開啟色票、顏色或漸層面板調整設定。

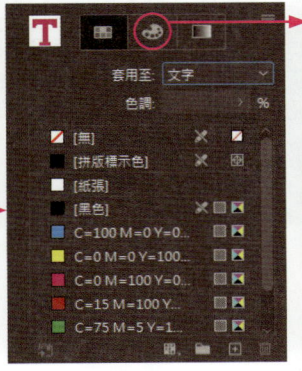

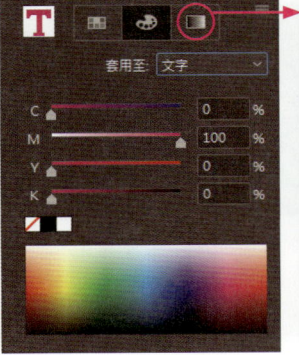

色票面板　　　顏色面板　　　漸層面板

07 文字

文字線條

❶ 選取文字,並且於「工具面板」、「顏色面板」或「色票面板」,擇一點按「T」圖示,

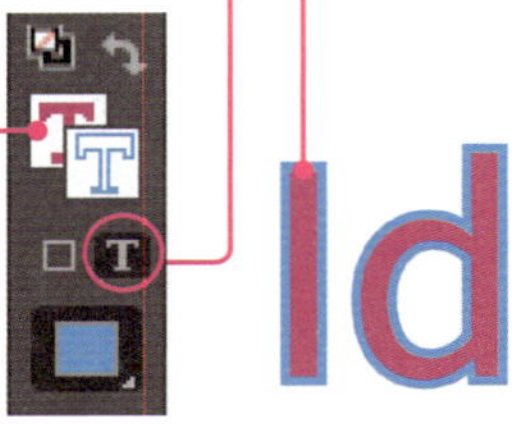

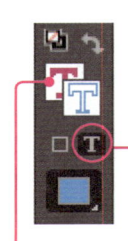

❷ 於「工具面板、「顏色面板」或「色票面板」,擇一點按「線條」圖示,確認「線條」圖示疊於「填色」圖示上方,如此才能正確套用線條。

❸ 於「顏色面板」設定 CMYK 數值,或是於「色票面板」選擇色票,即上色完成。

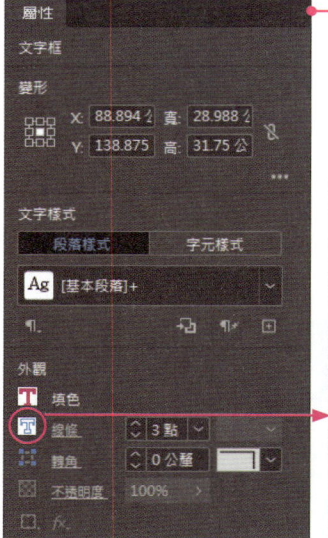

❹ 選擇「視窗＞屬性」開啟「屬性面板」,點按「線條」圖示,可切換開啟色票、顏色或漸層面板調整設定。

色票面板 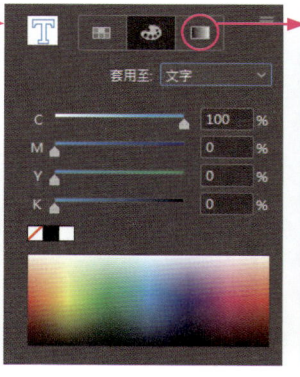　　顏色面板 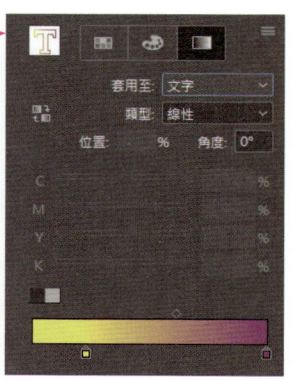　　漸層面板

7 繞圖排文

設計排版時，讓文字繞排於物件的周圍。

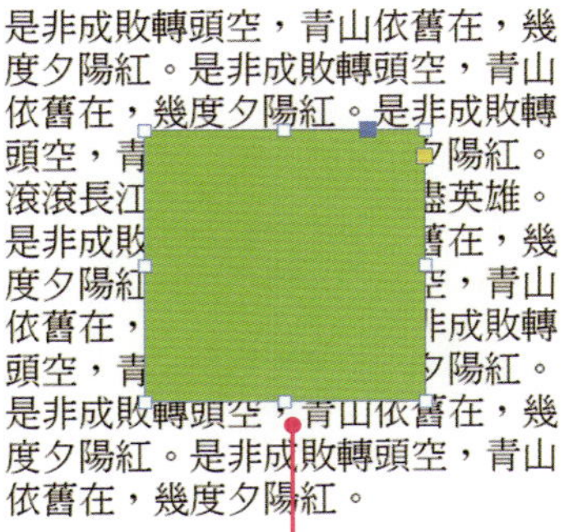

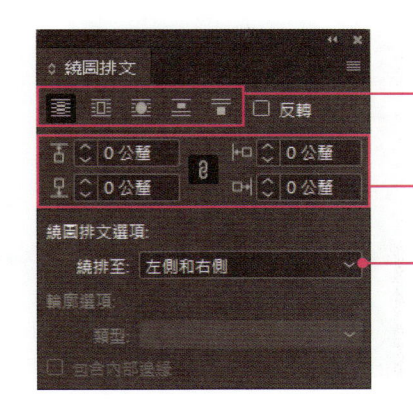

❷ 於「繞圖排文面板」選擇繞排的形式，以及相關選項設定。

偏移距離

繞排選項設定
左側、右側、左側和右側、趨近裝訂邊那側、偏離裝訂邊那側、最大區域（位置空間較大那側）。

❶ 選取物件

圍繞邊界方框

使段落文字圍繞著矩形框架排文。

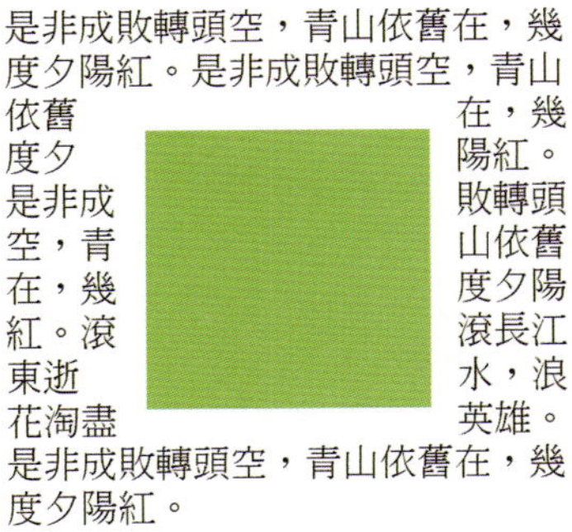

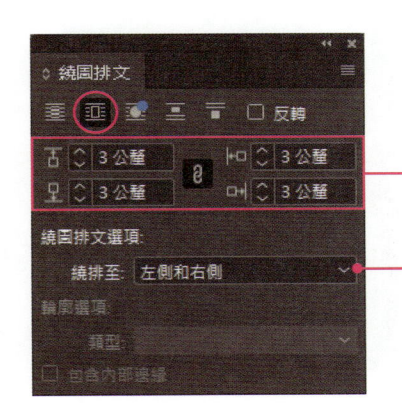

偏移距離

繞排選項設定
左側、右側、左側和右側、趨近裝訂邊那側、偏離裝訂邊那側、最大區域（位置空間較大那側）。

圍繞物件形狀

使段落文字圍繞著物件輪廓形狀排文。

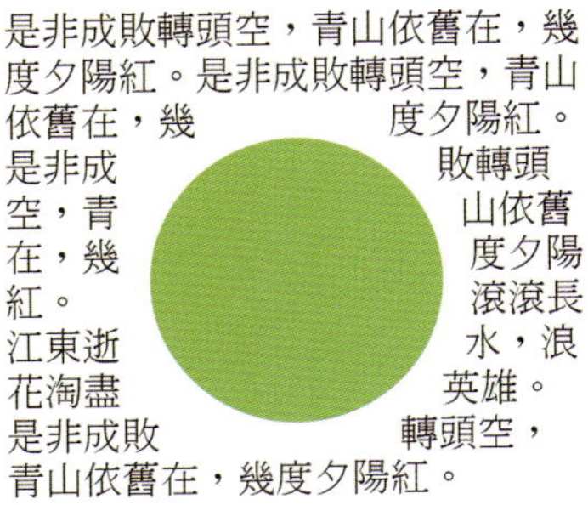

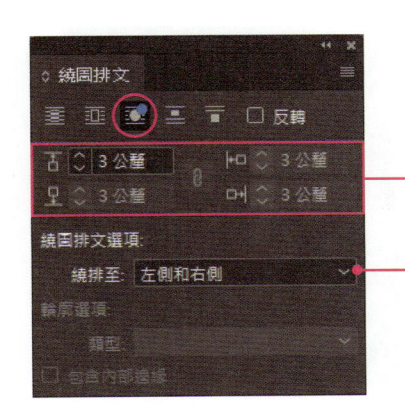

偏移距離

繞排選項設定
左側、右側、左側和右側、趨近裝訂邊那側、偏離裝訂邊那側、最大區域（位置空間較大那側）。

跳過物件

使段落文字跳過物件本身與其左右空間進行排文。

是非成敗轉頭空，青山依舊在，幾度夕陽紅。是非成敗轉頭空，青山依舊在，幾度夕陽紅。是非成敗轉頭空，青山依舊在，幾度夕陽紅。

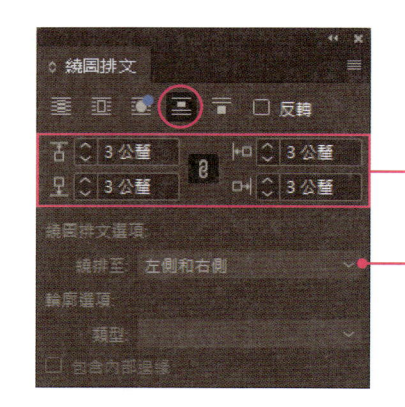

偏移距離

繞排選項設定
左側、右側、左側和右側、趨近裝訂邊那側、偏離裝訂邊那側、最大區域（位置空間較大那側）。

跳到下一欄

強制段落文字跳至下一個文字框或下一欄。

是非成敗轉頭空，青山依舊在，幾度夕陽紅。是非成敗轉頭空，青山

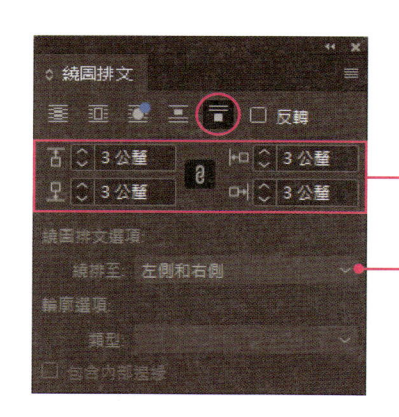

偏移距離

繞排選項設定
左側、右側、左側和右側、趨近裝訂邊那側、偏離裝訂邊那側、最大區域（位置空間較大那側）。

反轉

使段落文字編排於物件輪廓形狀的內部。

是非成敗轉頭空，青山依舊在，幾度夕陽紅。是非成敗轉頭空，青山

依舊在，幾度夕陽紅。是

非成敗轉頭空，青山依舊在，幾度夕陽紅。滾滾長江東逝水，浪花淘

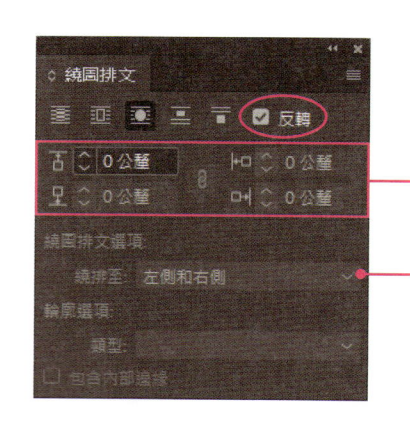

偏移距離

繞排選項設定
左側、右側、左側和右側、趨近裝訂邊那側、偏離裝訂邊那側、最大區域（位置空間較大那側）。

忽略繞圖排文

使文字不受繞圖排文功能影響。

❶ 將文字框移置到已套用繞圖排文的矩形上方，文字框因受繞圖排文影響，無法正常顯示。

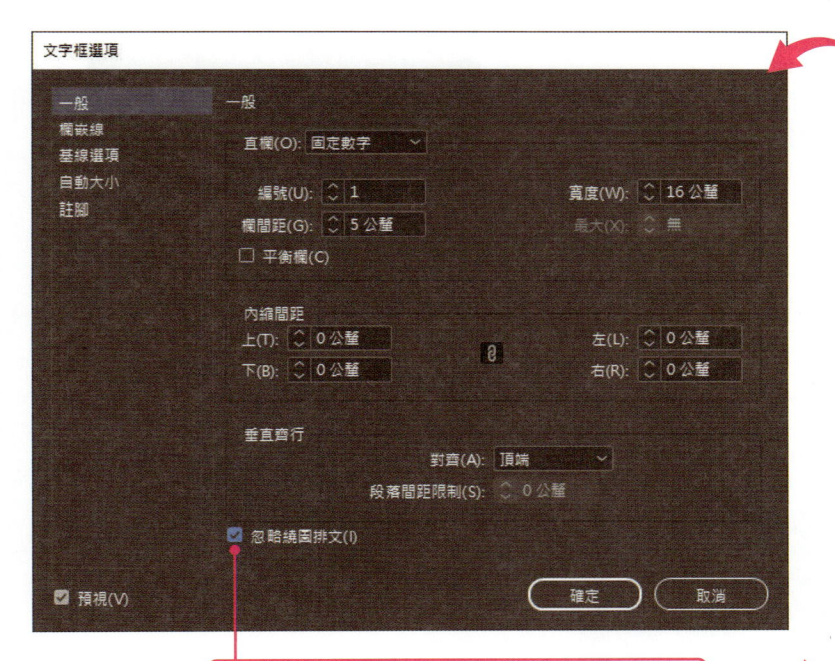

是非成敗轉頭空，青山依舊在，幾度夕陽紅。是非成敗轉頭空，青山依舊在，幾度夕陽紅。是非成敗轉頭空，青山在，幾紅。滾東逝花淘盡敗轉頭山依舊度夕陽滾長江水，浪英雄。是非成敗轉頭空，青山依舊在，幾度夕陽紅。

❷ 選擇「物件 > 文字框選項」，或是「點按滑鼠右鍵 > 文字框選項」，開啟文字框選項視窗。

❸ 勾選忽略繞圖排文，點按確定，文字即可正常顯示。

是非成敗轉頭空，青山依舊在，幾度夕陽紅。是非成敗轉頭空，青山依舊在，幾度夕陽紅。是非成敗轉頭空，青在，幾紅。滾東逝花淘盡 矩形 敗轉頭山依舊度夕陽滾長江水，浪英雄。是非成敗轉頭空，青山依舊在，幾度夕陽紅。

智慧主體偵測繞排文字

透過 Adobe Sensei 智慧偵測辨識影像,將文字繞排在主體的輪廓邊緣。

❶ 選取影像,於「繞圖排文面板」選擇圍繞物件形狀。

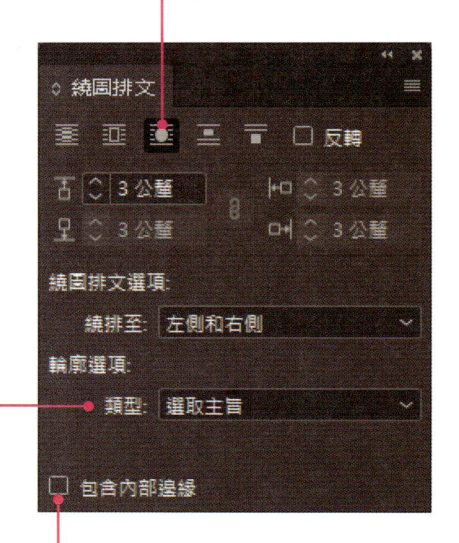

❷ 選擇「輪廓選項 > 類型 > 選取主旨(即選取主體)」,即開始自動偵測影像中主體的邊緣輪廓。

❸ 段落文字自動繞排於影像中主體的輪廓邊緣。

❹ 若有偵測到挖洞中空的影像輪廓,勾選「包含內部邊緣」,可將文字編排於其中。

Photoshop 路徑偵測繞排文字

透過 Adobe Sensei 智慧偵測辨識影像，將文字繞排在主體的輪廓邊緣。

Photoshop 影像圖片

Photoshop 路徑面板

❶ 選擇「檔案＞置入」將含有 Photoshop 路徑的影像置入於文件頁面。

❷ 選取影像，於「繞圖排文面板」選擇圍繞物件形狀。

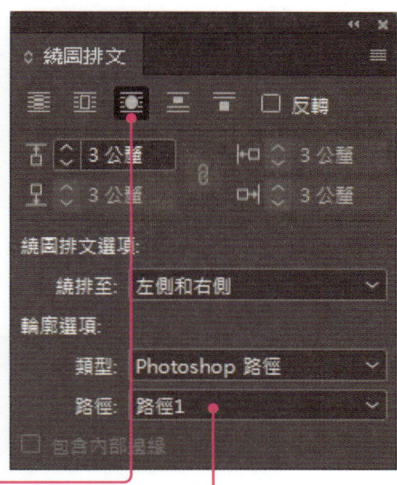

❸ 選擇「輪廓選項＞類型＞ Photoshop 路徑」，即開始自動偵測影像中，Photosho 路徑輪廓。

❹ 段落文字自動繞排於影像中 Photosho 路徑輪廓邊緣。

❺ 若想移除影像背景，選擇「物件＞剪裁路徑＞選項」開啟剪裁路徑視窗，接著選擇「類型＞ Photosho 路徑」，即完成利用 Photosho 路徑去除背景。

7-3 版面格點

「版面格點」可使字元依循格線靠齊排文，對齊至每一個格子的適當位置。

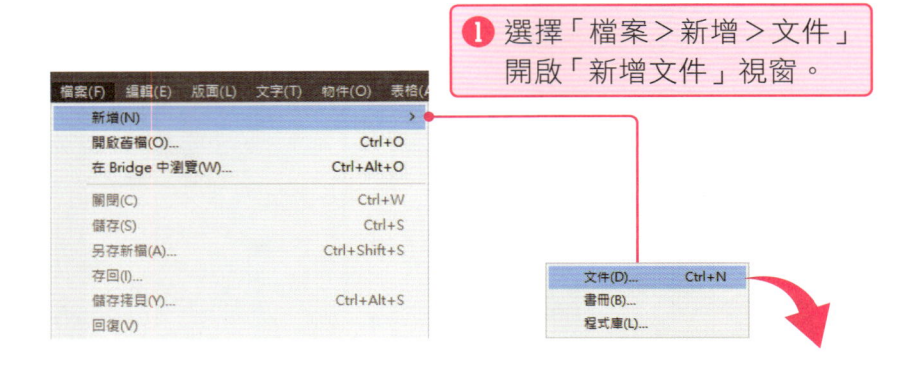

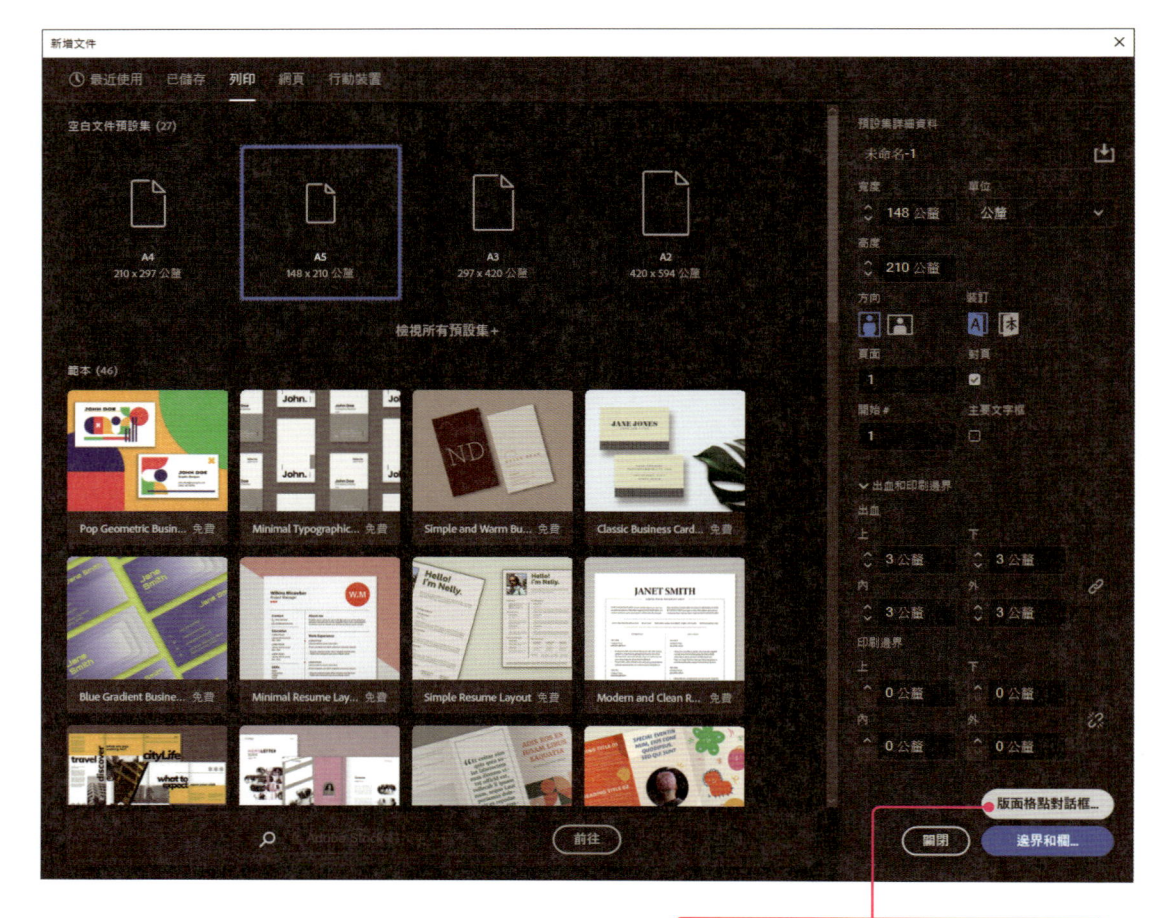

❶ 選擇「檔案＞新增＞文件」開啟「新增文件」視窗。

❷ 點按版面格點對話框，開啟「新增版面格點」視窗。

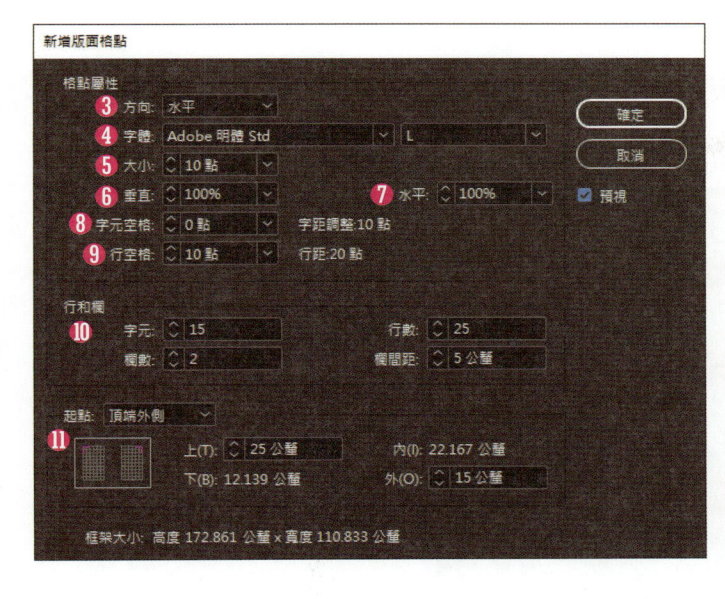

❸ 方向，水平或垂直排文。

❹ 字體，選擇使用的字型和字型樣式。

❺ 字型大小，選擇字型的尺寸大小。

❻ 垂直縮放，設定文字高度縮放的百分比。

❼ 水平縮放，設定文字寬度縮放的百分比。

❽ 字元空格，字元間距（若字元大小設定為 10 點，字元空格設定 10 點，字距調整則是 20 點）。

❾ 行空格，行間距（若字元大小設定為 10 點，行空格設定 10 點，行距則是 20 點）。

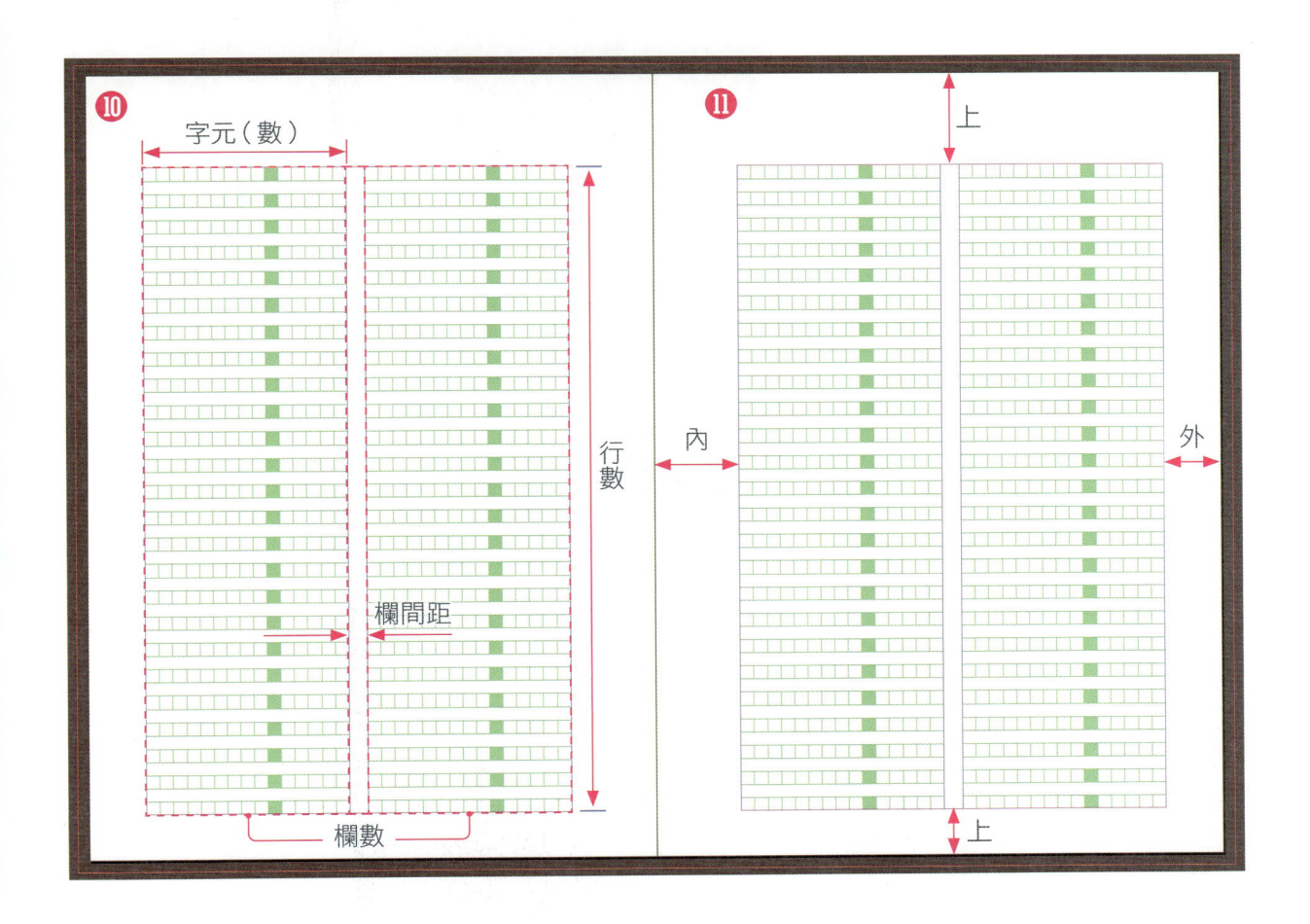

版面完成後，若想要修改「版面格點」設定，於「屬性面版」點按「版面格點選項」，或是於「應用功能列」選擇「版面＞版面格點」，即可開啟版面格點視窗再次調整。

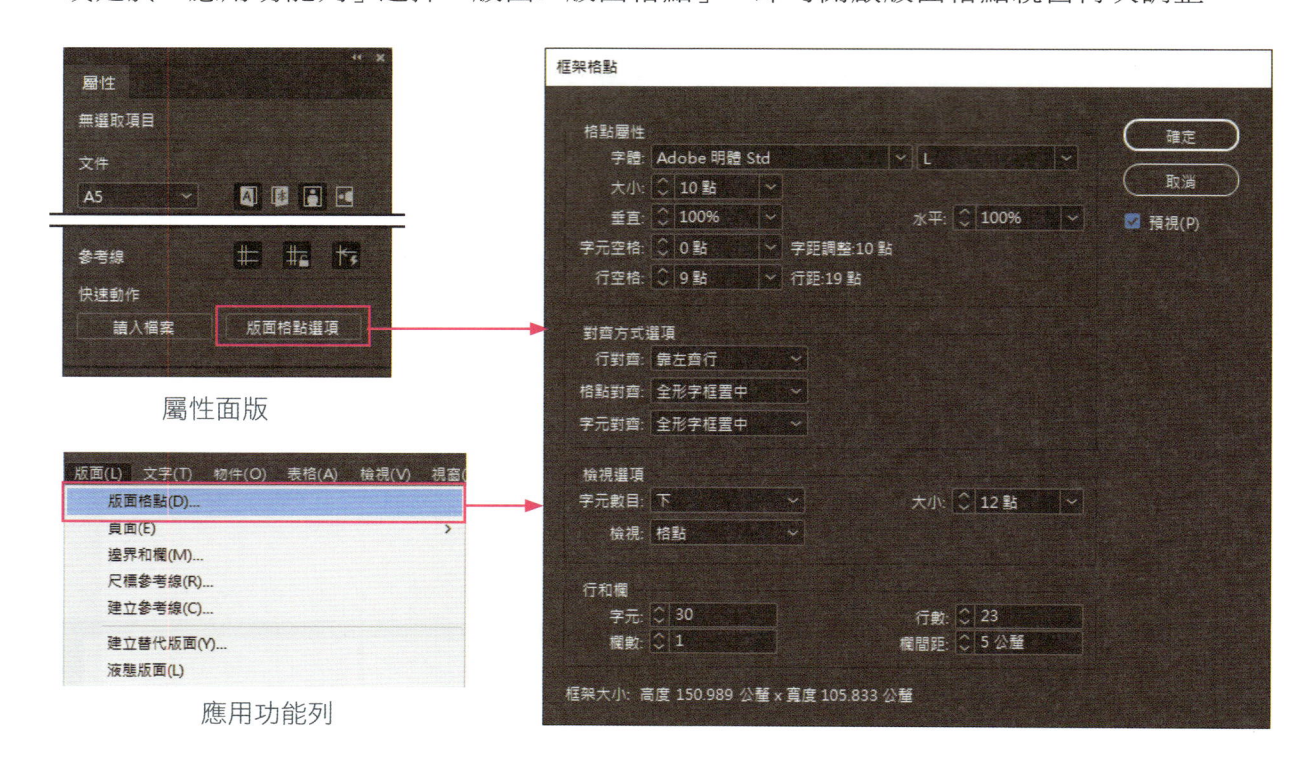

屬性面版

應用功能列

版面格點置入文字或物件

版面格點可放置文字框架、文字格點框架和圖形框架，亦可將文字或影像置入。但是如果要依循「版面格點」的設定編排文字，則必需使用「水平格點工具」或「垂直格點工具」。

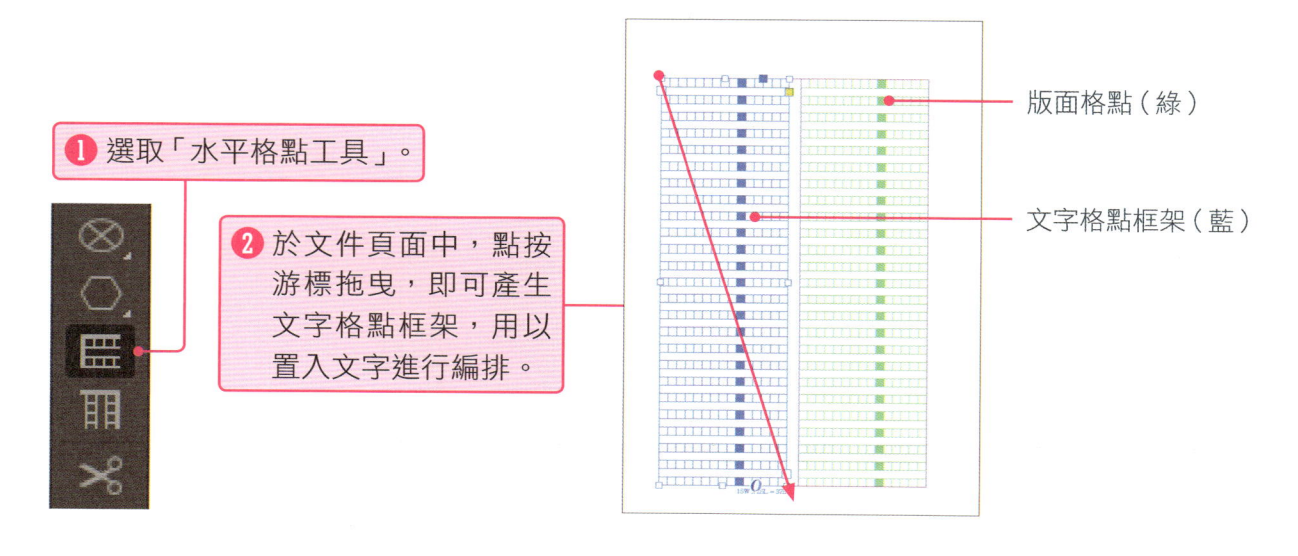

❶ 選取「水平格點工具」。

❷ 於文件頁面中，點按游標拖曳，即可產生文字格點框架，用以置入文字進行編排。

版面格點（綠）

文字格點框架（藍）

7-4 項目符號和編號

建立清單列表式文字的項目符號或編號清單。

選取文字框,選擇「段落面板＞選單＞項目符號和編號」開啟「項目符號和編號」視窗。

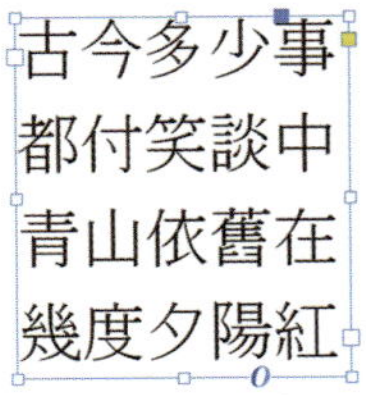

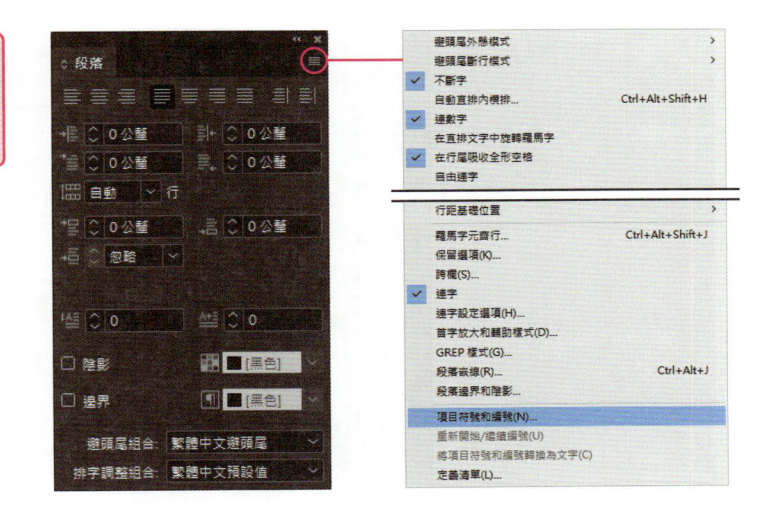

項目符號

❶ 清單類型,選擇項目符號。

❷ 項目符號字元,選擇置於文字前面的符號字元；亦可新增項目符號。

❸ 之後放置文字,預設值為「^t（定位點）」,可自訂輸入文字,亦可點按後方「小三角形」圖示,選擇其他符號字元。

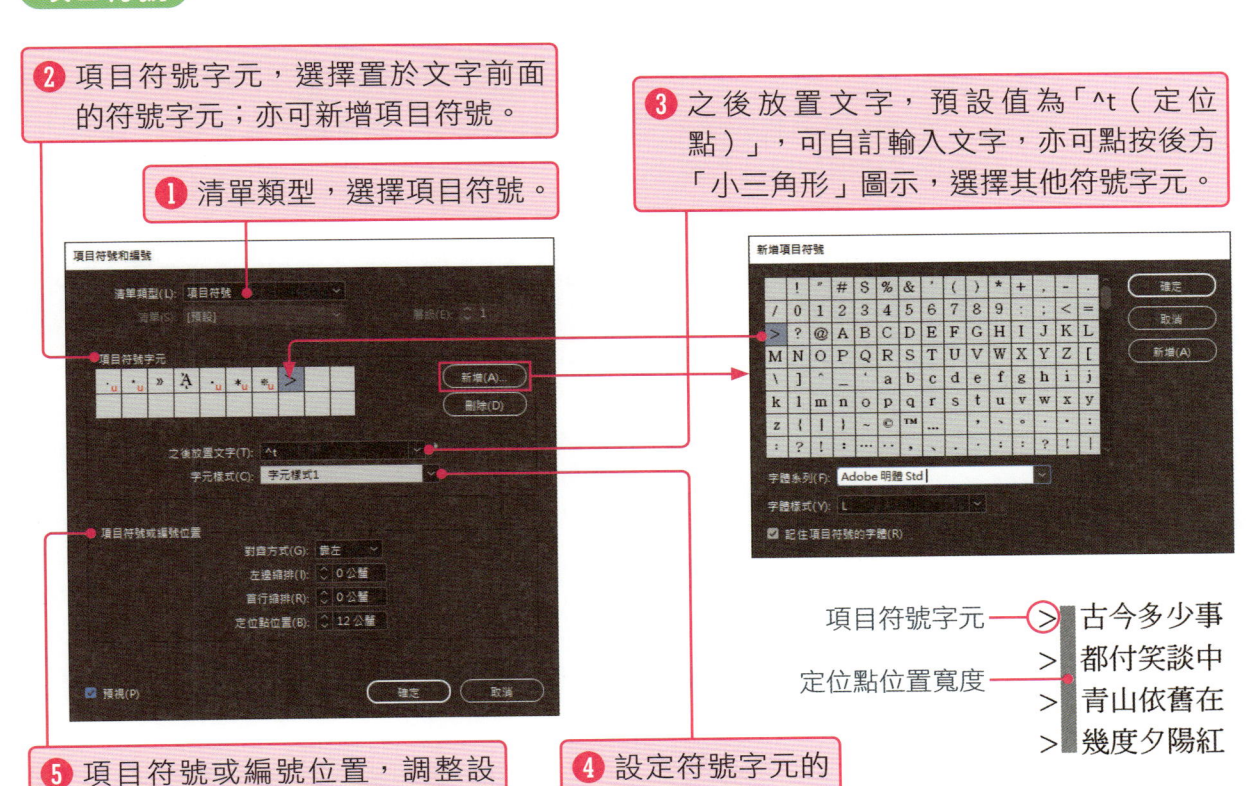

❹ 設定符號字元的字元樣式。

❺ 項目符號或編號位置,調整設定對齊、縮排和定位點位置。

項目符號字元 ＞ 古今多少事
定位點位置寬度 ＞ 都付笑談中
　　　　　　　＞ 青山依舊在
　　　　　　　＞ 幾度夕陽紅

編號

❶ 清單類型，選擇編號。

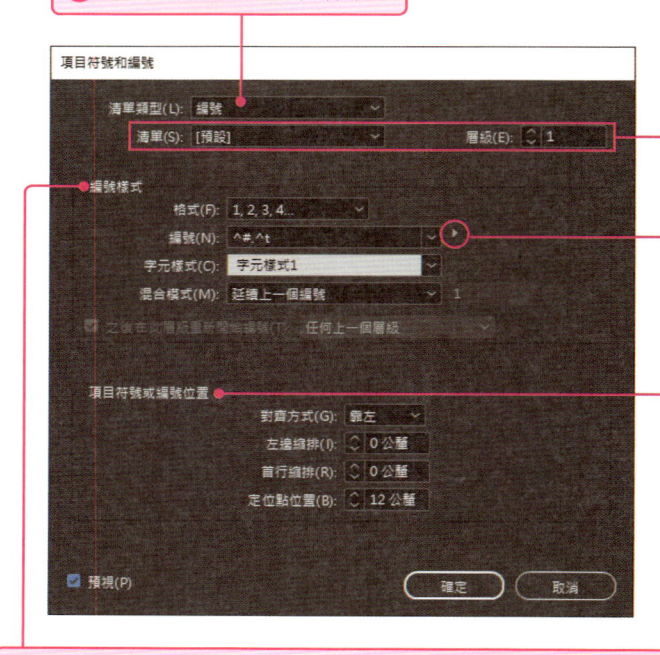

❷ 清單，建立多層次清單。
層級，設定階層架構。

❹ 項目符號或編號位置，調整設定對齊、縮排和定位點位置。

編號字元 ── ① 古今多少事
定位點位置 ── 2. 都付笑談中
3. 青山依舊在
4. 幾度夕陽紅

❸ 編號樣式
- 格式：選擇編號排序的格式。
- 編號：選擇置於文字前面的編號字元，可自訂輸入文字，亦可點按後方「小三角形」圖示，插入特殊字元或編號預留位置。
- 字元樣式：設定套用編號字元的字元樣式。
- 混合模式：選擇「延續上一個編號（依序排列編號）」或「開始處（從在文字框中輸入的編號或其他數值開始編號。）」。

7-5　尋找變更

在文件中快速尋找目標文字或物件，依需求設定取代、轉換或套用屬性及樣式等。可全域尋找的索引標籤包含文字、GREP、字符、物件、顏色、轉譯字母體系，後述範例僅以文字和 GREP 說明。

索引標籤

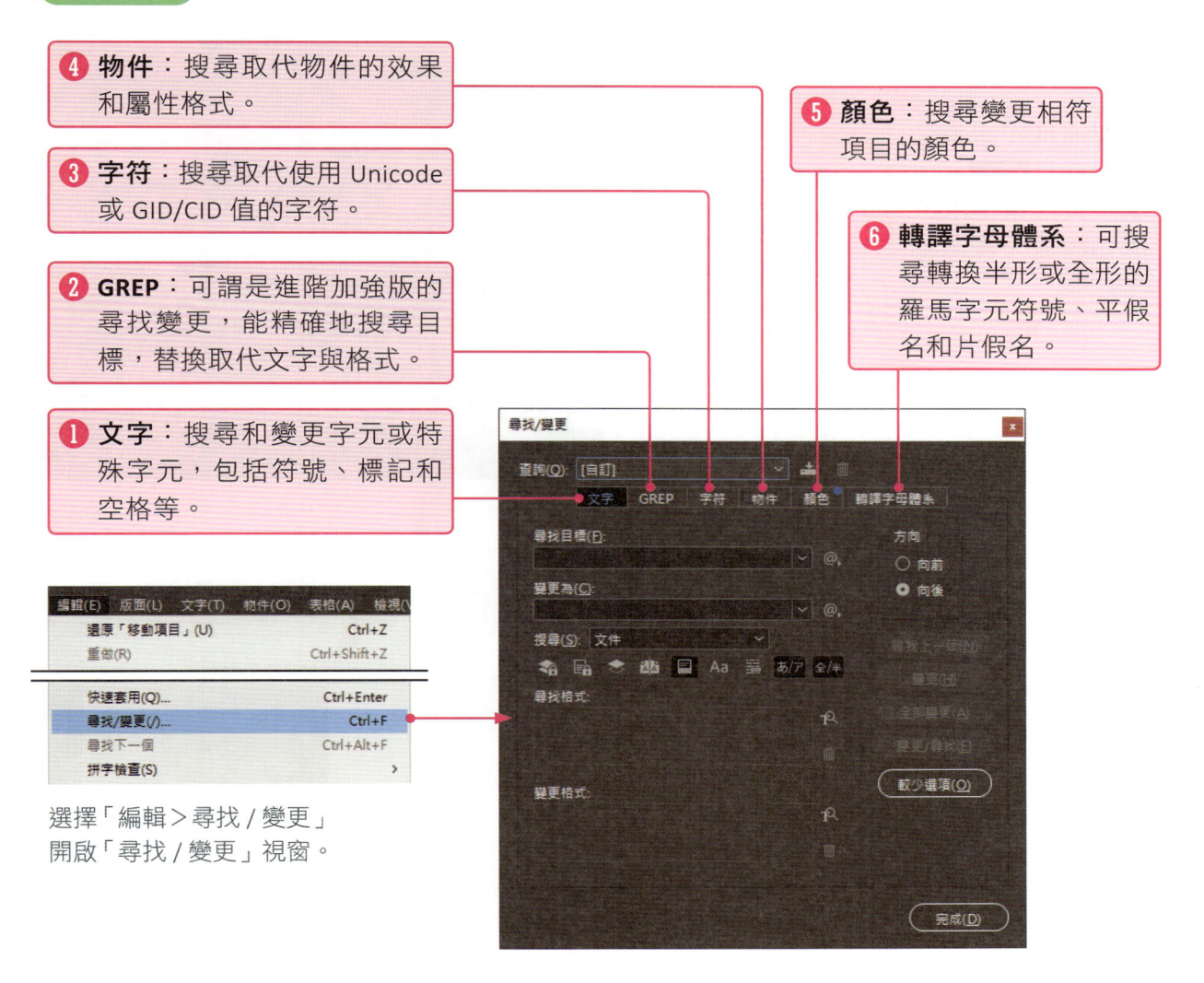

❹ **物件**：搜尋取代物件的效果和屬性格式。

❸ **字符**：搜尋取代使用 Unicode 或 GID/CID 值的字符。

❷ **GREP**：可謂是進階加強版的尋找變更，能精確地搜尋目標，替換取代文字與格式。

❶ **文字**：搜尋和變更字元或特殊字元，包括符號、標記和空格等。

❺ **顏色**：搜尋變更相符項目的顏色。

❻ **轉譯字母體系**：可搜尋轉換半形或全形的羅馬字元符號、平假名和片假名。

選擇「編輯＞尋找 / 變更」
開啟「尋找 / 變更」視窗。

07 文字

1 文字

❶ 選取文字框。

白髮漁樵江渚上，
慣看秋月春風。
滾滾長江東逝水，
浪花淘盡英雄。

❷ 選擇「編輯＞尋找／變更」開啟「尋找／變更」視窗。

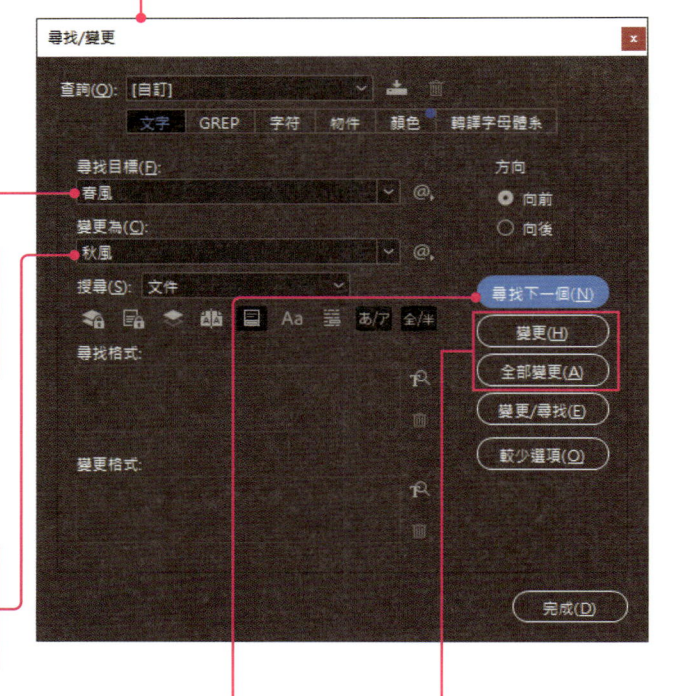

白髮漁樵江渚上，
慣看秋月春風。
滾滾長江東逝水，
浪花淘盡英雄。

❸ 在「尋找目標」欄位輸入欲搜尋的文字。

白髮漁樵江渚上，
慣看秋月秋風。
滾滾長江東逝水，
浪花淘盡英雄。

❹ 在「變更為」欄位輸入取代的文字。

❺ 游標點按「尋找下一個」開始搜尋，確認搜尋目標。

❻ 游標點按變更或全部變更，即完成。

Adobe InDesign
已完成搜尋。1 處取代已完成。

2 GREP

在多頁文件中，藉由 GREP 的特殊字元，建構運算式進行精確搜尋。

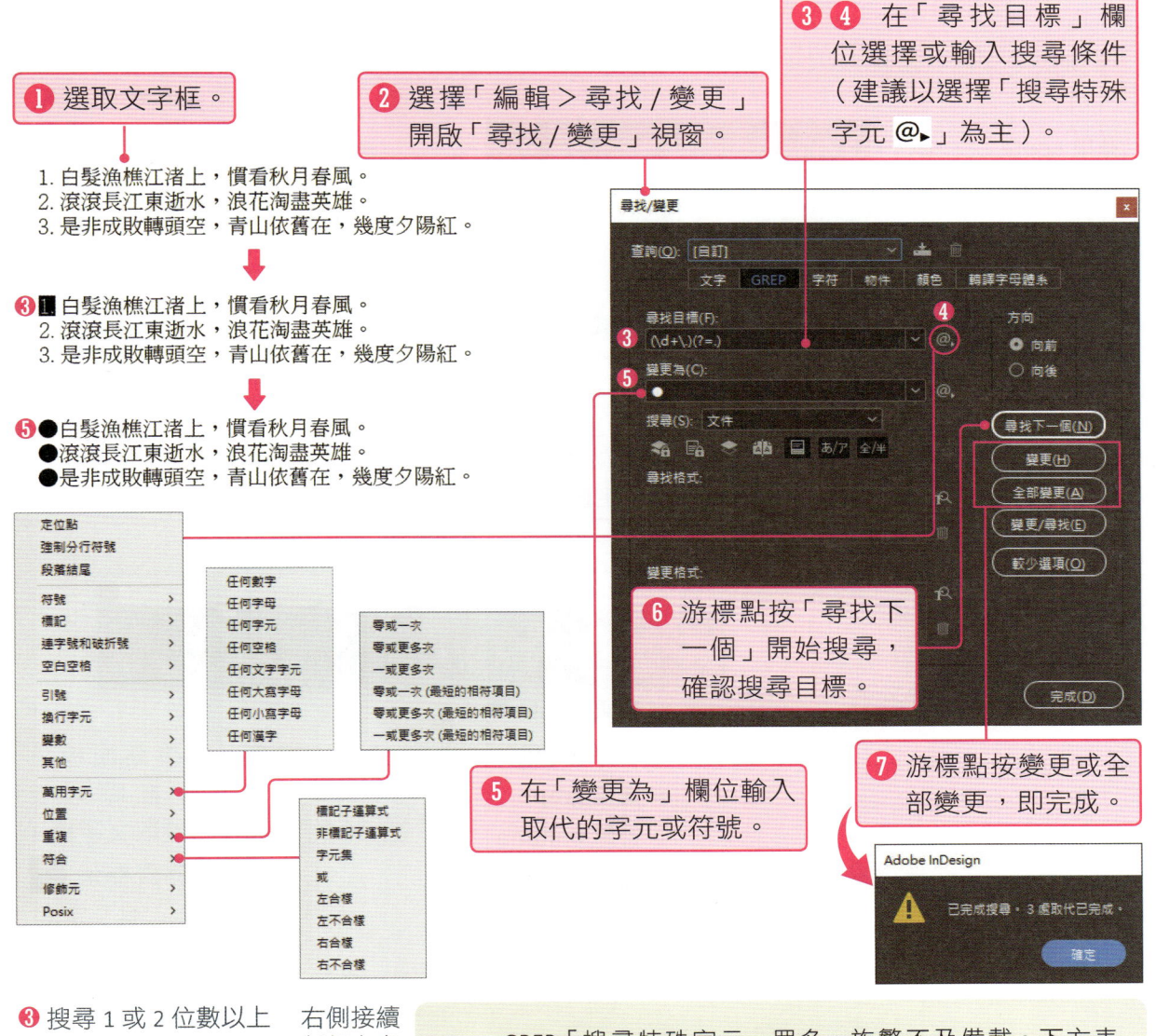

❶ 選取文字框。

1. 白髮漁樵江渚上，慣看秋月春風。
2. 滾滾長江東逝水，浪花淘盡英雄。
3. 是非成敗轉頭空，青山依舊在，幾度夕陽紅。

❷ 選擇「編輯＞尋找／變更」開啟「尋找／變更」視窗。

❸ **1.** 白髮漁樵江渚上，慣看秋月春風。
2. 滾滾長江東逝水，浪花淘盡英雄。
3. 是非成敗轉頭空，青山依舊在，幾度夕陽紅。

❺ ●白髮漁樵江渚上，慣看秋月春風。
●滾滾長江東逝水，浪花淘盡英雄。
●是非成敗轉頭空，青山依舊在，幾度夕陽紅。

❸ ❹ 在「尋找目標」欄位選擇或輸入搜尋條件（建議以選擇「搜尋特殊字元 @▸」為主）。

❻ 游標點按「尋找下一個」開始搜尋，確認搜尋目標。

❺ 在「變更為」欄位輸入取代的字元或符號。

❼ 游標點按變更或全部變更，即完成。

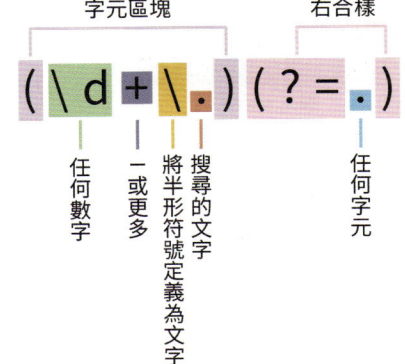

❸ 搜尋 1 或 2 位數以上
1. 2. ～ 10. 11. ～
字元區塊

右側接續任何文字
右合樣

(\d + \.) (? = .)

任何數字 ｜ 一或更多 ｜ 將半形符號定義為文字 ｜ 搜尋的文字 ｜ 任何字元

GREP「搜尋特殊字元」眾多，族繁不及備載，下方表格僅以本頁範例說明，前往 Adobe 官網可得完整詳細敘述。

符號	說明	符號	說明
(?<=)	左合樣（定義左側的搜尋字串）	( )	一個字元區塊
(?=)	右合樣（定義右側的搜尋字串）	.	任何字元
\d	任何數字	+	出現一次或更多次
\	任何半形符號皆可能具有 GREP 特殊字元意義，如要將半形符號作為文字搜尋，文字前需增加「\」。		

07 文字

7-6 定位點

將特定文字編排至文字框內的指定位置。

❶ 選取文字框，選擇「文字＞定位點」開啟「定位點面板」。

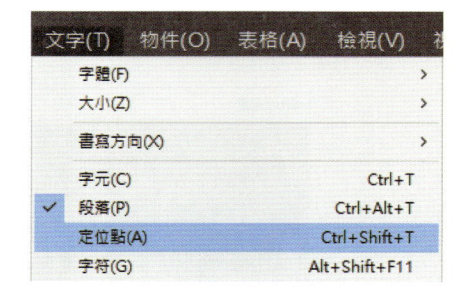

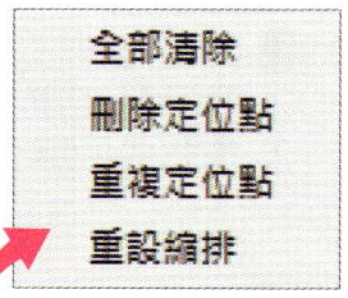

Tips

定位點為作用於整個段落，欲執行定位點功能之前，需要在每個段落前方插入一個 Tab（即是將游標置於段落最前面，按一下 Tab 鍵）。

❷ 對齊：選擇對齊形式，（由左至右）齊左、置中對齊、齊右、對齊小數點或其他指定字元。點按定位點尺標上緣「灰色條狀區域」，即可對齊文字。游標點按定位點不放，可移動調整對齊位置，若往尺標兩側拖移出去，即刪除定位點。

❸ 位置：以輸入數值方式指定「定位點位置」。

❹

❺

❻「定位點面板」選單。

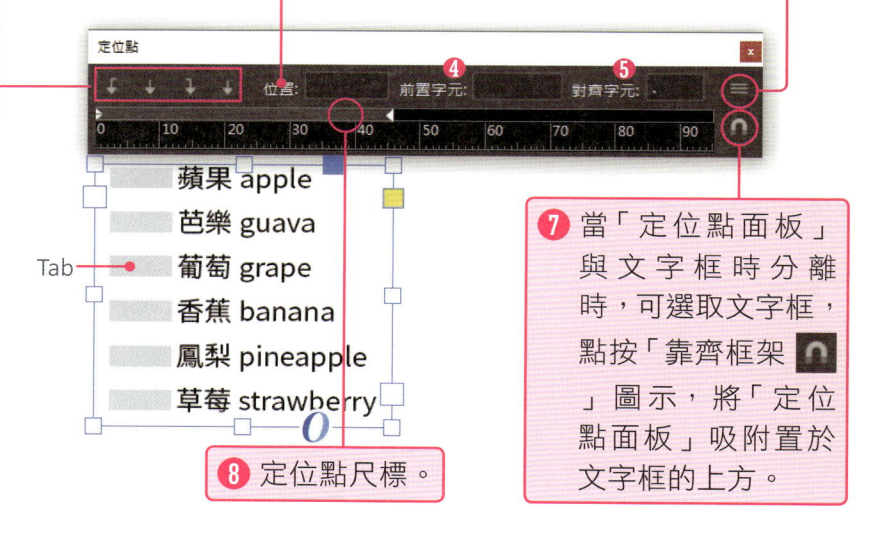

❼ 當「定位點面板」與文字框時分離時，可選取文字框，點按「靠齊框架」圖示，將「定位點面板」吸附置於文字框的上方。

❽ 定位點尺標。

移動定位點 —— 齊左

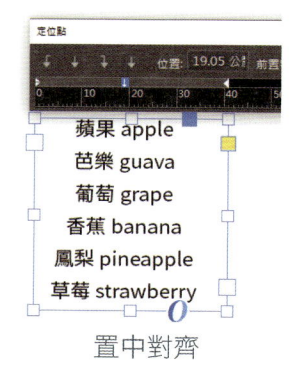

置中對齊

刪除定位點 —— 齊右

❹ 前置字元：輸入欲放置的字元。

>>>蘋果 apple
>>>芭樂 guava
>>>葡萄 grape
>>>香蕉 banana
>>>鳳梨 pineapple
>>>草莓 strawberry

前置字元

❺ 對齊字元：對齊小數點，或是對齊其他字元。

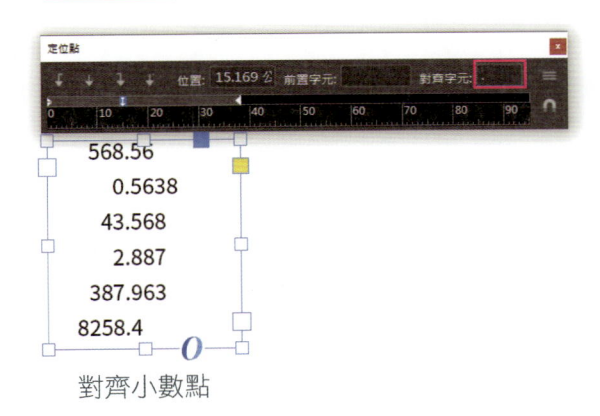

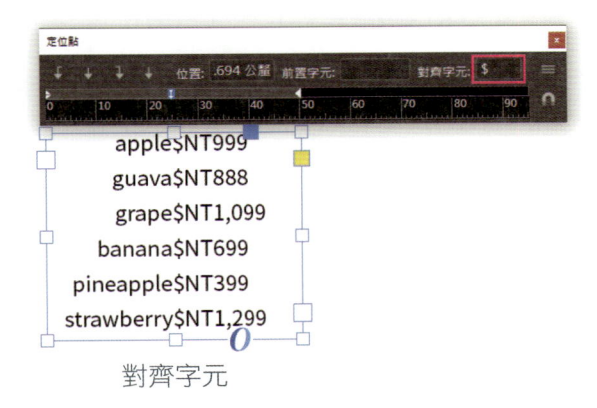

568.56
0.5638
43.568
2.887
387.963
8258.4

對齊小數點

apple$NT999
guava$NT888
grape$NT1,099
banana$NT699
pineapple$NT399
strawberry$NT1,299

對齊字元

07 課後習題

選擇題

( ) 1. 在 Adobe InDesign 中，當文字框的右下角出現「紅色十字」圖示時，表示發生了什麼狀況？
 (A) 溢排文字，部分文字未完整顯示
 (B) 文字框已成功串連至下一個文字框
 (C) 文字已設定為直排內橫排
 (D) 文字已套用繞圖排文

( ) 2. 若想讓文字沿著自行繪製的路徑排列，應使用下列哪個工具？
 (A) 文字工具
 (B) 垂直文字工具
 (C) 路徑文字工具
 (D) 任意變形工具

( ) 3. 下列哪個選項可用來快速填入預覽文字？
 (A) 使用「選取工具」選取文字框後，再手動輸入文字
 (B) 選擇「文字＞以預留位置文字填滿」
 (C) 使用快捷鍵 Ctrl + P
 (D) 選擇「物件＞填滿文字」

( ) 4. 右圖顯示為「自動排文」的排文方法，此方式需按住哪個鍵來進行排文？
 (A) Shift 鍵
 (B) Ctrl 鍵
 (C) Alt 鍵
 (D) Tab 鍵

( ) 5. 如何設置多欄文字框？
 (A) 使用快捷鍵 Ctrl + Shift + L
 (B) 使用「文字工具」並拖曳多個框架
 (C) 使用「選取工具」點擊頁面兩次
 (D) 選擇「物件＞文字框選項」，設定「數目」欄數

(　　) 6. 如何將多個文字框串連在一起？
(A) 使用「間隙工具」點擊文字框
(B) 點擊文字框的輸入或輸出埠，接著將游標移至另一個文字框上，並點按游標
(C) 按住 Alt 鍵點擊框架
(D) 在屬性面板中選擇「串連文字框」

(　　) 7. 右圖「字元面板」中，哪個欄位可以調整字元的水平縮放（水平比例）？
(A) ①
(B) ②
(C) ③
(D) ④

(　　) 8. 在 Adobe InDesign 中，若要快速將直排文字中的數字或日期等部分文字轉為水平方向，應使用哪個功能？
(A) 字元旋轉
(B) 直排內橫排
(C) 基線位移
(D) 文字傾斜

(　　) 9. 如何設置段落對齊方式？
(A) 使用「段落面板」並選擇所需的對齊選項
(B) 使用「字元面板」進行設置
(C) 使用「填色工具」調整對齊
(D) 按住 Alt 鍵並點擊頁面

(　　) 10. 版面格點的主要作用是什麼？
(A) 使文字依據格線對齊，確保排版一致
(B) 增加文字框的大小
(C) 調整圖形的透明度
(D) 控制頁面的外框顏色

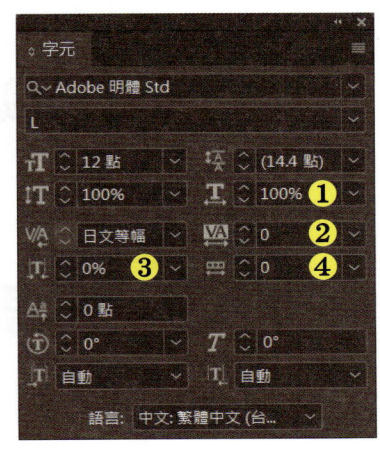

單元小實作

於圓形路徑上新增「InDesign 版面設計」文字，並將「Design」與「設計」的文字屬性，設定「字元樣式（命名：文字輪廓線條）」於「字元樣式面板」並套用（所有屬性皆為自訂）。

參考範例

提示重點 繪製正圓形，選取「路徑文字工具」將文字新增於圓形路徑上。

08

影像與連結

InDesign 軟體相容性高,支援多種檔案格式,而影像與軟體間是否正確連結與更新,直接影響著輸出的解析品質。

▶ 8-1 影像
▶ 8-2 連結
▶ 8-3 效果
▶ 課後習題

08 影像與連結

8-1　影像

影像框架的調整靈活性高，並且可以套用各種樣式和效果。

1　置入影像

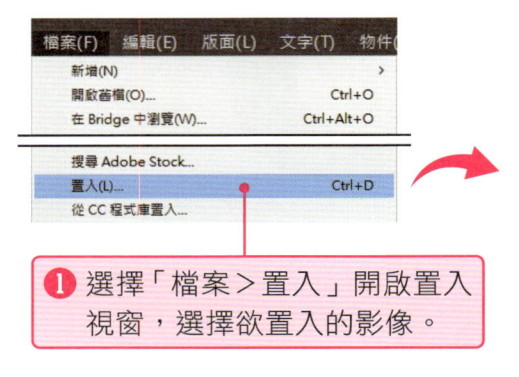

❶ 選擇「檔案＞置入」開啟置入視窗，選擇欲置入的影像。

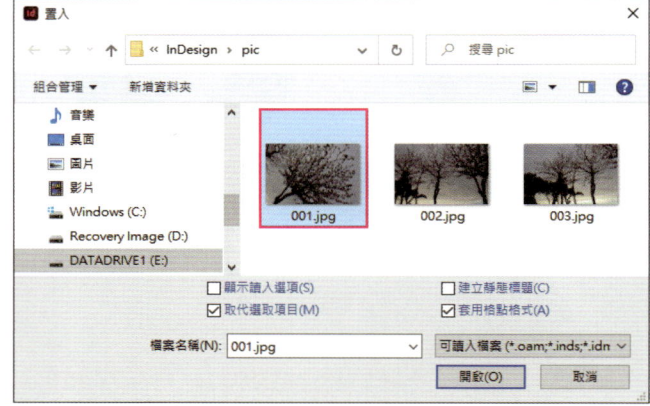

❷ 於文件頁面中，將帶有「影像縮圖」圖示的游標，依據需要的尺寸，點按游標拖移等比例置入。若是用「點按一下游標」的方式，則是以來源影像的原圖尺寸比例置入。

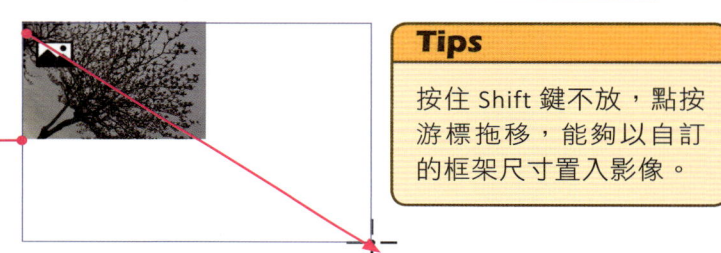

Tips
按住 Shift 鍵不放，點按游標拖移，能夠以自訂的框架尺寸置入影像。

❸ 若選擇多張置入，游標將帶有「影像縮圖＋影像張數」圖示，接著依序置入。

Tips
依序置入多張影像時，如有不想置入的影像，按 Esc 鍵可取消略過。

InDesign 相容的檔案格式
ai／eps／svg／jpg／tif／psd／png／pdf／heif／heic／webp／jp2k。

欄列矩陣置入

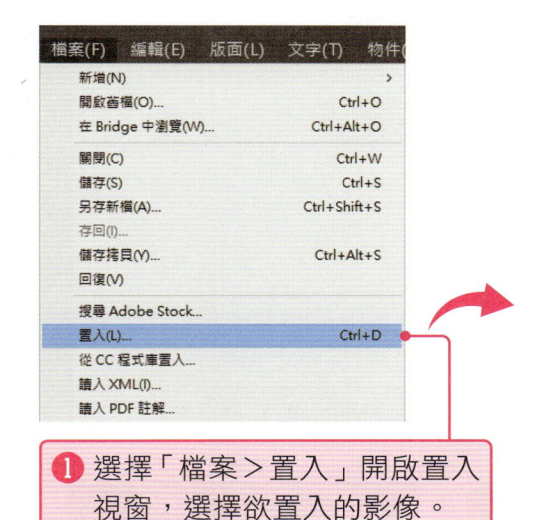

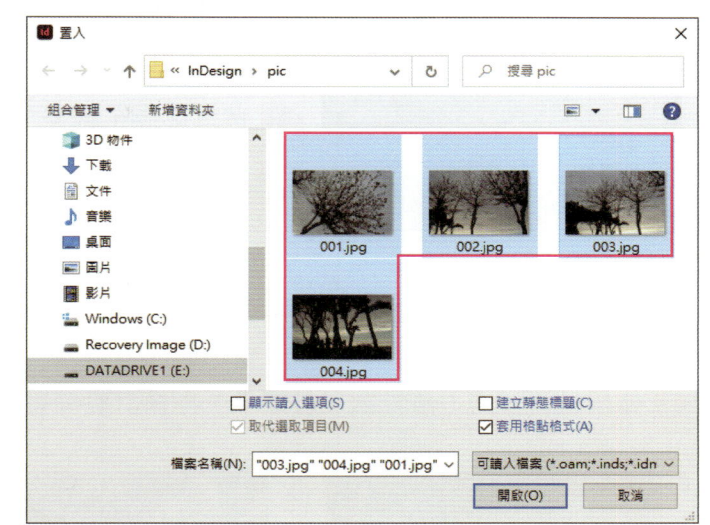

❶ 選擇「檔案 > 置入」開啟置入視窗,選擇欲置入的影像。

❷ 於文件頁面中,將帶有「影像縮圖+影像張數」圖示的游標,依據需要的尺寸,點按游標拖移置入,拖移時游標不可放開,接著按下鍵盤上的方向鍵,即可以欄列矩陣的形式置入多張影像。

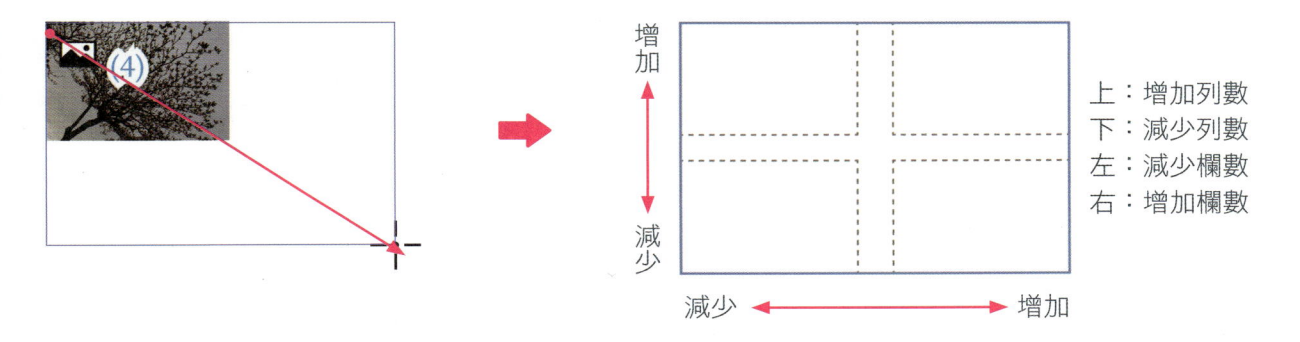

上:增加列數
下:減少列數
左:減少欄數
右:增加欄數

❸ 確認欄列數後,放開滑鼠游標即完成。

Tips

- 按住 Shift 鍵不放,點按游標拖移,能夠以自訂的框架尺寸置入影像。
- 拖移游標時,在未放開滑鼠之前,按下鍵盤上的 **Page Up** 可增加間距,**Page Down** 可減少間距。

08 影像與連結

顯示效能

控制影像於螢幕上的顯現方式，不會影響轉存檔案、列印和印刷輸出的品質。

❶ 選取影像，選擇「物件＞顯示效能」

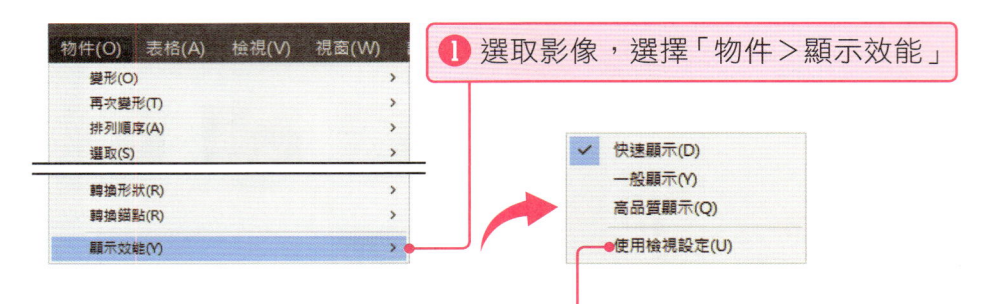

❷ 使用檢視設定（預設為一般顯示）：自訂點陣影像或向量圖形的顯示設定。

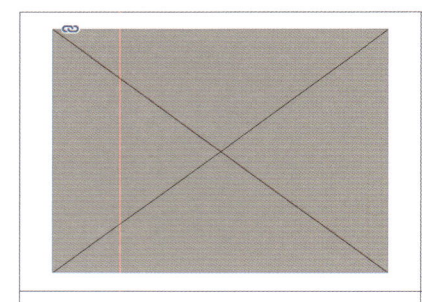 快速顯示	 一般顯示	 高品質顯示
將點陣影像或向量圖形以灰色方框顯示；適合快速逐頁檢視。	將點陣影像或向量圖形以低解析度顯示；適用編排時的辨識與視覺構成。	將點陣影像或向量圖形以高解析度顯示；適用編排時的清晰辨識，但是會影響效能。

❸ 選擇「編輯＞偏好設定＞顯示效能」開啟「偏好設定」視窗。

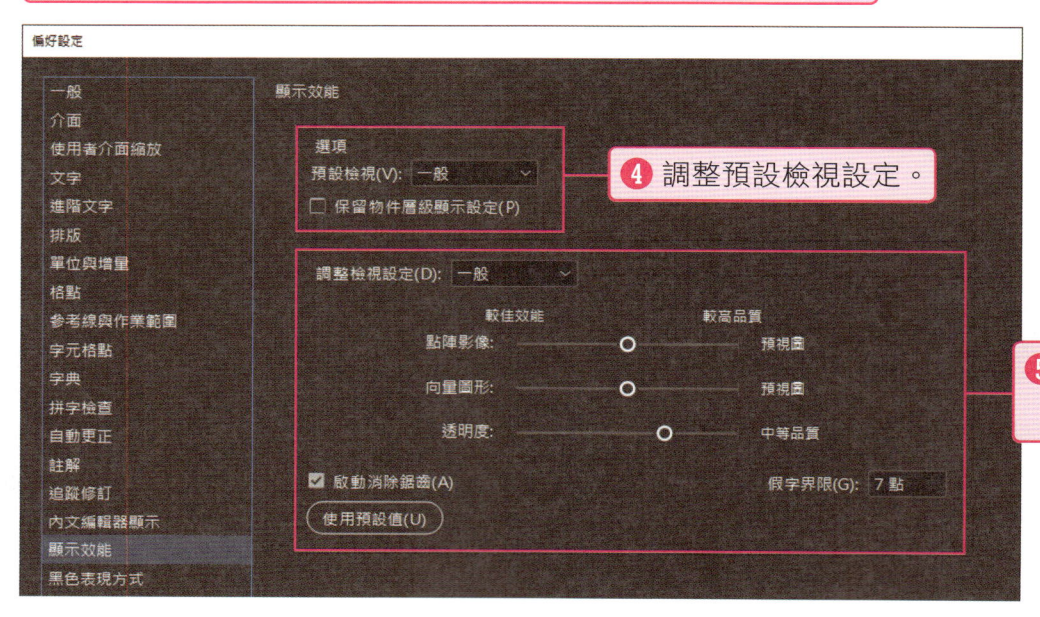

❹ 調整預設檢視設定。

❺ 自訂調整檢視設定。

2 物件符合

將內容與其框架彼此調整對應相符。

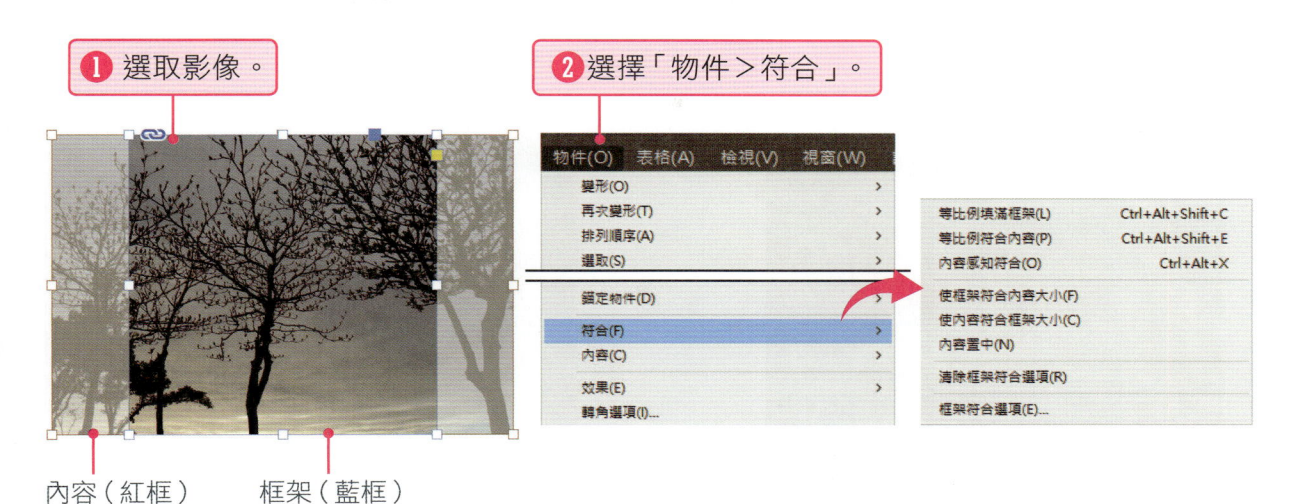

❶ 選取影像。

❷ 選擇「物件＞符合」。

內容（紅框）　框架（藍框）

- **等比例填滿框架**：將影像以等比例填滿框架。
- **等比例符合內容**：將影像以等比例符合框架。
- **內容感知符合**：自動根據影像內容和框架大小，將影像符合框架。

  選擇「編輯＞偏好設定＞一般」，勾選將「內容感知符合」設為預設框架符合選項。

- **使框架符合內容大小**：將框架符合影像大小。
- **使內容符合框架大小**：將影像符合框架大小。
- **內容置中**：將影像在框架內置中。
- **清除框架符合選項**：移除框架符合選項的設定。
- **框架符合選項**：

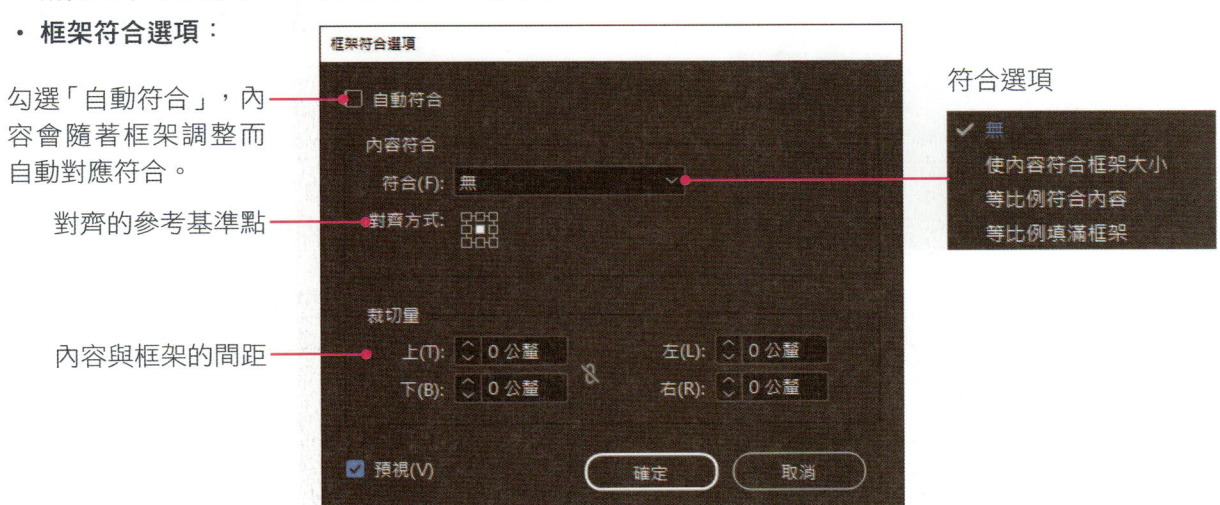

勾選「自動符合」，內容會隨著框架調整而自動對應符合。

對齊的參考基準點

內容與框架的間距

符合選項

3 編輯影像

調整影像框架

❶ 選取影像。

❷ 拖移影像側邊或角落邊框，調整影像框架大小。

Tips
- 按住 Alt 鍵，以中心為基準，拖移影像側邊或角落邊框，對稱調整影像框架。
- 按住 Alt + Shift 鍵，以中心為基準，拖移影像側邊或角落邊框，對稱等比例調整影像框架。

調整影像整體

❶ 選取影像。

❷ 游標靠近邊框外側，待出現「弧形雙箭頭」圖示，旋轉影像角度。

❸ 按住 Ctrl + Shift 鍵不放，拖移影像側邊或角落邊框，等比例縮放影像。

Tips
- 按住 Shift 鍵不放，能以 45 度旋轉。
- 按住 Ctrl 鍵不放，拖移影像側邊或角落邊框，任意縮放影像。
- 按住 Ctrl + Alt 鍵不放，以中心為基準，拖移影像側邊或角落邊框，對稱縮放影像。
- 按住 Ctrl + Alt + Shift 鍵不放，以中心為基準，拖移影像側邊或角落邊框，對稱等比例縮放影像。

調整內部影像

❶ 選取「選取工具」。

❷ 將游標移至影像中心位置，影像中間隨即顯現「圓形」圖示，游標轉為「手形」圖示，點按游標即選取內部影像完成。
以「直接選取工具 ▶」點按影像，亦可選取內部影像。

❸ 選取內部影像的外框顯示為紅色，拖移影像側邊或角落控制點，任意縮放影像。

❹ 游標靠近內部影像外側，待出現「弧形雙箭頭」圖示，旋轉影像角度。

> **Tips**
> 按住 Shift 鍵不放，能以 45 度旋轉。

> **Tips**
> - 按住 Alt 鍵不放，以中心為基準，拖移影像側邊或角落控制點，對稱縮放影像。
> - 按住 Shift 鍵不放，拖移影像側邊或角落控制點，等比例縮放影像。
> - 按住 Alt + Shift 鍵不放，以中心為基準，拖移影像側邊或角落控制點，對稱等比例縮放影像。

4 剪裁路徑

將影像或物件透過形狀裁切，僅顯示局部的圖稿。

❶ 選取影像。

❷ 選擇「物件＞剪裁路徑＞選項」開啟「剪裁路徑」視窗，選擇類型。

❸ 偵測邊緣
❹ Alpha 色版
❺ Photoshop 路徑
❻ 經使用者修改過的路徑

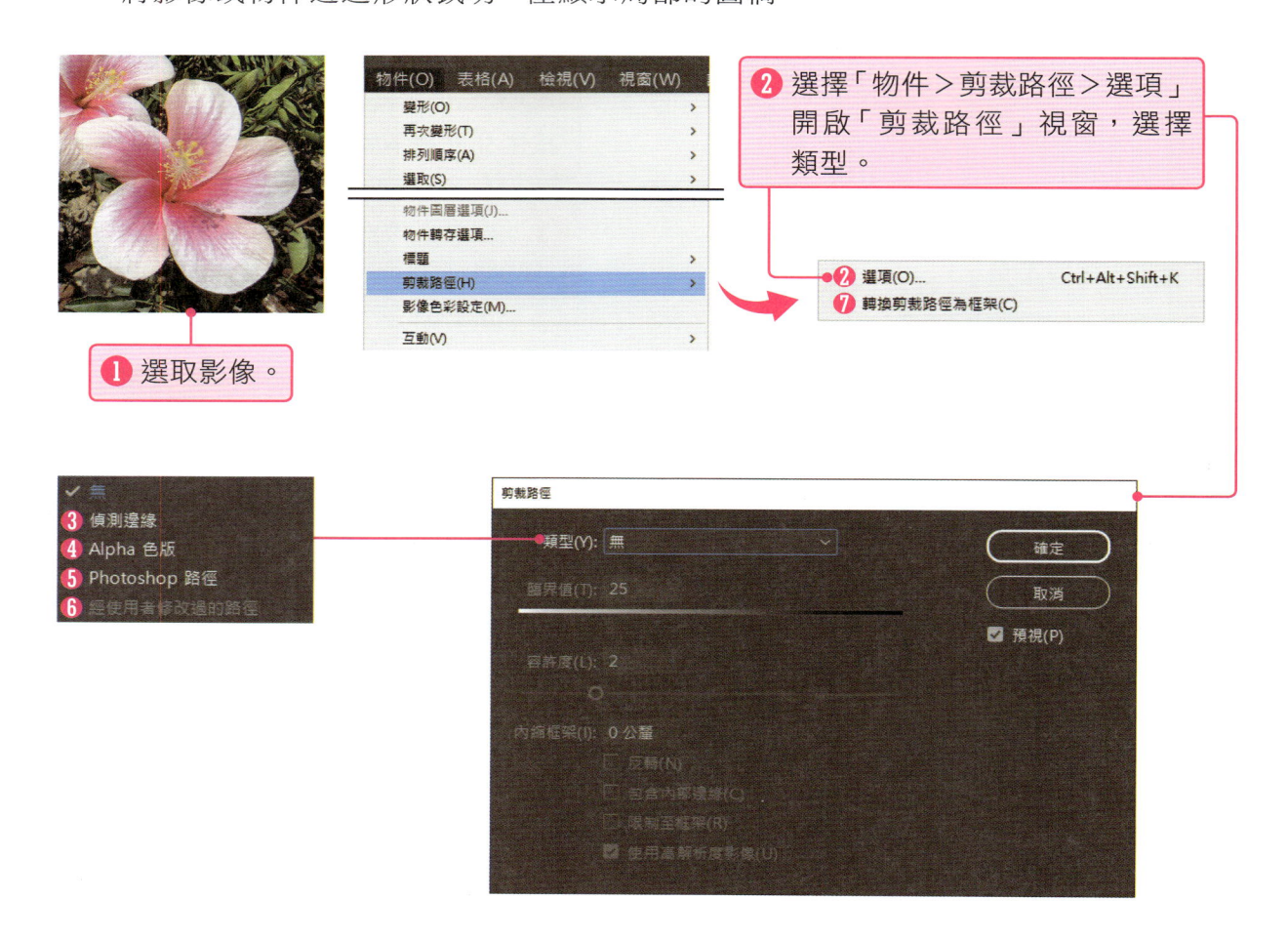

❸ **偵測邊緣**：偵測影像邊緣輪廓，結果不一定符合預期。

❹ **Alpha 色版**：使用影像檔案中的「Alpha 色版」裁切。

Photoshop「色版面板」

❺ **Photoshop 路徑**：使用影像檔案中的「Photoshop 路徑」裁切。

Photoshop「路徑面板」

❻ **經使用者修改過的路徑**：使用在 InDesign 修改過的路徑裁切。

在 InDesign 調整路徑

❼ 選取影像，選擇「物件＞剪裁路徑＞轉換剪裁路徑為框架」，即可將 Photoshop 路徑，轉換為 InDesign 框架。

貼入範圍內

將物件或影像放置於形狀框架內。

❶ 選取影像，選擇「編輯＞剪下」。

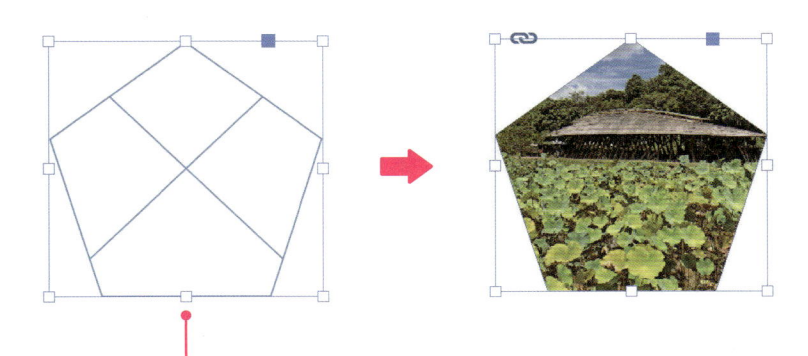

❷ 選取多邊形框架，選擇「編輯＞貼入範圍內」即完成（此範例以「多邊形框架工具」繪製說明）。

8-2 連結

連結面板中會顯示所有置入的檔案，並顯示檔案的連結狀態與資訊。

❶ 雲端連結，表示影像為連結 Adobe 的雲端資料庫（Creative Cloud Libraries）。

❷ 連結，表示影像為連結狀態。

❸ 已嵌入，表示影像已嵌入於檔案中。

❹ 已修改，表示影像已被編輯修改，需要更新；連按兩下圖示即可更新。

❺ 遺失，表示影像已被刪除、重新命名，或是存放路徑位置被移動；連按兩下圖示即可重新連結。

❻ 檔案於文件中的頁面位置。

❼ 「連結面板＞選單」連結影像的選項與設定。

❽ 顯示／隱藏連結資訊，查看影像的連結資訊。

❾ 從 CC 程式庫重新連結，重新連結雲端資料庫的影像。

❿ 重新連結，重新連結影像的存放路徑。

⓫ 跳至連結，跳至連結影像於文件頁面中的位置。

⓬ 更新連結，更新修改過的連結影像。

⓭ 編輯原稿，開啟製作該檔案的軟體，再次編輯。

連結問題

開啟檔案時，若有遺失或已修改的連結，會出現以下警告視窗。

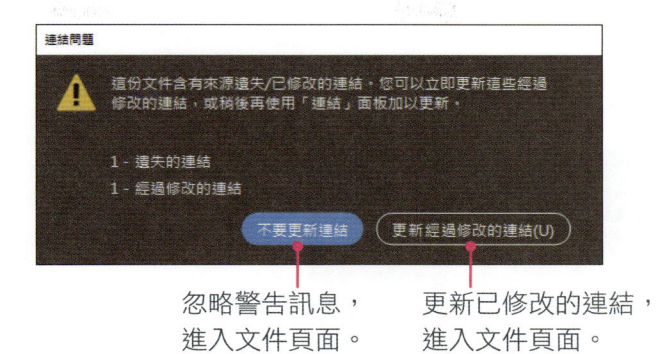

忽略警告訊息，
進入文件頁面。

更新已修改的連結，
進入文件頁面。

嵌入連結

於「連結面板」中選取連結檔案，接著選擇「連結面板＞選單＞嵌入連結」。

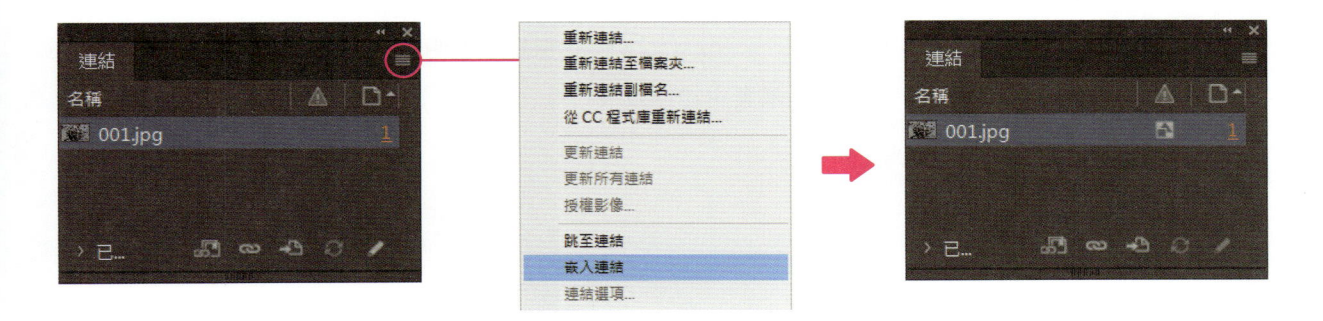

取消嵌入連結

於「連結面板」中選取連結檔案，接著選擇「連結面板＞選單＞取消嵌入連結」。

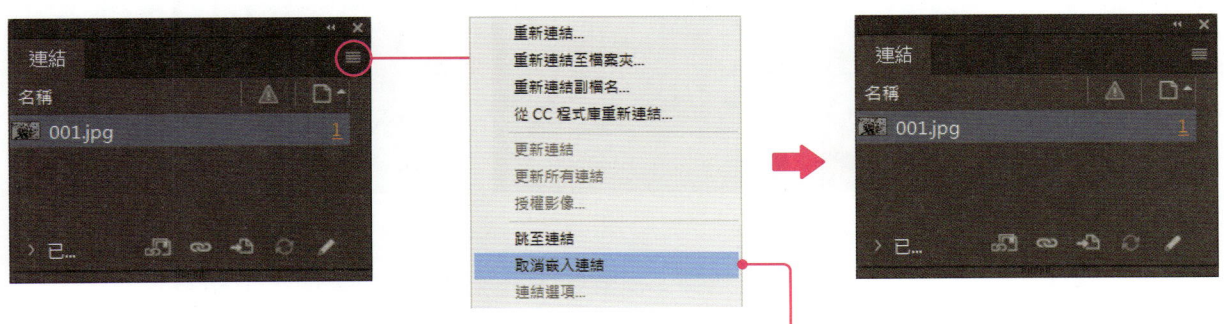

取消嵌入連結時，會跳出警告視窗。
選擇「是」，回復原本連結的檔案；
選擇「否」，可選擇連結其他檔案。

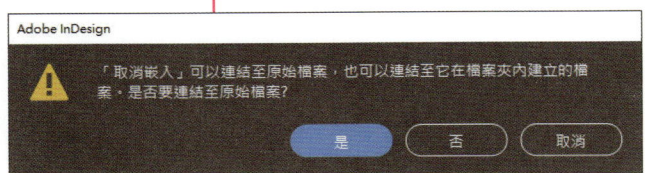

08 影像與連結

8-3 效果

調整物件的混合模式與不透明度,以及群組分離混色與去底色的應用,可產出豐富的調和效果。

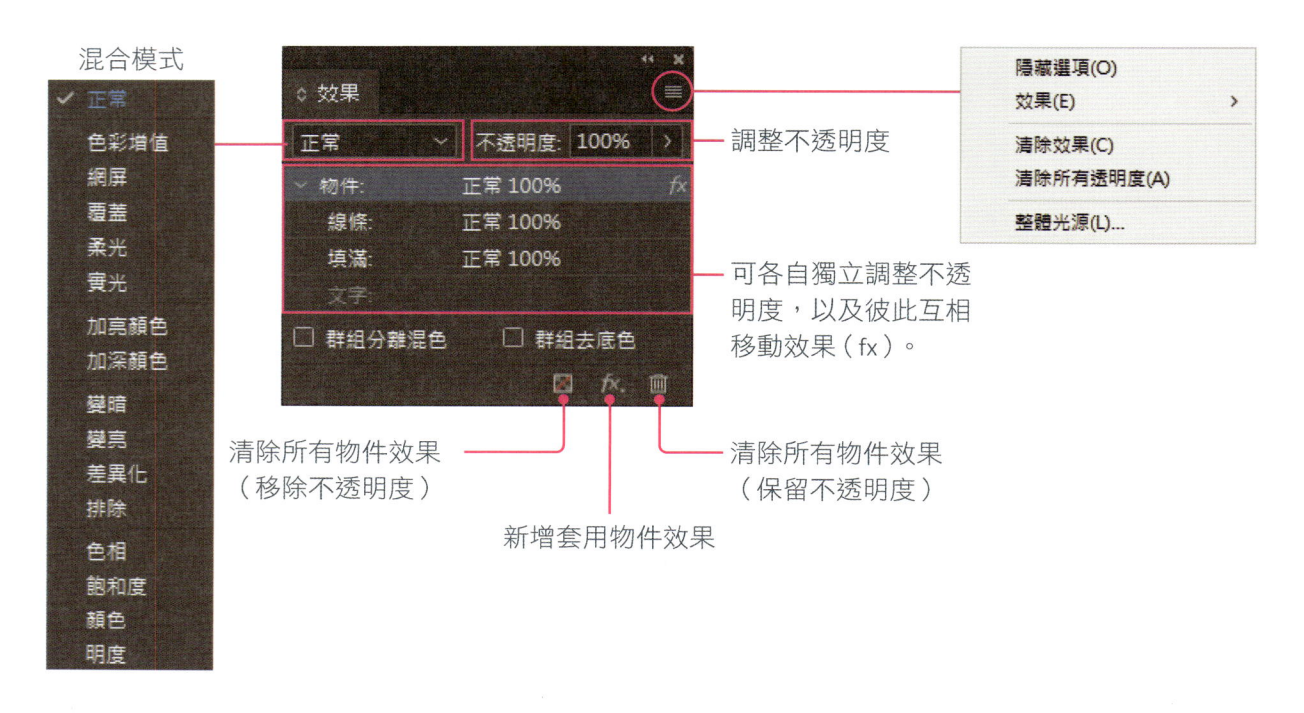

混合模式
- 正常
- 色彩增值
- 網屏
- 覆蓋
- 柔光
- 實光
- 加亮顏色
- 加深顏色
- 變暗
- 變亮
- 差異化
- 排除
- 色相
- 飽和度
- 顏色
- 明度

效果面板說明:
- 調整不透明度
- 可各自獨立調整不透明度,以及彼此互相移動效果(fx)。
- 清除所有物件效果(移除不透明度)
- 新增套用物件效果
- 清除所有物件效果(保留不透明度)

面板選單:
- 隱藏選項(O)
- 效果(E)
- 清除效果(C)
- 清除所有透明度(A)
- 整體光源(L)...

1 不透明度

將物件調整為半透明狀態。

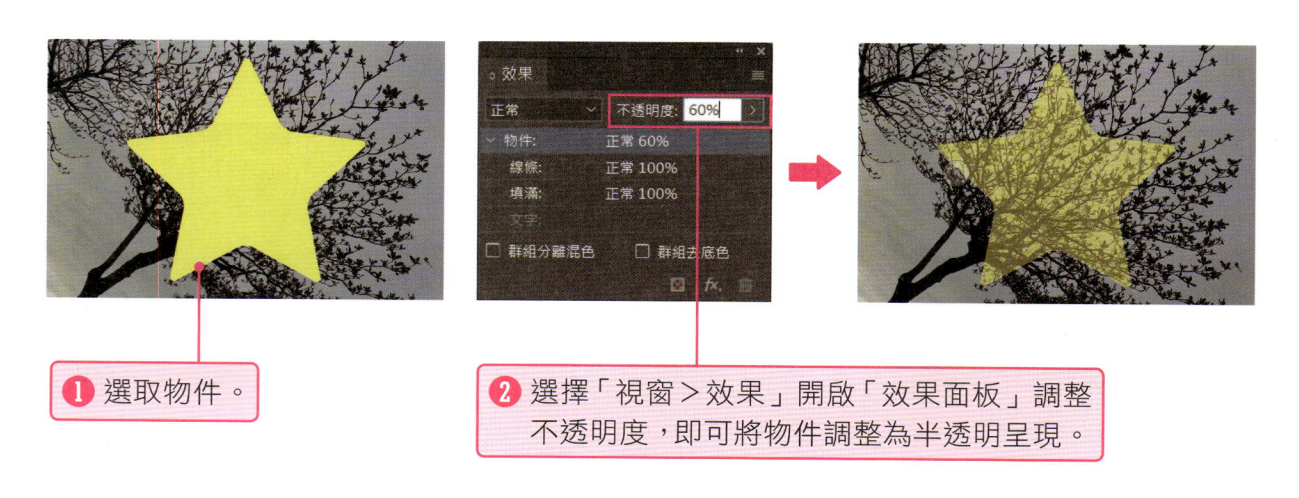

❶ 選取物件。

❷ 選擇「視窗>效果」開啟「效果面板」調整不透明度,即可將物件調整為半透明呈現。

2 混合模式

將堆疊的圖形或影像等物件進行混合，融合各種特殊效果。

原圖

將圖形或影像等物件堆疊，選取上方物件，於「效果面板」選擇混合模式效果。

正常
顏色不受影響。

色彩增值
顏色混合重疊略暗，白色被忽略呈透明。

網屏
顏色混合重疊略亮，黑色被忽略呈透明。

覆蓋
下圖層色比 50% 灰階亮時套用濾色，比 50% 灰階暗時套用色彩增值。

柔光
上圖層色比 50% 灰階亮時套用變亮，比 50% 灰階暗時套用變暗。

實光
上圖層色比 50% 灰階亮時套用濾色，比 50% 灰階暗時套用色彩增值。

加亮顏色
顏色重疊變亮並降低對比,黑色被忽略呈透明。

加深顏色
顏色重疊變暗並增加對比,白色被忽略呈透明。

變暗
以混合後較暗色彩呈現,白色被忽略呈透明。

變亮
以混合後較亮色彩呈現,黑色被忽略呈透明。

差異化
上下圖層色彩的亮度值較大減去較小值的顏色。

排除
與**差異化**模式類似,但對比效果較低。

色相
以下方圖層色彩的**明度與飽和度**,以及上方圖層色彩的**色相**進行混合。

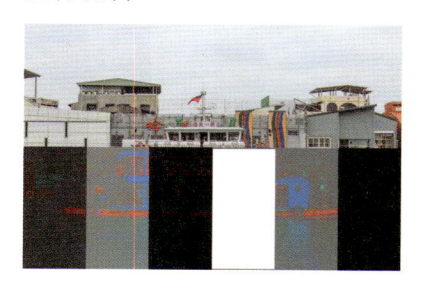

飽和度
以下方圖層色彩的**明度與色相**,以及上方圖層色彩的**飽和度**進行混合。

顏色
以下方圖層色彩的**明度**,以及上方圖層色彩的**色相與飽和度**進行混合。

明度
以下方圖層色彩的**色相與飽和度**,以及上方圖層色彩的**明度**進行混合。

08 課後習題

選擇題

( ) 1. 關於「置入影像」的功能操作，下列描述何者正確？
（A）選擇「檔案＞置入」，選取影像檔案並拖曳至頁面
（B）使用快捷鍵 Ctrl + P 置入影像
（C）點擊「物件＞新增影像框架」後選取影像
（D）使用「編輯工具」點擊頁面置入影像

( ) 2. 使用「檔案＞置入」功能置入影像時，若希望在拖曳時自訂影像框架的尺寸比例，應按住下列哪個按鍵？
（A）Ctrl 鍵　（B）Shift 鍵　（C）Alt 鍵　（D）Tab 鍵

( ) 3. 在 Adobe InDesign 中，若要「快速」調整已置入影像的顯示尺寸，使其在現有的框架中完整顯示但不變形，應使用下列哪個功能或選項？
（A）使用「縮放工具」手動調整
（B）在屬性面板中調整框架和內容的縮放數值
（C）在物件框架內容符合選項中選擇「等比例符合框架」
（D）使用「直接選取工具」調整影像內容邊界

( ) 4. 如何檢查置入影像的連結狀態？
（A）打開「連結面板」，檢查是否有遺失或修改的提示
（B）使用「物件＞顯示影像狀態」
（C）在屬性面板中檢查影像
（D）使用快捷鍵 Ctrl + L 打開影像連結狀態

( ) 5. 連結面板中會顯示所有置入的檔案，並顯示檔案的連結狀態與資訊，請問圖中哪個圖示代表影像已被編輯修改，需要更新？
（A）①
（B）②
（C）③
（D）④

(　　) 6. 當影像所連結的檔案已被編輯修改，可用下列哪一個選項進行更新？
(A) 使用快捷鍵 Ctrl + Shift + U
(B) 使用「物件＞更新影像」
(C) 在「連結面板」中，選擇修改過的影像並點按「更新連結」圖示
(D) 在屬性面板中，勾選「自動更新」

(　　) 7. 如何快速找到影像在頁面中的位置？
(A) 使用「物件＞尋找影像」
(B) 使用快捷鍵 Ctrl + F
(C) 在屬性面板中查看影像位置
(D) 在「連結面板」中選擇影像，然後點擊「跳至連結」

(　　) 8. 右圖顯示如何應用混合模式，如果想要呈現這樣的效果，應該在哪裡選擇混合模式效果？
(A) 屬性面板
(B) 顏色面板
(C) 效果面板
(D) 物件面板

(　　) 9. 如何將不同物件的效果套用到其他物件上？
(A) 將效果儲存為物件樣式並套用到其他物件
(B) 使用快捷鍵 Ctrl + Shift + E
(C) 透過「屬性面板」中的樣式選項
(D) 使用「路徑管理器」來保存效果

(　　) 10. 如何清除物件已套用的所有效果？
(A) 使用快捷鍵 Ctrl + Shift + R
(B) 選擇「效果面板＞勾選『群組去底色』」
(C) 選擇「效果面板＞清除所有效果」
(D) 透過屬性面板進行重置

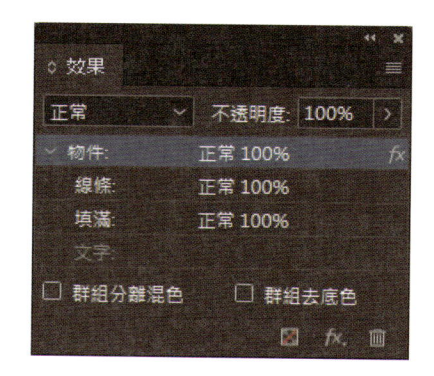

單元小實作

置入兩張影像於文件中,以「效果面板＞色彩增值」重疊合成出新的影像效果。

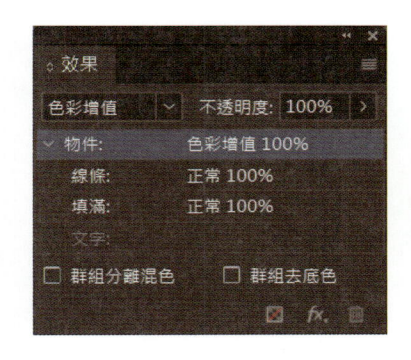

提示重點 「色彩增值」效果須套用至「堆疊順序在上方」的影像。

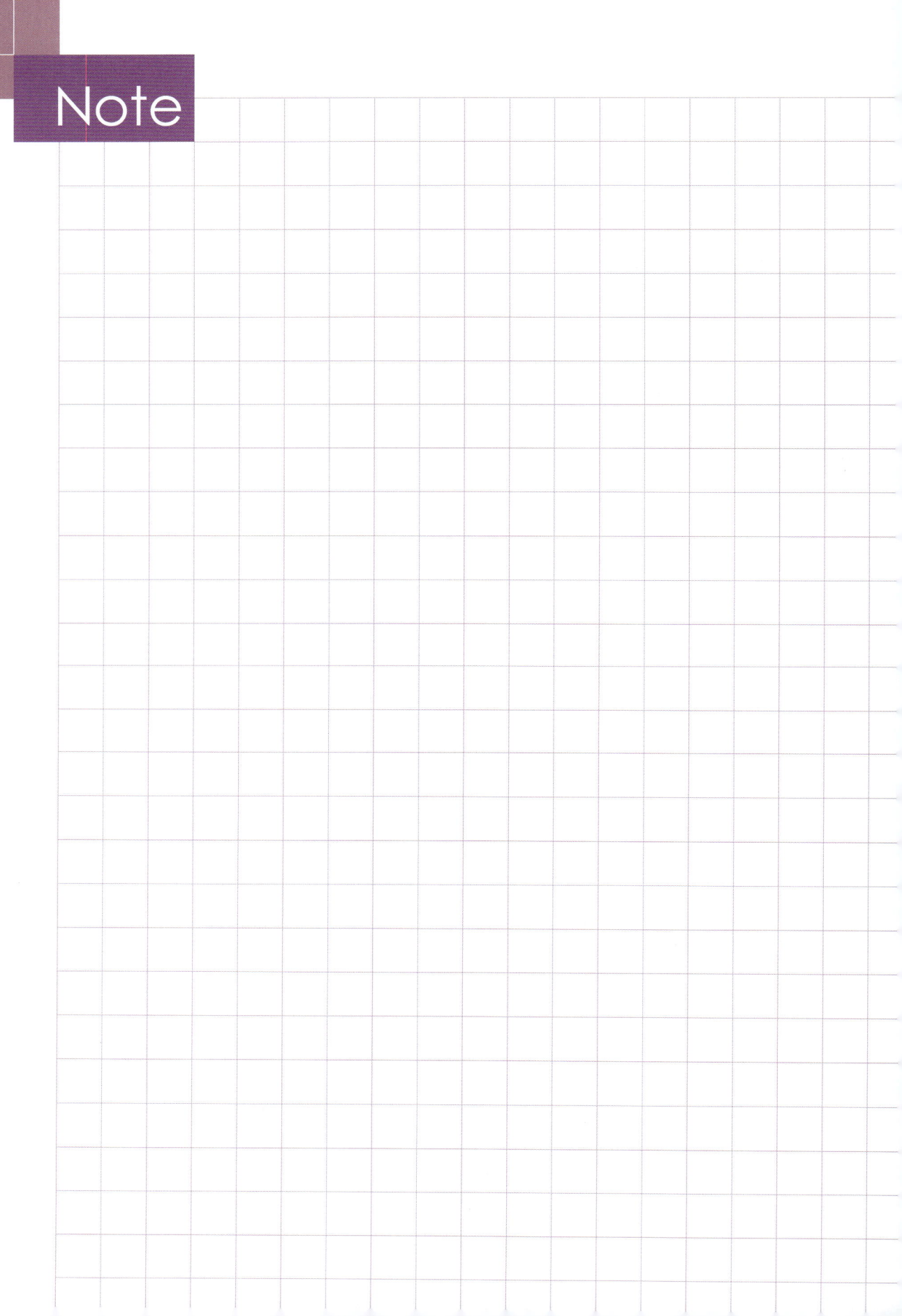

Note

09

表格製作

InDesign 編輯表格相當便利，自訂建立或匯入檔案皆可製作表格，並可搭配樣式快速套用。

▶ 9-1 表格
▶ 9-2 儲存格
▶ 課後習題

09 表格製作

9-1 表格

表格是由多個列與欄的儲存格而組成，每個儲存格中可填入文字、影像或圖形等內容。

1 建立表格

表格結構
（資料來源：Alex Wang 繪製）

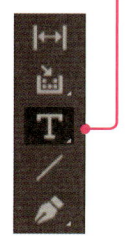

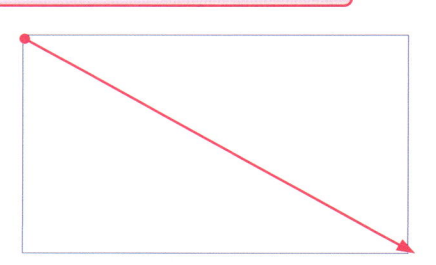

❶ 選取「文字工具」，於文件頁面中，拖移游標產生文字框。

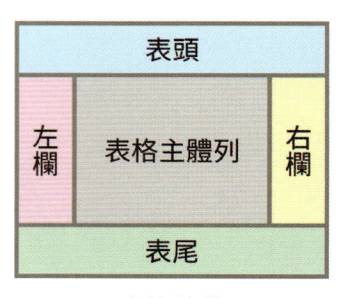

> **建立表格**
> 若沒有產生文字框的狀態下，選擇「表格＞建立表格」，可直接開啟「建立表格」視窗進行建立。

❷ 選擇「表格＞插入表格」開啟「插入表格」視窗。

❸ 輸入表格的欄和列的數量。

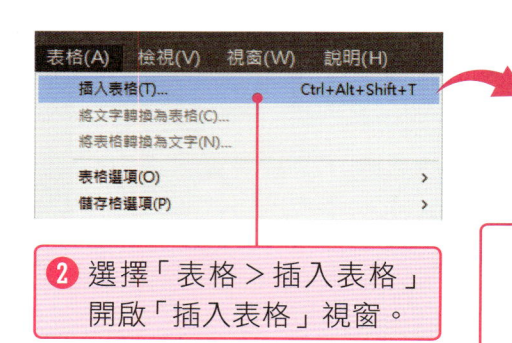

❹ 若需製作**接續上一個欄或框架**的延續形式表格，則需指定表頭列或表尾列，以便在每一個框架中重複顯示，並且可以設定重複顯示列的數量。

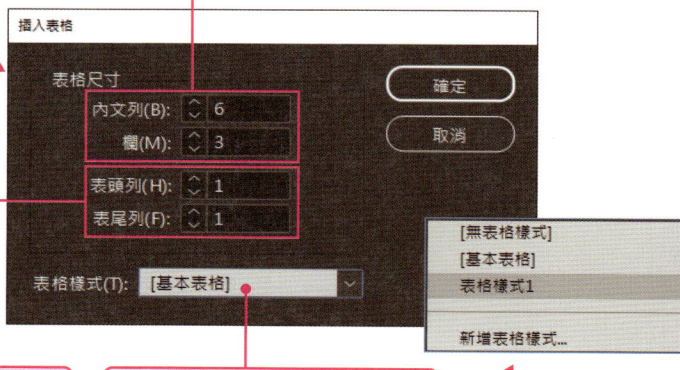

❺ 選擇性的套用「表格樣式面板」中的表格樣式。

指定表頭尾	表頭1	表頭2
左欄1	5	6
左欄2	8	8
左欄3	4	8
表尾		

指定表頭尾	表頭1	表頭2
左欄4	1	7
左欄5	5	3
左欄6	6	4
表尾		

2 選取欄列

❶ 選取「文字工具」點按表格；或於表格上方連按兩下游標，將游標停置於表格內部。

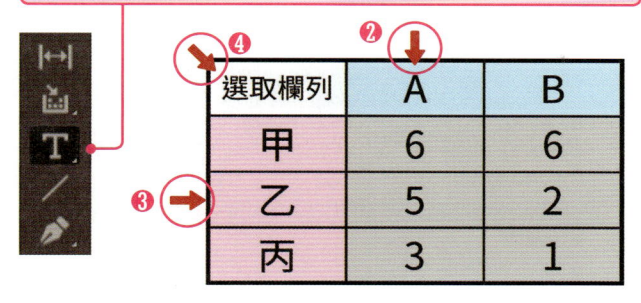

❷ 將游標移至欄的頂端，待顯示「箭頭」圖示，點按游標即可選取整欄。

❸ 將游標移至列的左緣，待顯示「箭頭」圖示，點按游標即可選取整列。

❹ 將游標移至表格的左上角，待顯示「箭頭」圖示，點按游標即可選取整個表格。

3 表格設定

❶ 選取「文字工具」點按表格；或於表格上方連按兩下游標，將游標停置於表格內部。

❷ 選擇「表格 > 表格選項 > 表格設定」，開啟「表格選項」視窗。

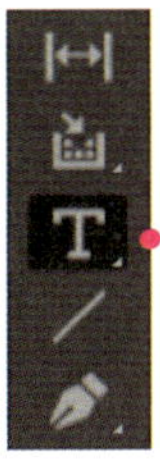

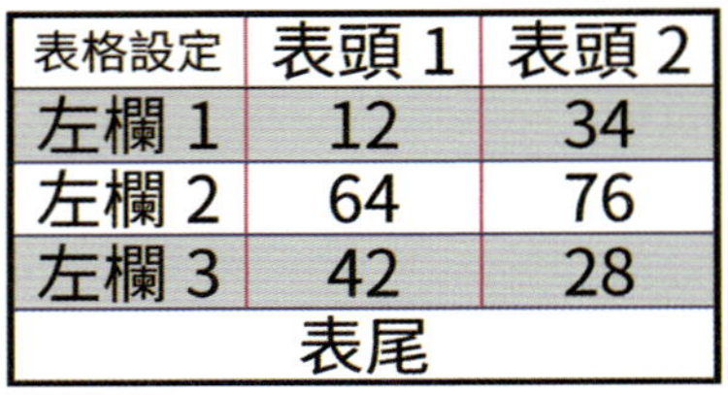

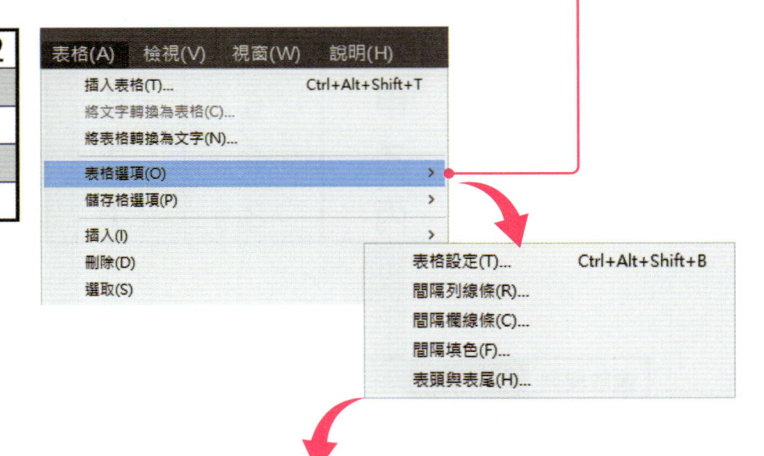

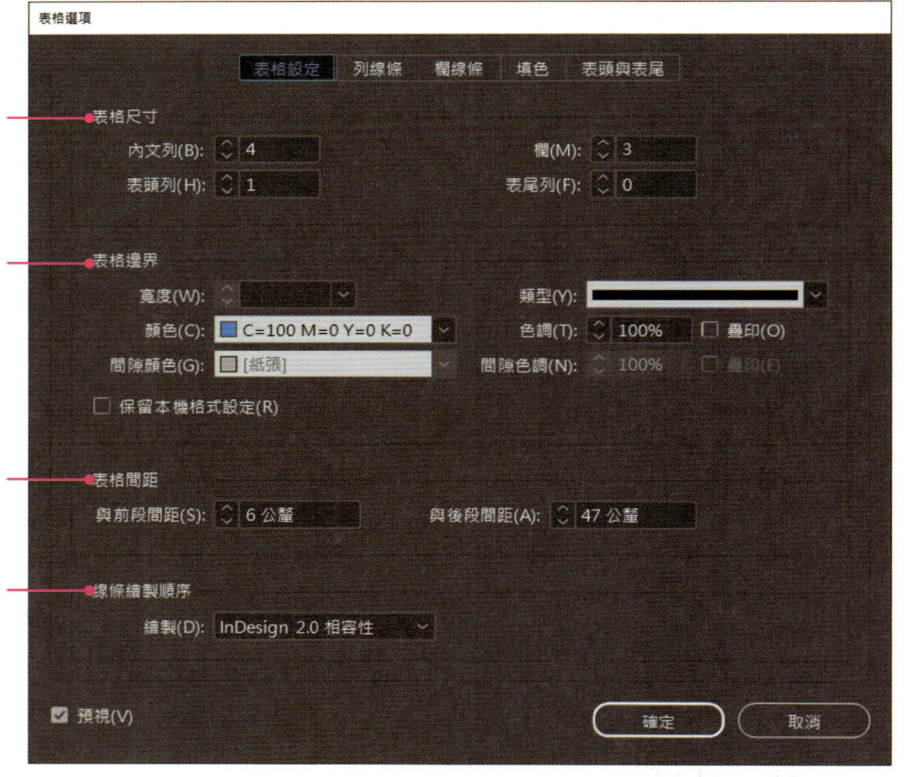

- **表格尺寸**：設定欄和列、表頭列和表尾列的數量。
- **表格邊界**：設定邊界框線的屬性。當同時設有表格屬性和儲存格屬性時，未勾選「保留本機格式設定」即以表格屬性為主；勾選「保留本機格式設定」即以儲存格屬性為主。
- **表格間距**：設定表格與表格間之距離。
- **線條繪製順序**：設定表格欄列線條交錯或連結的顯示順序。

9-1 表格

❸ 選擇「表格＞表格選項＞間隔列線條」，開啟「表格選項」視窗。

- **間隔圖樣**：設定表格交替使用不同線條與填色的列數。
- **間隔**：設定表格的列線條間隔屬性。

- **略過最前、略過最後**：設定最前或最後，忽略套用屬性的列數。

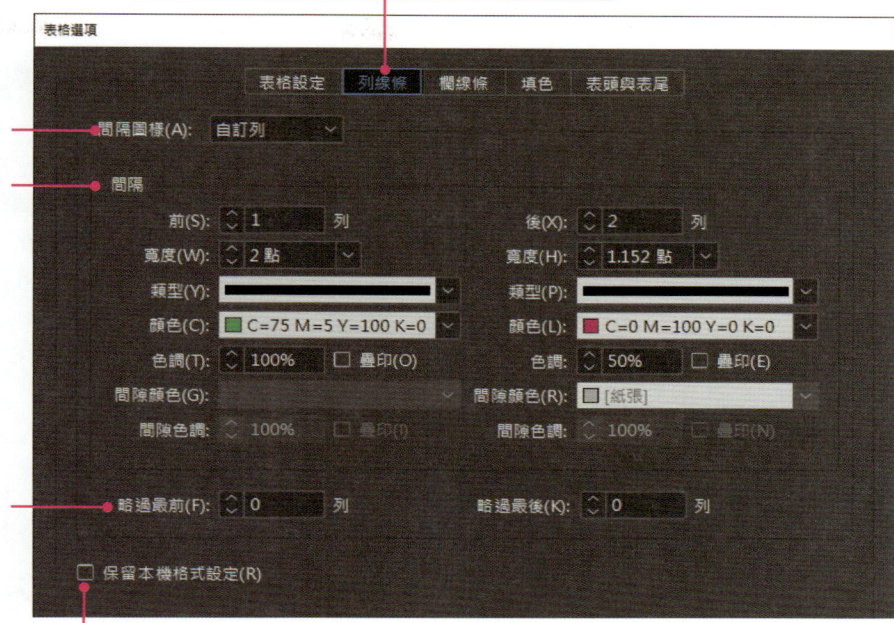

- 當同時設有表格屬性和儲存格屬性時，未勾選「保留本機格式設定」即以表格屬性為主；勾選「保留本機格式設定」即以儲存格屬性為主。

❹ 選擇「表格＞表格選項＞間隔欄線條」，開啟「表格選項」視窗。

- **間隔圖樣**：設定表格交替使用不同線條與填色的欄數。
- **間隔**：設定表格的欄線條間隔屬性。

- **略過最前、略過最後**：設定最前或最後，忽略套用屬性的欄數。

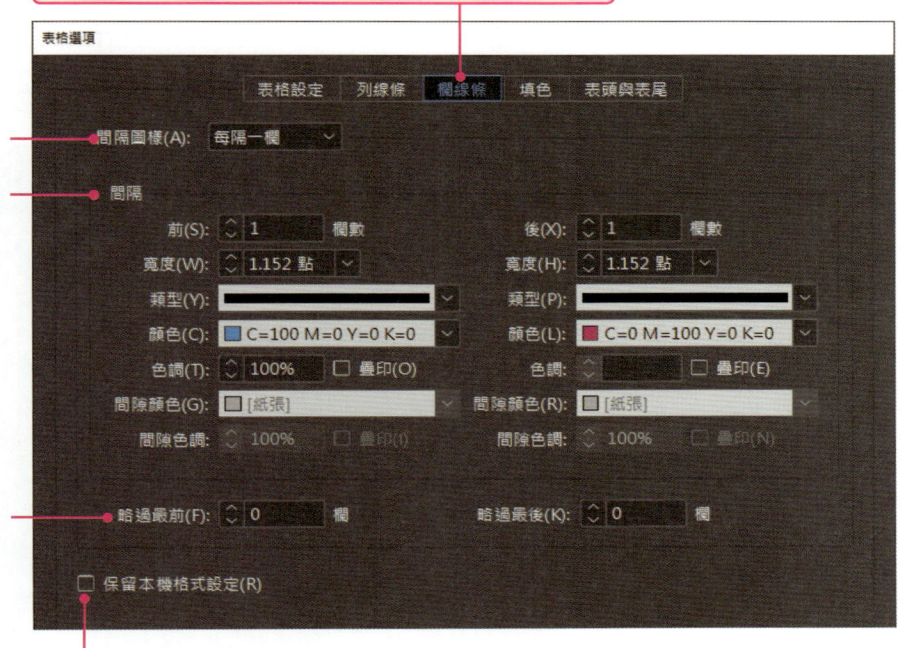

- 當同時設有表格屬性和儲存格屬性時，未勾選「保留本機格式設定」即以表格屬性為主；勾選「保留本機格式設定」即以儲存格屬性為主。

09 表格製作

5 選擇「表格 > 表格選項 > 間隔填色」，開啟「表格選項」視窗。

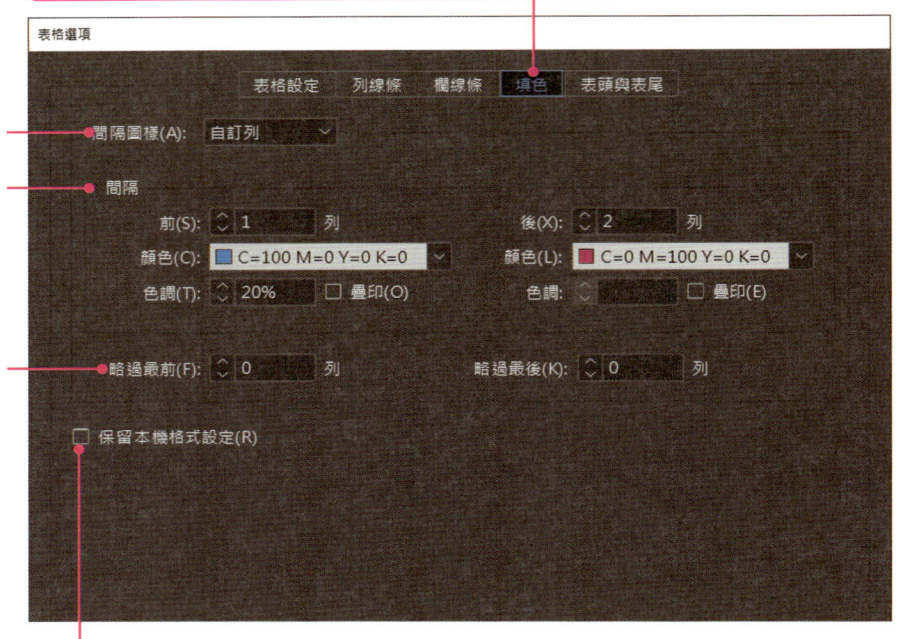

- **間隔圖樣**：設定表格交替使用不同線條與填色的列數。
- **間隔**：設定表格的填色間隔屬性。
- **略過最前、略過最後**：設定最前或最後，忽略套用屬性的列數。

- 當同時設有表格屬性和儲存格屬性時，未勾選「保留本機格式設定」即以表格屬性為主；勾選「保留本機格式設定」即以儲存格屬性為主。

6 選擇「表格 > 表格選項 > 表頭與表尾」，開啟「表格選項」視窗。

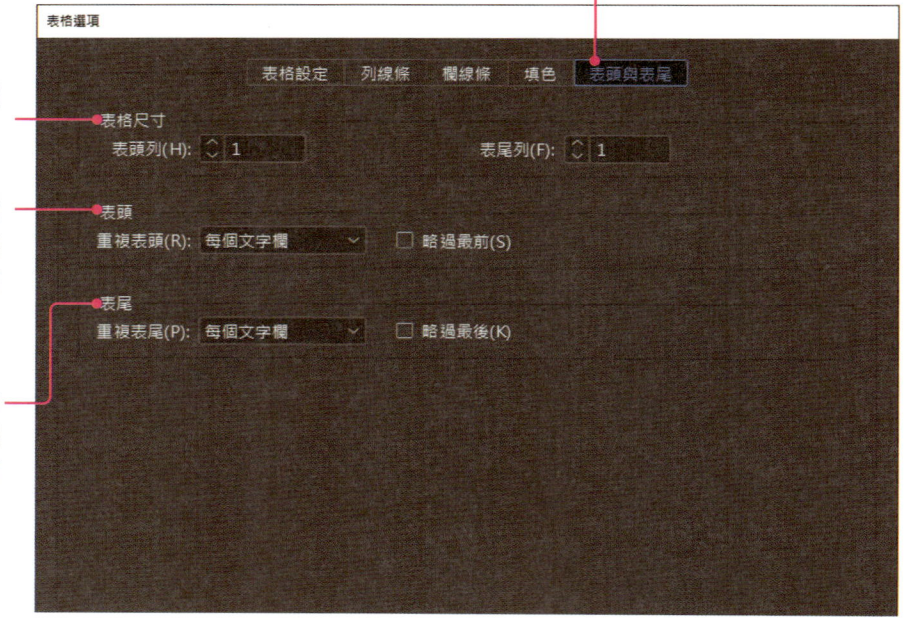

- **表格尺寸**：設定表頭列和表尾列的數量。
- **表頭**：設定重複表頭的形式，每個文字欄、每個框架一次、每個頁面一次。
- **表尾**：設定重複表尾的形式，每個文字欄、每個框架一次、每個頁面一次。

4 表格樣式

① 選取「文字工具」建立表格，或者置入表格。

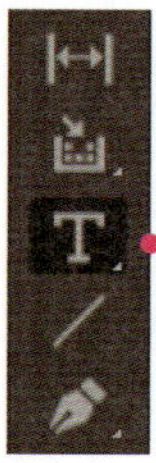

表格樣式	表頭1	表頭2
左欄1	11	22
左欄2	33	44
左欄3	55	66
左欄4	33	22

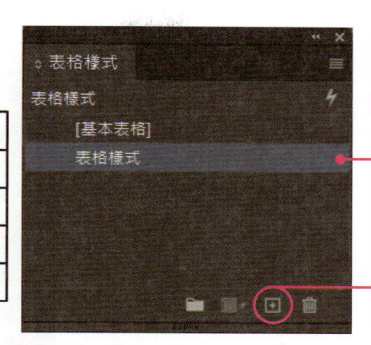

② 選取「文字工具」點按表格；或於表格上方連按兩下游標，將游標停置於表格內部。並選擇「視窗＞樣式＞表格樣式」開啟「表格樣式面板」。

③ 游標點按「建立新樣式」，於「表格樣式面板」產生表格樣式；接著游標連按兩下表格樣式，開啟「表格樣式選項」視窗。

④ 輸入表格樣式名稱。

⑤ 選擇表格樣式的標籤選項，設定表格屬性。

⑥ 樣式設定：描述顯示表格樣式的屬性設定。

⑦ 儲存格樣式：選擇性的套用「儲存格樣式面板」中的儲存格樣式。

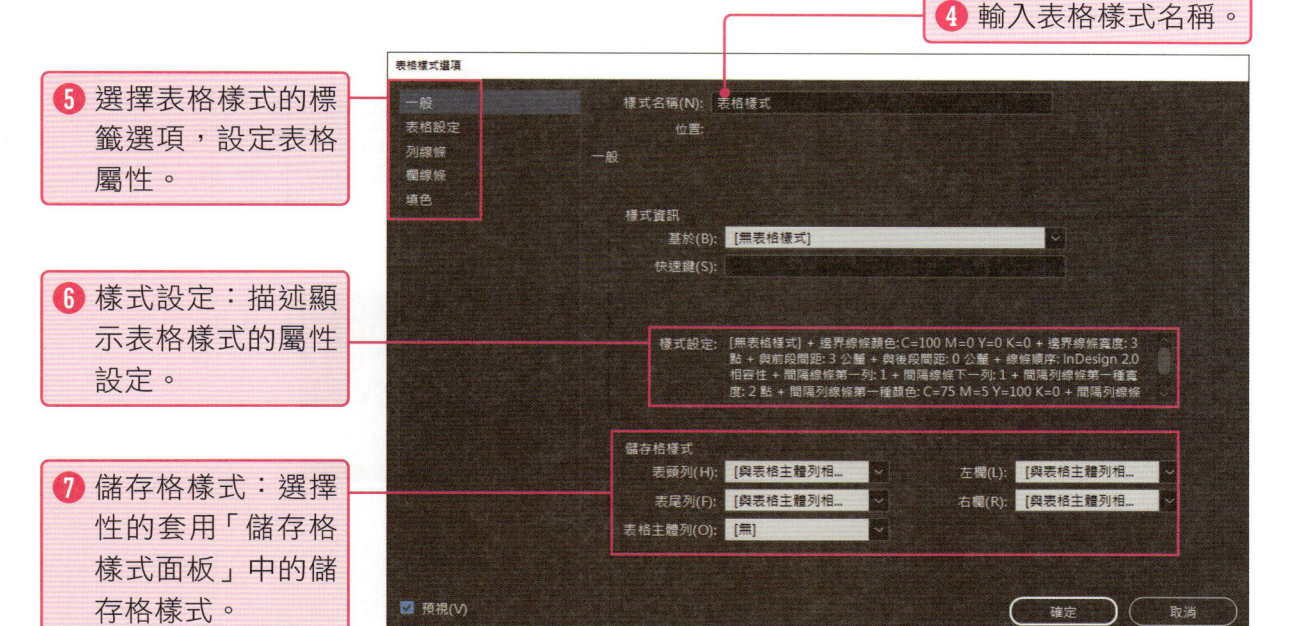

⑧ 選取「文字工具」點按表格；或於表格上方連按兩下游標，將游標停置於表格內部。於「表格樣式面板」點按表格樣式即套用完成。

表格樣式	A	B
甲	6	6
乙	5	2
丙	3	1
丁	5	6

➡

表格樣式	A	B
甲	6	6
乙	5	2
丙	3	1
丁	5	6

5 置入 word 表格

word 檔內建預設基本樣式,建議移除樣式及格式之後再置入。

❶ 選擇「檔案＞置入」開啟置入視窗,選擇 word 檔案。

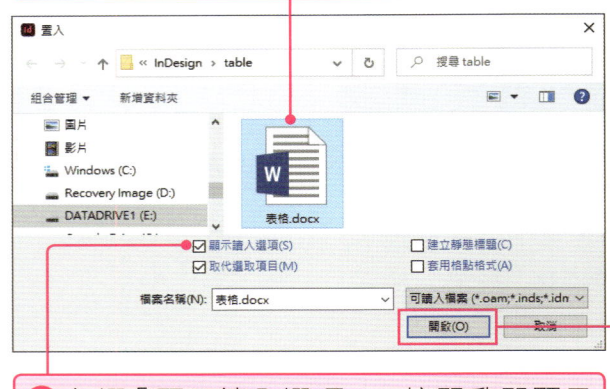

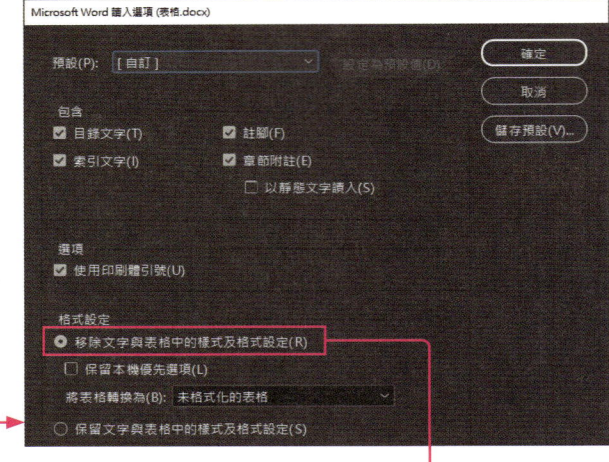

❷ 勾選「顯示讀入選項」,按開啟即顯示「Microsoft Word 讀入選項」視窗。

❸ 勾選「移除文字與表格中的樣式及格式設定」,按確定。

❹ 以游標拖移範圍將表格置入,即是未帶有任何樣式的表格。

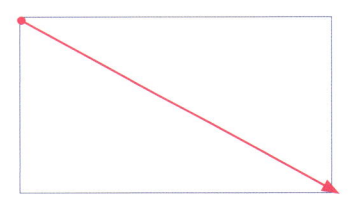

置入 word	A	B
Illustrator	7.17	16.94
Photoshop	3.65	11.42
InDesign	1.58	2.96
註:		

❺ 置入 word 表格時,若未移除樣式及格式,表格會帶有來源檔案的樣式屬性,進而影響表格的段落樣式設定,造成錯誤發生。

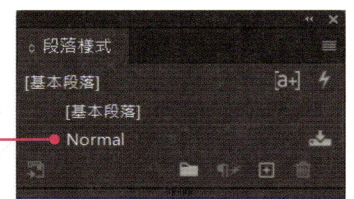

6 轉換表頭列和表尾列

插入表格時,若未設定表頭列和表尾列,亦可於完成後,再行轉換。

❶ 選取整列,選擇「表格＞轉換列＞至表頭」;或是點按滑鼠右鍵,選擇「轉換為表頭列」即完成。

表頭列	表頭 1	表頭 2
左欄 1	2	7
左欄 2	3	2
左欄 3	6	8
表尾		

❷ 選取整列,選擇「表格＞轉換列＞至表尾」;或是點按滑鼠右鍵,選擇「轉換為表尾列」即完成。

表尾列	表頭 1	表頭 2
左欄 1	2	7
左欄 2	3	2
左欄 3	6	8
表尾		

❸ 若需轉換為一般內文表格,選取整列,選擇「表格＞轉換列＞至內文」;或是點按滑鼠右鍵,選擇「轉換為內文列」即完成。

7 插入與刪除欄列

❶ 選取「文字工具」點按表格；或於表格上方連按兩下游標，將游標停置於表格內部。

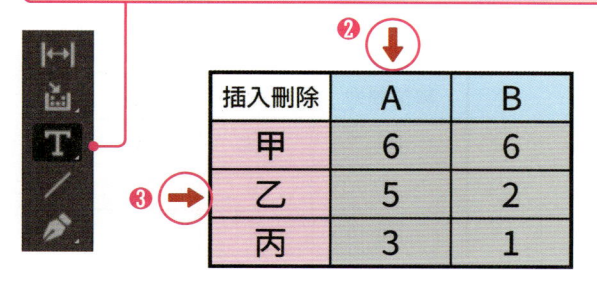

❷ 選取整欄，或將游標停置於儲存格內，選擇「表格 > 插入 > 欄」開啟「插入欄」視窗，設定選項即完成。

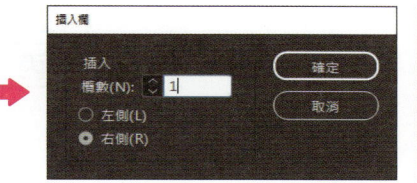

❸ 選取整列，或將游標停置於儲存格內，選擇「表格 > 插入 > 列」開啟「插入列」視窗，設定選項即完成。

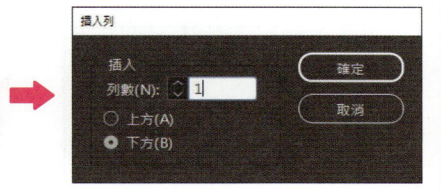

❹ 選取整欄，或將游標停置於儲存格內，選擇「表格 > 刪除 > 欄」，即刪除完成。

❺ 選取整列，或將游標停置於儲存格內，選擇「表格 > 刪除 > 列」，即刪除完成。

8 調整欄列

❶ 選取「文字工具」點按表格；或於表格上方連按兩下游標，將游標停置於表格內部。

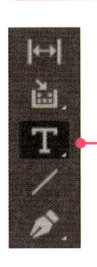

❷ 將游標移至欄與欄中間，待顯示「雙箭頭」圖示，點按游標拖移即可調整欄寬。

調整欄列	A	B
甲	6	6
乙	5	2
丙	3	1

調整欄列	A	B
甲	6	6
乙	5	2
丙	3	1

❸ 將游標移至列與列中間，待顯示「雙箭頭」圖示，點按游標拖移即可調整列高。

調整欄列	A	B
甲	6	6
乙	5	2
丙	3	1

均分各欄

均分各欄的寬度。

❶ 以「文字工具」點按游標拖移選取各欄。

❷ 選擇「表格＞均分各欄」，或是「點按滑鼠右鍵＞均分各欄」，即均分各欄完成。

均分各欄	表頭 1	表頭 2
左欄 1	52	86
左欄 2	81	18
左欄 3	46	28
表尾		

均分各欄	表頭 1	表頭 2
左欄 1	52	86
左欄 2	81	18
左欄 3	46	28
表尾		

均分各列

均分各列的高度。

❶ 以「文字工具」點按游標拖移選取各列。

❷ 選擇「表格＞均分各列」，或是「點按滑鼠右鍵＞均分各列」，即均分各列完成。

均分各列	表頭 1	表頭 2
左欄 1	52	86
左欄 2	81	18
左欄 3	46	28
表尾		

均分各列	表頭 1	表頭 2
左欄 1	52	86
左欄 2	81	18
左欄 3	46	28
表尾		

9 表格面板

快速調整欄列設定與儲存格內容。選擇「視窗＞文字與表格＞表格」開啟「表格面板」。

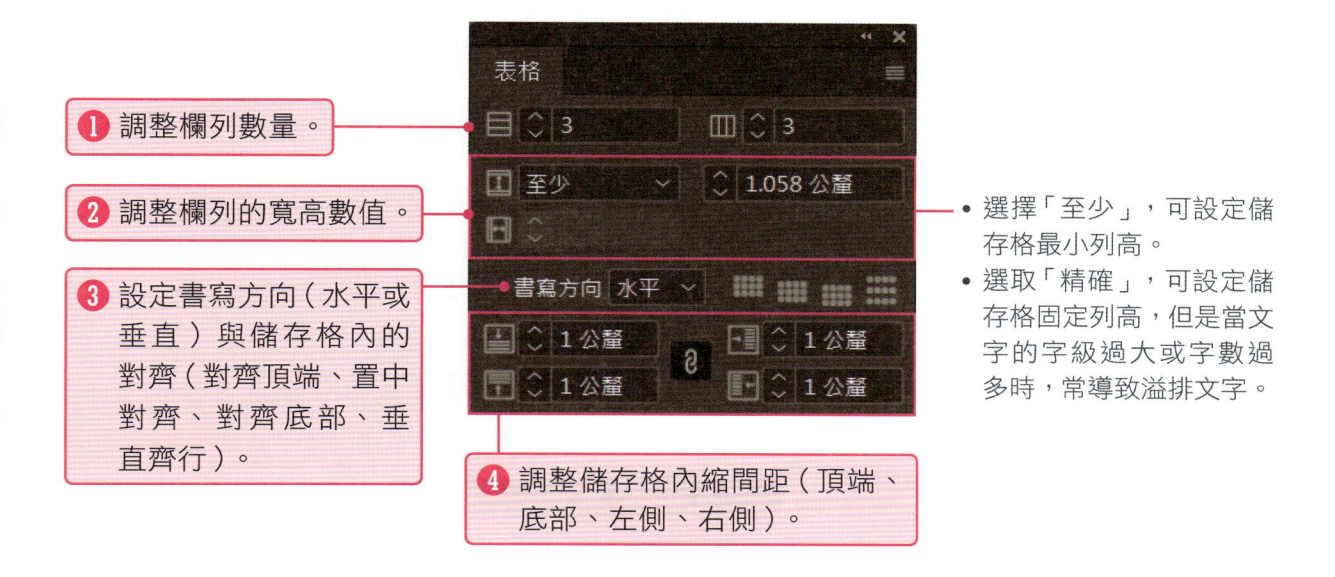

❶ 調整欄列數量。

❷ 調整欄列的寬高數值。

❸ 設定書寫方向（水平或垂直）與儲存格內的對齊（對齊頂端、置中對齊、對齊底部、垂直齊行）。

❹ 調整儲存格內縮間距（頂端、底部、左側、右側）。

- 選擇「至少」，可設定儲存格最小列高。
- 選取「精確」，可設定儲存格固定列高，但是當文字的字級過大或字數過多時，常導致溢排文字。

Tips

表格溢排文字

溢排文字	表頭1	表頭2
左欄1	23	36894
左欄2	3234	58
左欄3	695	
表尾		

儲存格右下角出現小紅點，表示儲存格產生溢排文字。無法將多餘內容延伸排至其他儲存格，僅能夠調整內容或將儲存格放大。

9-2 儲存格

儲存格可置入文字、圖形、影像或表格。

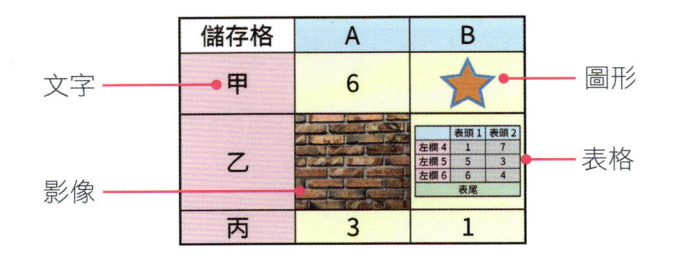

儲存格	A	B
甲	6	★（圖形）
乙	（影像）	（表格）
丙	3	1

- 文字：甲
- 圖形：★
- 影像：乙欄
- 表格：B欄乙格

1 儲存格設定

❶ 選取「文字工具」點按儲存格；或於儲存格上方連按兩下游標，將游標停置於儲存格內部。

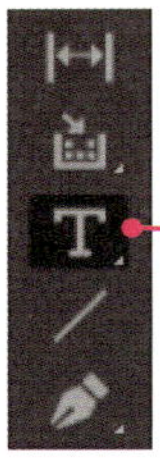

❷ 選擇「表格 > 儲存格選項 > 文字」，開啟「儲存格選項」視窗。

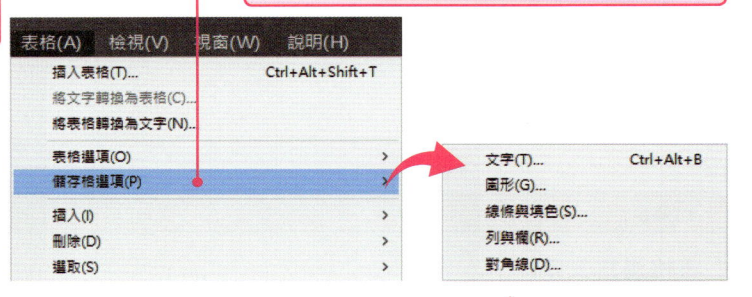

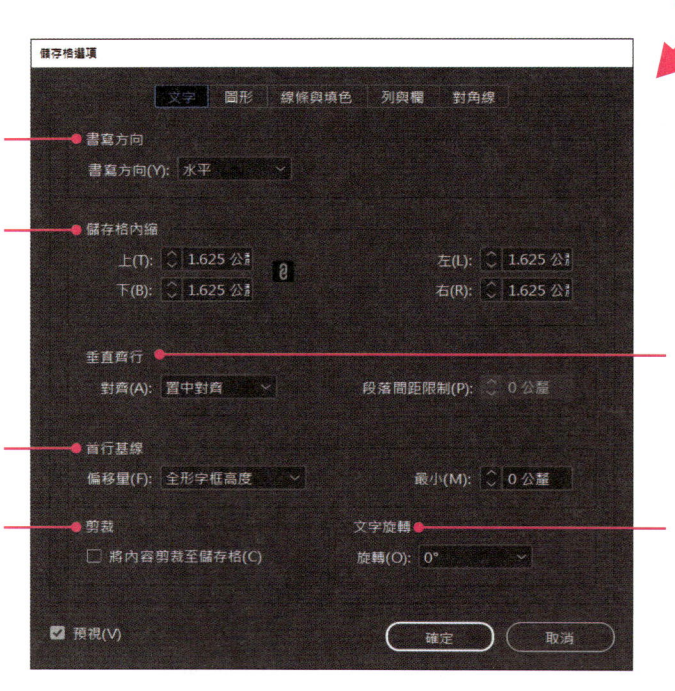

儲存格設定	表頭 1	表頭 2
左欄 1	33	666
左欄 2	22	888
左欄 3	122	56
表尾		

- **書寫方向**：水平或垂直。

- **儲存格內縮**：設定儲存格框線與文字間之距離。

- **首行基線**：偏移量，文字首行對齊儲存格框線頂端的基線，亦即設定「文字」距離「儲存格框線頂端」的偏移量。

- **剪裁**：勾選「將內容剪裁至儲存格」，將超過儲存格的內容，剪裁至儲存格邊界對齊。

- **垂直齊行**：對齊，文字於儲存格內的對齊位置。設定「水平齊行」時，若段落行距大於段距，易使段落區隔不明，此時須調整「段落間距限制」。

- **文字旋轉**：設定文字旋轉的方向。

9-2 儲存格

3 選擇「表格 > 儲存格選項 > 圖形」，開啟「儲存格選項」視窗。

- **儲存格內縮**：設定儲存格框線與圖形間之距離。

- **剪裁**：勾選「將內容剪裁至儲存格」，將超過儲存格的內容，剪裁至儲存格邊界對齊。

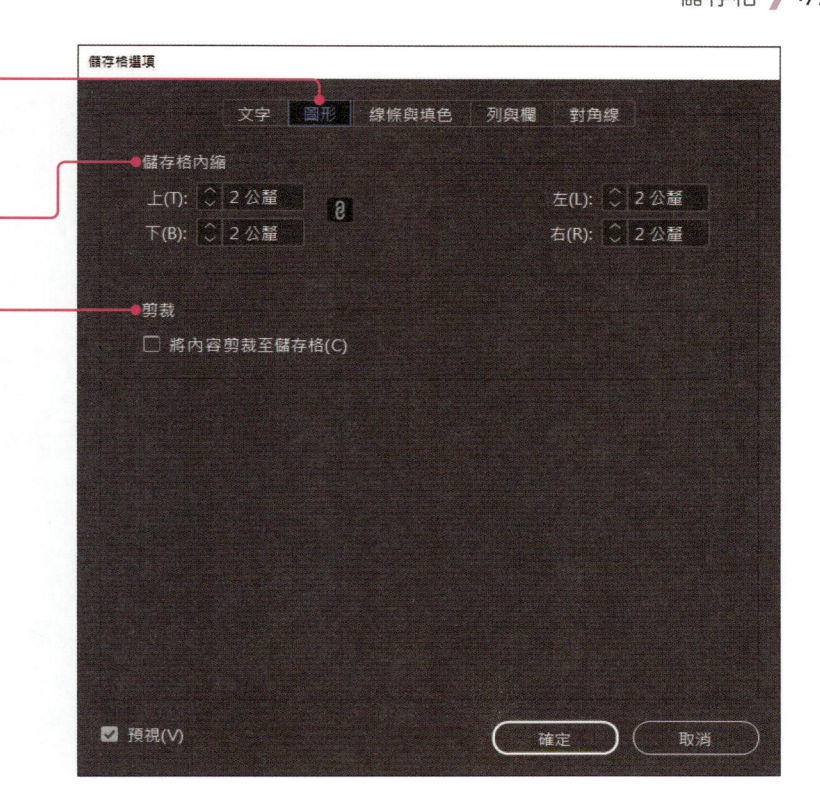

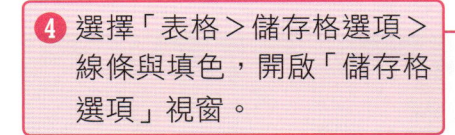

4 選擇「表格 > 儲存格選項 > 線條與填色，開啟「儲存格選項」視窗。

- **儲存格線條**：設定儲存格框線屬性。

- **儲存格填色**：設定儲存格底色屬性。

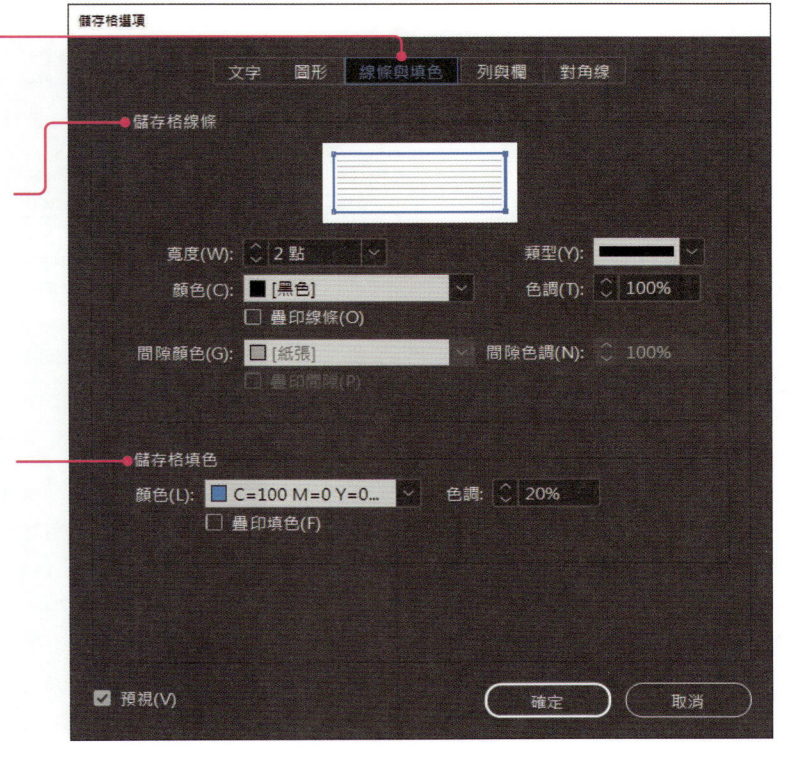

09 表格製作

5 選擇「表格 > 儲存格選項 > 列與欄」，開啟「儲存格選項」視窗。

- **列高**：設定列高數值。
- **欄寬**：設定欄寬數值。

- **保留選項**：用於製作延續形式的表格。若需指定某一列為延續表格框架的起始列，可在「起始列」選項中，選擇起始位置。

- 勾選「與下一列接續」，在延續形式的表格框架中，選取的列永遠會被接續在一起。

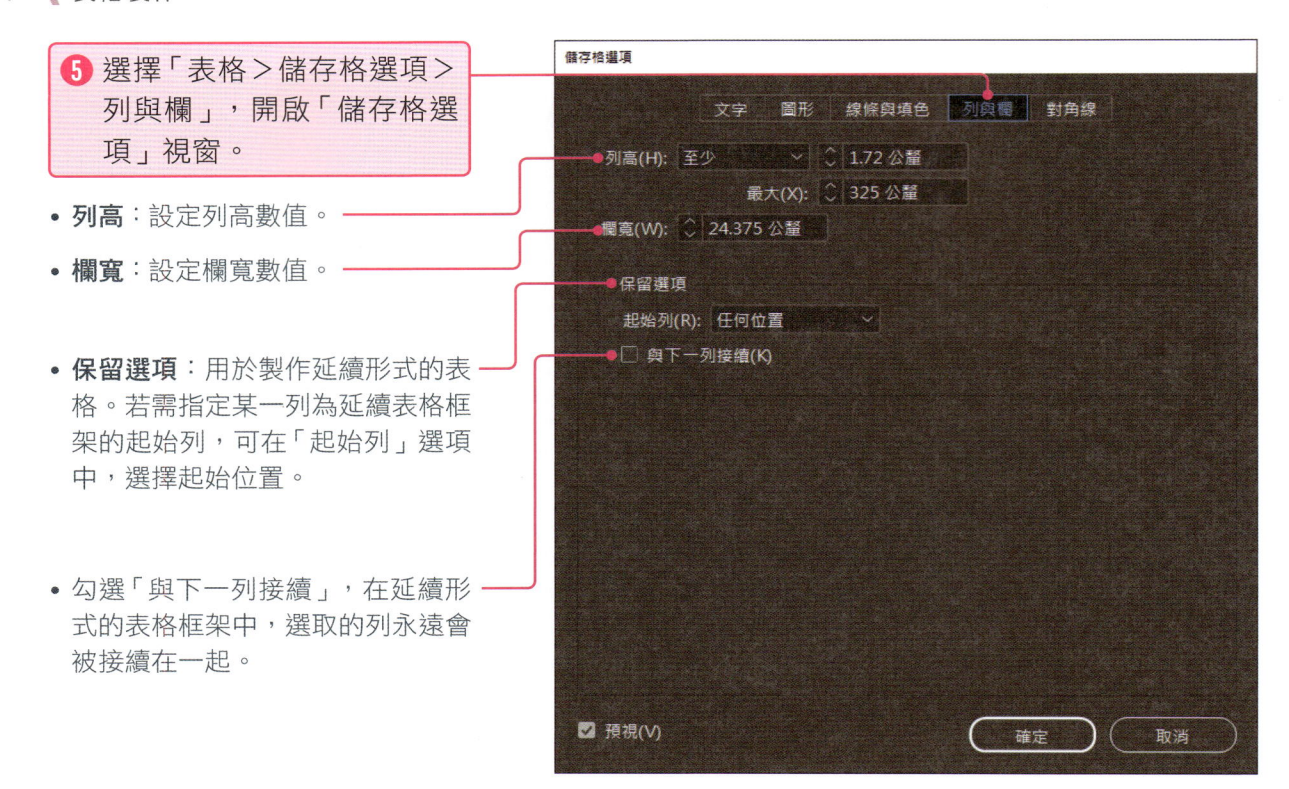

6 選擇「表格 > 儲存格選項 > 對角線」，開啟「儲存格選項」視窗。

- **對角線形式**：（由左至右）無、左上至右下、右上至左下、交叉。

- **線條描邊**：設定對角線的線條屬性。繪製，設定內容在上方或對角線在上方。

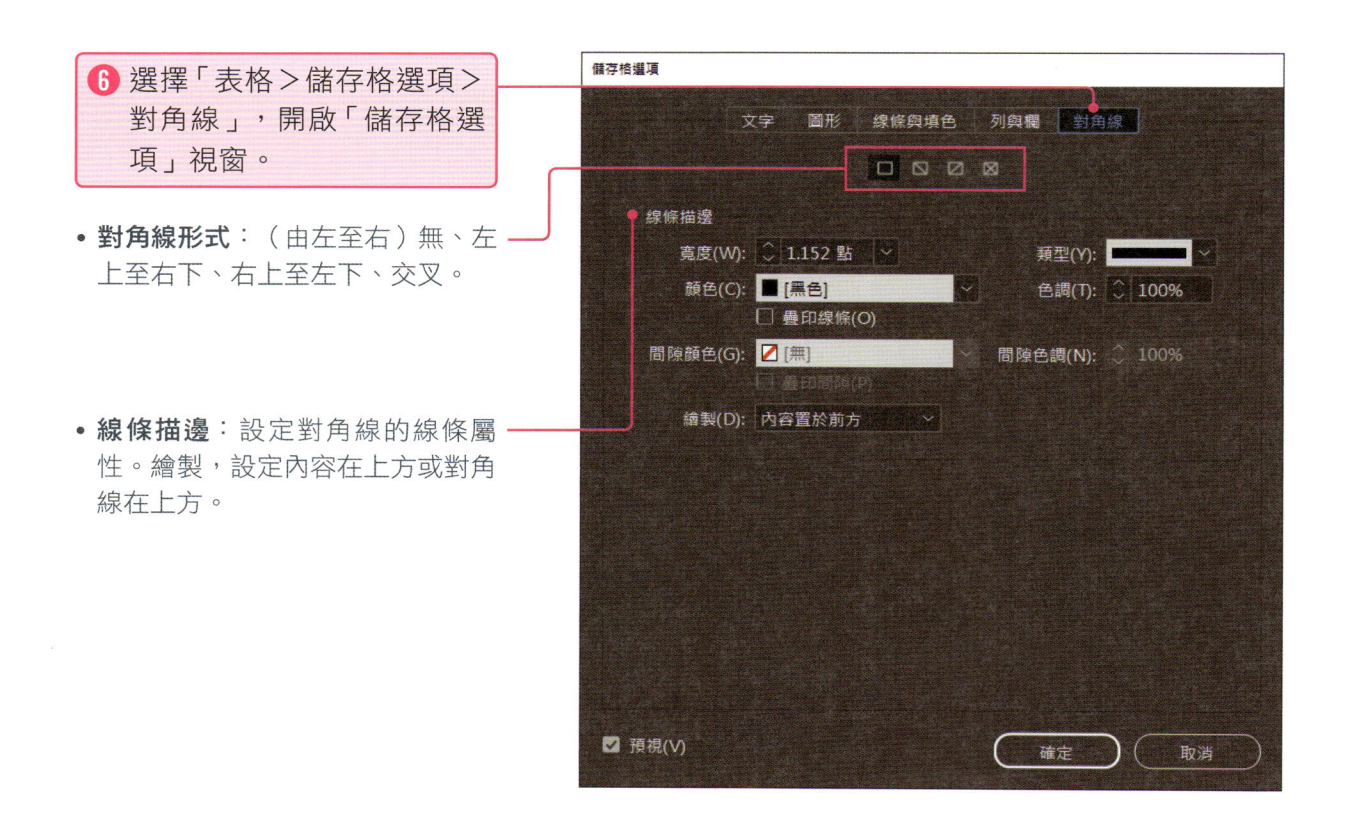

2 儲存格樣式

❶ 選取「文字工具」建立表格，或者置入表格。

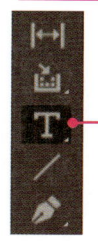

儲存格樣式	表頭1	表頭2
左欄1	11	44
左欄2	22	55
左欄3	33	66

❷ 選取「文字工具」點按儲存格；或於儲存格上方連按兩下游標，將游標停置於儲存格內部。並選擇「視窗＞樣式＞儲存格樣式」開啟「儲存格樣式面板」。

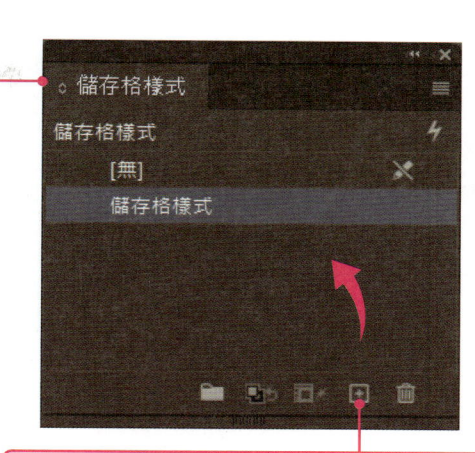

❸ 游標點按「建立新樣式」，於「儲存格樣式面板」產生儲存格樣式；接著游標連按兩下儲存格樣式，開啟「儲存格樣式選項」視窗。

❹ 輸入儲存格樣式名稱。

❺ 選擇儲存格樣式的標籤選項，設定表格屬性。

❻ **樣式設定**：描述顯示儲存格樣式的屬性設定。

❼ **段落樣式**：選擇性的套用「段落樣式面板」中的段落樣式。

❽ 選取「文字工具」點按儲存格；或於儲存格上方連按兩下游標，將游標停置於儲存格內部。於「儲存格樣式面板」點按儲存格樣式即套用單一儲存格完成。若套用前選取所有的儲存格，即可將儲存格樣式套用至所有的儲存格。

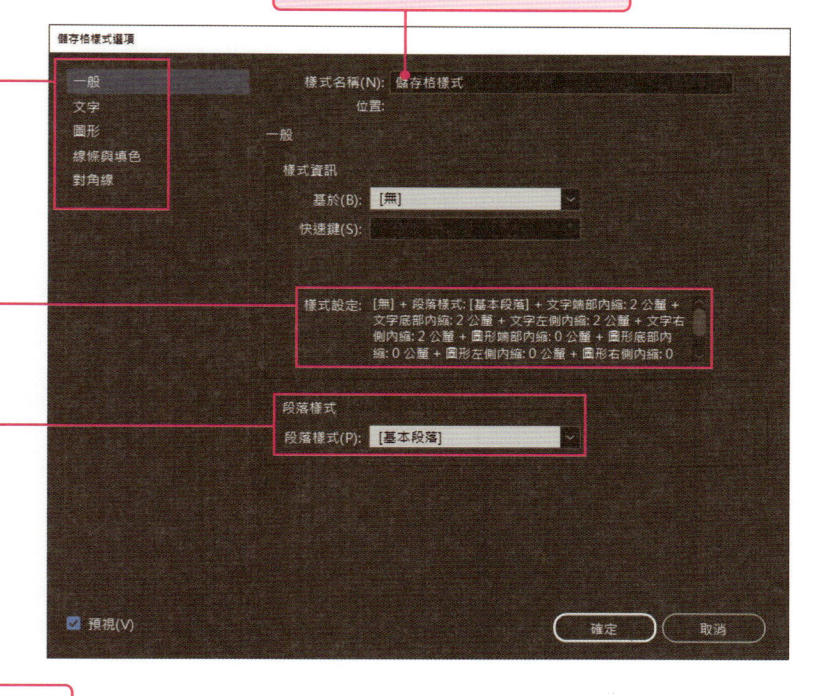

儲存格樣式	表頭1	表頭2
左欄1	11	★
左欄2	★	55
左欄3	33	66

→

儲存格樣式	表頭1	表頭2
左欄1	11	★
左欄2	★	55
左欄3	33	66

3 合併儲存格

❶ 以「文字工具」點按游標拖移選取欲合併的儲存格。

❷ 選擇「表格＞合併儲存格」，或是「點按滑鼠右鍵＞合併儲存格」，即合併完成。

4 取消合併儲存格

❶ 以「文字工具」點按游標拖移選取欲取消合併的儲存格。

❷ 選擇「表格＞取消合併儲存格」，即回復與其他儲存格相同的欄和列。

5 分割儲存格

❶ 以「文字工具」點按游標拖移選取欲分割的儲存格。

❷ 選擇「表格＞水平分割儲存格」，或是「點按滑鼠右鍵＞水平分割儲存格」，即分割完成。

❸ 選擇「表格＞垂直分割儲存格」，或是「點按滑鼠右鍵＞垂直分割儲存格」，即分割完成。

09 課後習題

選擇題

(　　) 1. 游標移至何處,待顯示「箭頭」圖示,點按游標即可選取整欄?
   (A) ①
   (B) ②
   (C) ③
   (D) ④

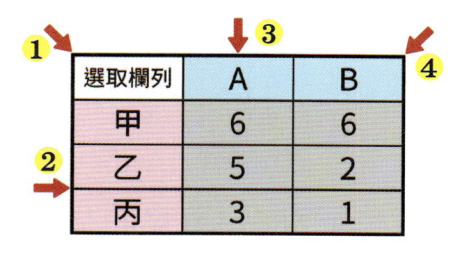

(　　) 2. 利用表格樣式功能,可以快速讓表格擁有統一的樣式,請問如何為表格設置樣式?

   (A) 使用「文字工具」並設置樣式
   (B) 在「物件面板」中選擇「表格樣式」
   (C) 使用快捷鍵 Ctrl + S 設置
   (D) 在「表格樣式面板」中選擇或創建新樣式並套用

(　　) 3. 跨頁面呈現表格時,如何選擇讓表格顯示相同的表頭或表尾列?

   (A) 選擇「表格 > 表格選項 > 表頭與表尾」
   (B) 在「文字工具」中設置
   (C) 使用「段落面板」調整
   (D) 按住 Shift 並點擊表頭列

(　　) 4. 我們可以利用不同的框線或填色來呈現表格內容，請問如何設定表格框線？
(A) 使用快捷鍵 Ctrl + F
(B) 在「物件面板」中設置
(C) 使用「文字工具」直接點擊
(D) 選擇「表格＞表格選項＞框線」來調整框線屬性

表格樣式	A	B
甲	6	6
乙	5	2
丙	3	1
丁	5	6

(　　) 5. Microsoft Word 是常用的文書處理軟體，若需要將 Word 文件中製作完成的表格置入 Indesign 文件中，應如何操作？
(A) 選擇「檔案＞置入」並選擇 Word 文件
(B) 使用快捷鍵 Ctrl + Shift + W
(C) 在「物件＞插入表格」中選擇 Word 文件
(D) 直接複製 Word 中的表格粘貼到 InDesign

(　　) 6. 為保持文件的美感與設計，應使用下列哪一功能，調整儲存格框線與文字的距離？
(A) 表格面板＞儲存格內縮選項　　(B) 使用「字元工具」進行內縮調整
(C) 在「段落面板」中設定　　(D) 使用「填色工具」

(　　) 7. 右圖中表尾為同一列三欄的儲存格合併而成，請問如何合併多個儲存格？
(A) 使用快捷鍵 Ctrl + M
(B) 選取儲存格後，選擇「表格＞合併儲存格」
(C) 在屬性面板中進行合併操作
(D) 使用「段落面板」中的合併選項

合併	表頭 1	表頭 2
左欄 1	22	33
左欄 2	33	77
左欄 3	55	66
表尾		

(　　) 8. 請問如何如下圖，為表格設定儲存格的填色？

儲存格樣式	表頭 1	表頭 2
左欄 1	11	★
左欄 2	★	55
左欄 3	33	66

→

儲存格樣式	表頭 1	表頭 2
左欄 1	11	★
左欄 2	★	55
左欄 3	33	66

(A) 在「表格＞儲存格選項＞線條與填色」中設定
(B) 使用「物件面板」設定填色
(C) 使用快捷鍵 Ctrl + F
(D) 在「段落面板」中設置填色

(　　) 9. 如何將儲存格中的內容垂直置中？
(A) 使用快捷鍵 Ctrl + Shift + M
(B) 在「儲存格選項＞文字」中設置垂直齊行選項
(C) 在「段落面板」中設置垂直對齊
(D) 使用「字元面板」調整對齊

(　　) 10. 如何為儲存格設置不同的書寫方向？
(A) 使用「段落面板」來設置
(B) 在「物件面板」中設置書寫方向
(C) 使用快捷鍵 Ctrl + W
(D) 在「儲存格選項＞文字」中設定水平或垂直的書寫方向

單元小實作

置入 word 檔案製作表格，並予以編輯美化（所有屬性皆為自訂）。

測驗成績	學生A	學生B	學生C
Illustrator	74	78	85
Photoshop	83	93	89
InDesign	95	87	93
總分	252	258	267

Word 表格

測驗成績	學生A	學生B	學生C
Illustrator	74	78	85
Photoshop	83	93	89
InDesign	95	87	93
總分	252	258	267

參考範例

提示重點 欲置入 word 檔案中的表格，選擇「檔案＞置入」需先勾選「顯示讀入選項」，將「樣式及格式設定」移除後再置入。

Note

10

目錄與轉檔

目錄必須為連結自動生成,轉檔更是完稿後的重要環節,
須謹慎檢視處理,以避免在印刷製程中發生錯誤。

- ▶ 10-1 預檢
- ▶ 10-2 製作目錄
- ▶ 10-3 書冊
- ▶ 10-4 封裝輸出
- ▶ 課後習題

10 目錄與轉檔

10-1 預檢

設計排版過程中，應當隨時注意文件檔案是否有錯誤發生，例如：遺失檔案、溢排文字等。所以在檔案完成後，需做整體性的偵錯檢查，排除問題後才能交付檔案。

❷ 錯誤項目內容。

❸ 資訊：錯誤問題說明與修正建議。

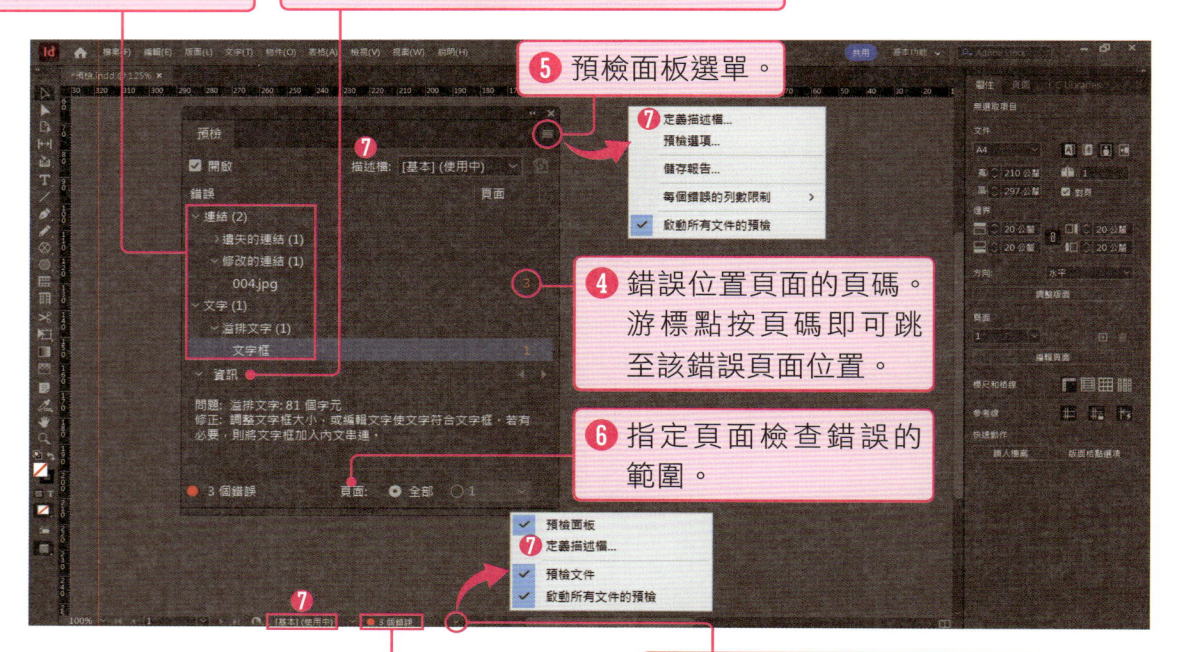

❺ 預檢面板選單。

❹ 錯誤位置頁面的頁碼。游標點按頁碼即可跳至該錯誤頁面位置。

❻ 指定頁面檢查錯誤的範圍。

❶ 游標連按狀態列兩下，或是選擇「預檢選單＞預檢面板」，或是選擇「視窗＞輸出＞預檢」，皆可開啟「預檢」視窗。狀態列顯示「綠燈 ● 無錯誤」表示無錯誤，狀態列顯示「紅燈 ● 3個錯誤」表示有錯誤。

❼ 預檢描述檔：可自訂預檢的描述檔，自行定義偵測的項目，並可儲存於預檢描述檔之中。

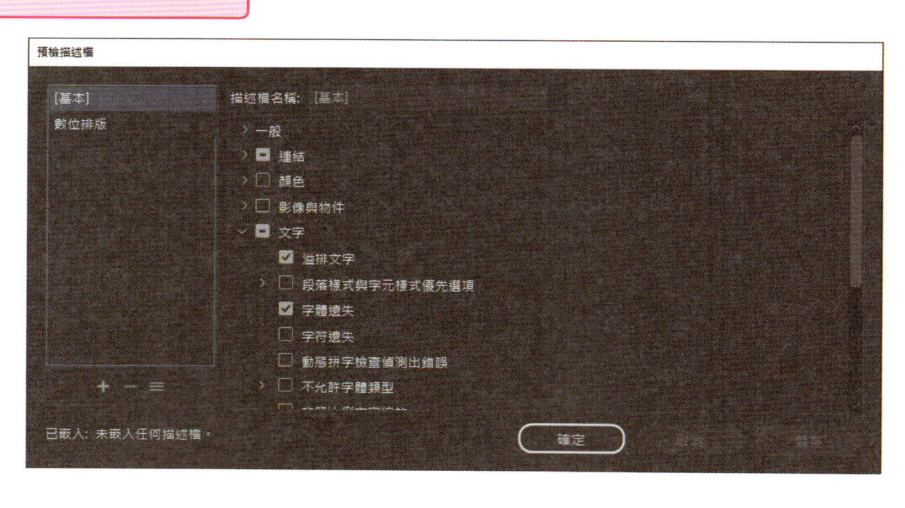

10-2 製作目錄

目錄（Table of Contents）即書籍內容頁面之前的文本架構大綱，以章節標題為主。一份文件可包含多個目錄，例如：圖目錄、表目錄。

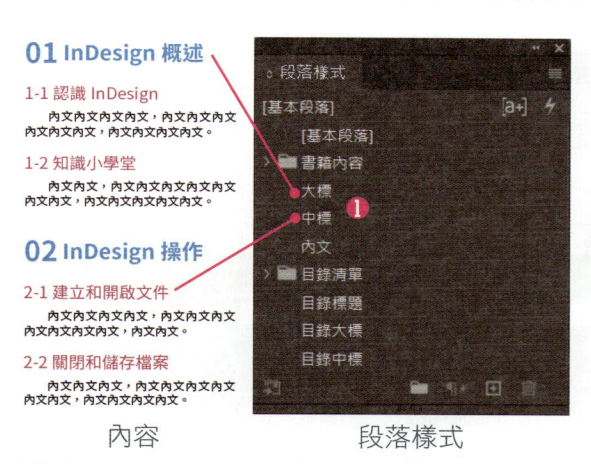

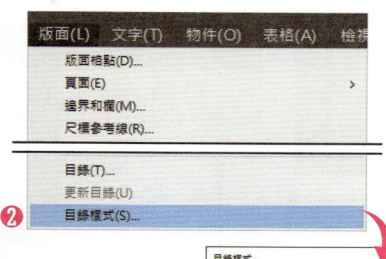

內容　　　　　段落樣式

❶ 設計排版時，章節標題必須定義「段落樣式」。

❷ 選擇「版面＞目錄樣式」開啟「目錄樣式」視窗，接著點按新增，開啟「新增目錄樣式」視窗。

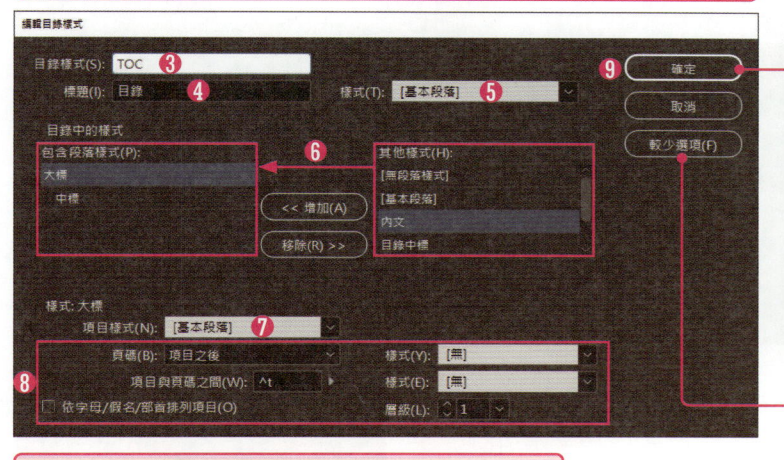

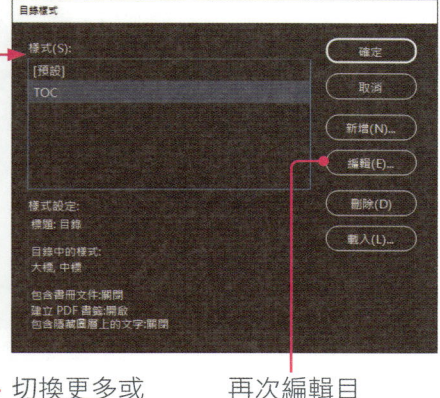

切換更多或較少選項　　再次編輯目錄樣式設定

❸ 輸入「目錄樣式」名稱，之後將顯示於「目錄樣式」視窗的樣式清單。

❹ 輸入目錄的標題名稱。

❺ 設定「目錄標題名稱」的段落樣式，先選擇基本段落，之後可再次編輯。

❻ 從「其他樣式」選擇欲製作為目錄的章節標題，增加至「包含段落樣式」。

❼ 為每個目錄的章節標題設定段落樣式，先選擇基本段落，之後可再次編輯。

❽ 設定每個目錄的章節標題，於目錄中顯示的形式和樣式。

❾ 點按確定，即於「目錄樣式」視窗顯示設定完成的目錄樣式名稱。

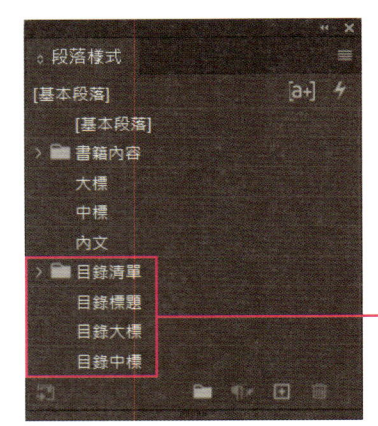

10 目錄與轉檔

❿ 於「段落樣式面板」新增建立目錄章節標題的樣式（以基本段落新增建立）。

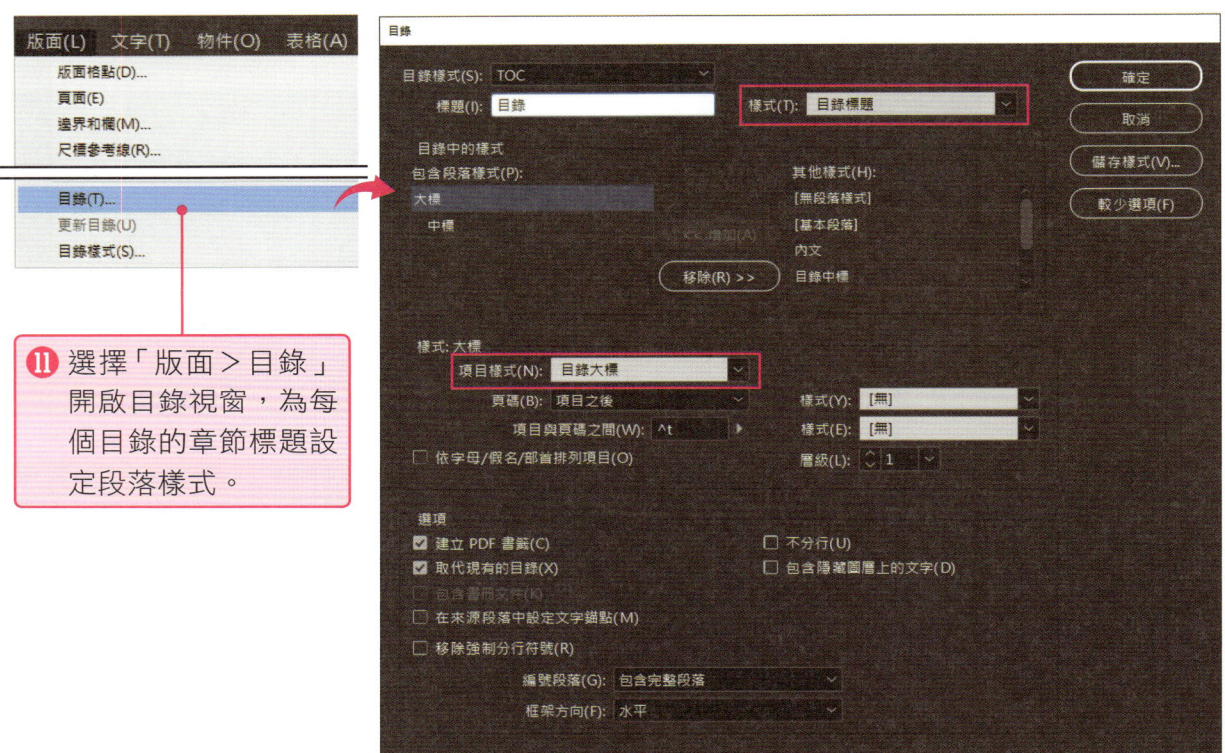

⓫ 選擇「版面＞目錄」開啟目錄視窗，為每個目錄的章節標題設定段落樣式。

⓬ 承上，按確定即可在文件頁面中，點按游標拖曳範圍產生目錄，並以「段落樣式面板」調整樣式與更新套用。

目錄

01 InDesign 概述　　　1
1-1 認識 InDesign　　　1
1-2 知識小學堂　　1

02 InDesign 操作　　　2
2-1 建立和開啟文件　　3
2-2 關閉和儲存檔案　　3

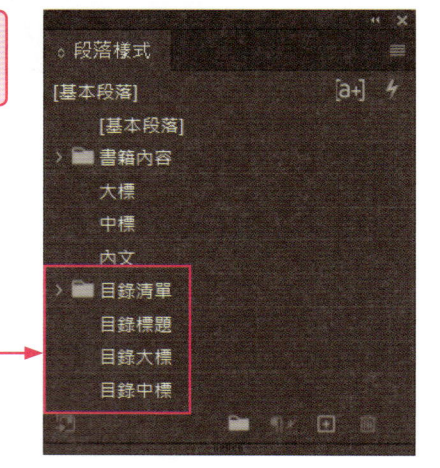

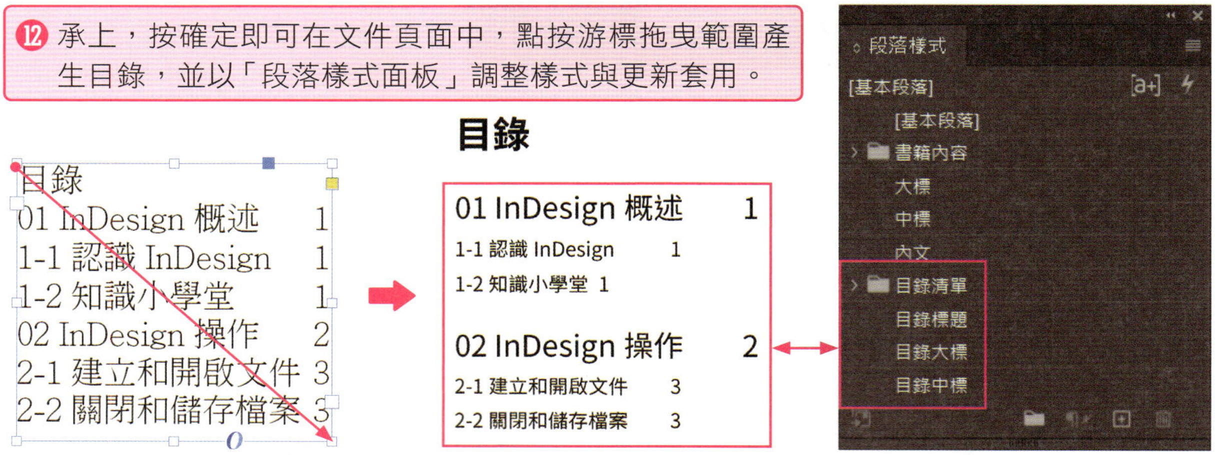

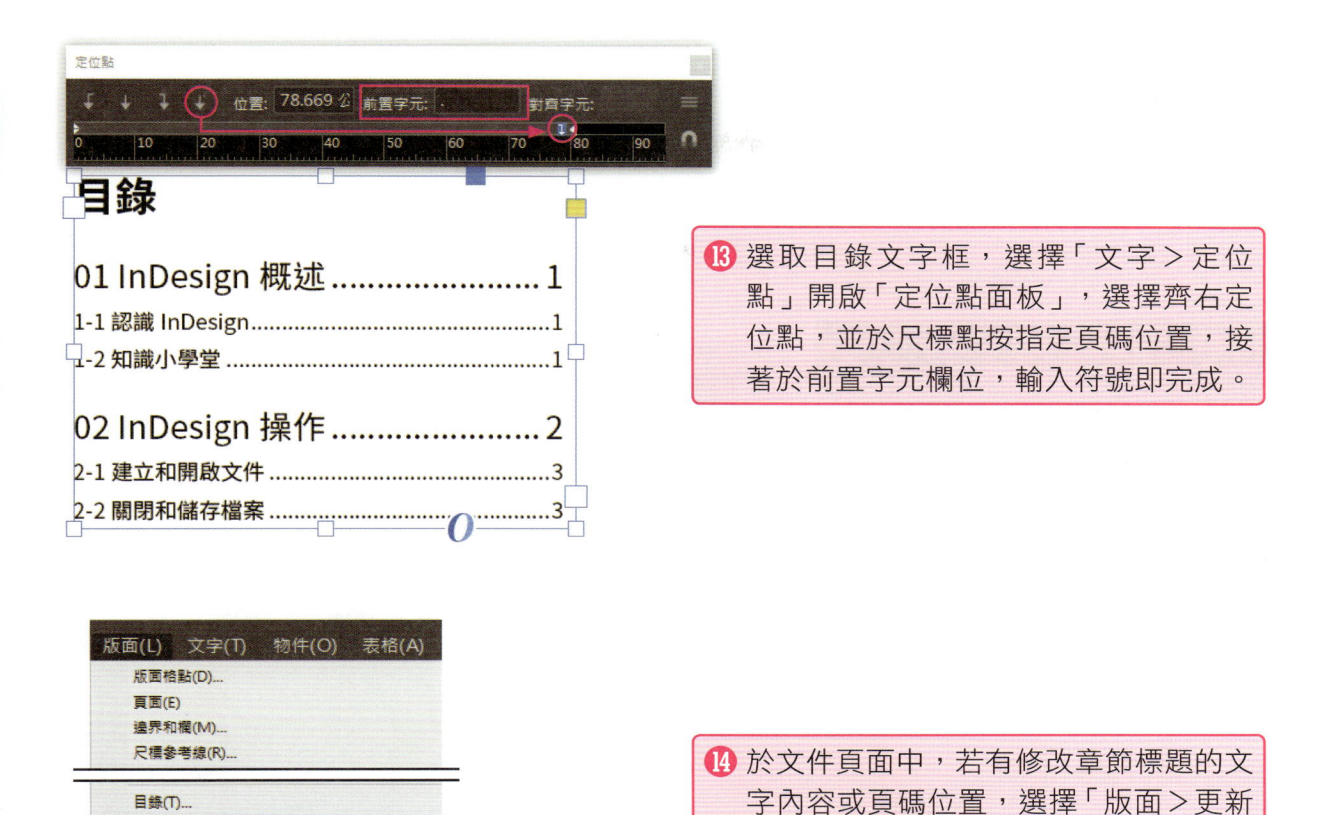

❸ 選取目錄文字框，選擇「文字＞定位點」開啟「定位點面板」，選擇齊右定位點，並於尺標點按指定頁碼位置，接著於前置字元欄位，輸入符號即完成。

❹ 於文件頁面中，若有修改章節標題的文字內容或頁碼位置，選擇「版面＞更新目錄」即可將目錄進行更新。

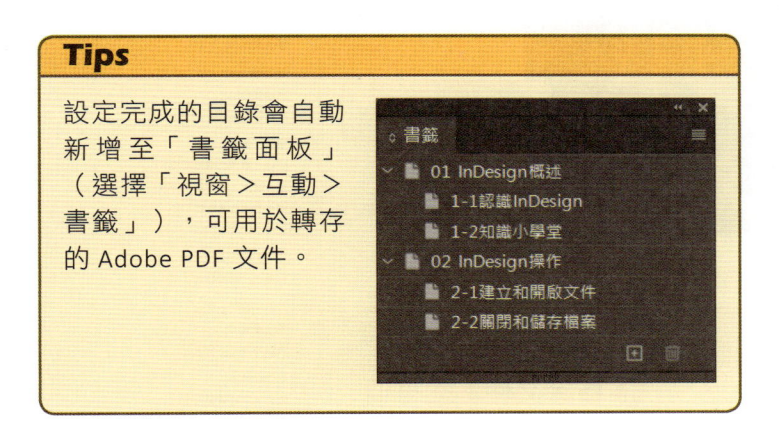

Tips

設定完成的目錄會自動新增至「書籤面板」（選擇「視窗＞互動＞書籤」），可用於轉存的 Adobe PDF 文件。

10-3 書冊

可讓多個文件檔案（.indd）共用相同的樣式、色票和主版，並且集結儲存為一個書冊檔案（.indb），接著轉存 PDF 檔進行印刷輸出。

❶ 選擇「檔案＞新增＞書冊」開啟「新增書冊」視窗。

❷ 選擇書冊儲存的路徑位置，輸入書冊檔名（.indb），點按存檔，隨即開啟「書冊面板」。

❸ 新增文件：新增文件至書冊檔案。

❹ 移除文件：從書冊檔案移除文件。

❺ 儲存書冊。

❻ 列印書冊。

❼ 使用「樣式來源」已同步樣式與色票。

❽ 書冊選單。

❾ 「樣式來源」圖示，即整個書冊檔案以此文件為主。

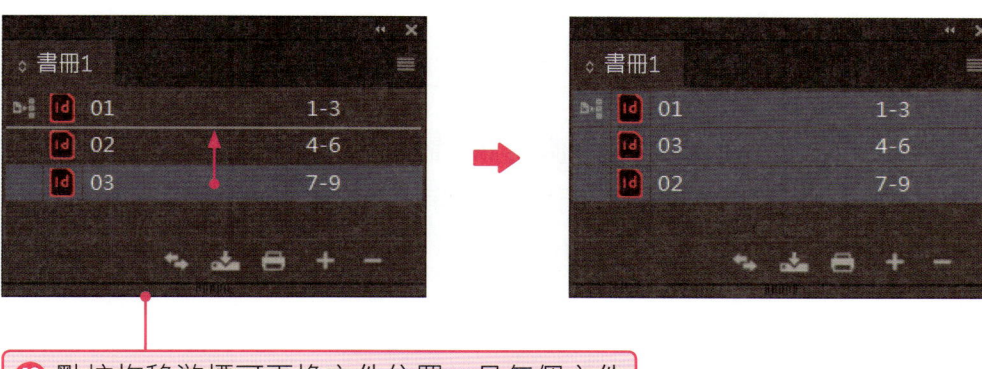

⑩ 點按拖移游標可更換文件位置，且每個文件中的頁碼亦會自動按照順序編碼，將「樣式來源」與「文件位置」調整完成。

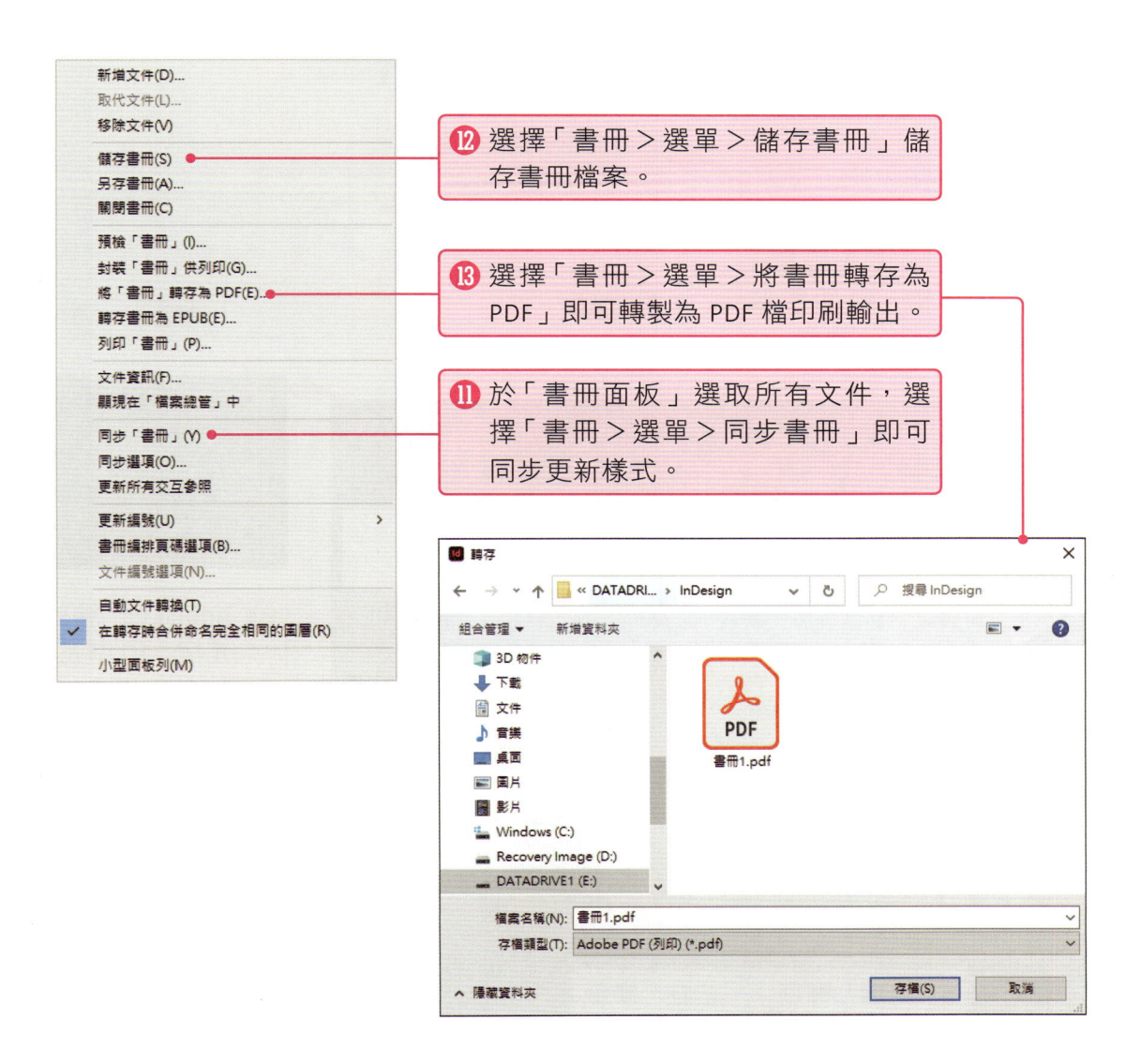

⑫ 選擇「書冊＞選單＞儲存書冊」儲存書冊檔案。

⑬ 選擇「書冊＞選單＞將書冊轉存為 PDF」即可轉製為 PDF 檔印刷輸出。

⑪ 於「書冊面板」選取所有文件，選擇「書冊＞選單＞同步書冊」即可同步更新樣式。

10-4 封裝輸出

封裝輸出前可先以「預檢面板」輔助偵錯外，設計師本身亦需將文件檔案的圖文版型、色票和色彩配置、影像解析度、頁碼和字型等，做整體性的審視檢查。

1 轉存 PDF

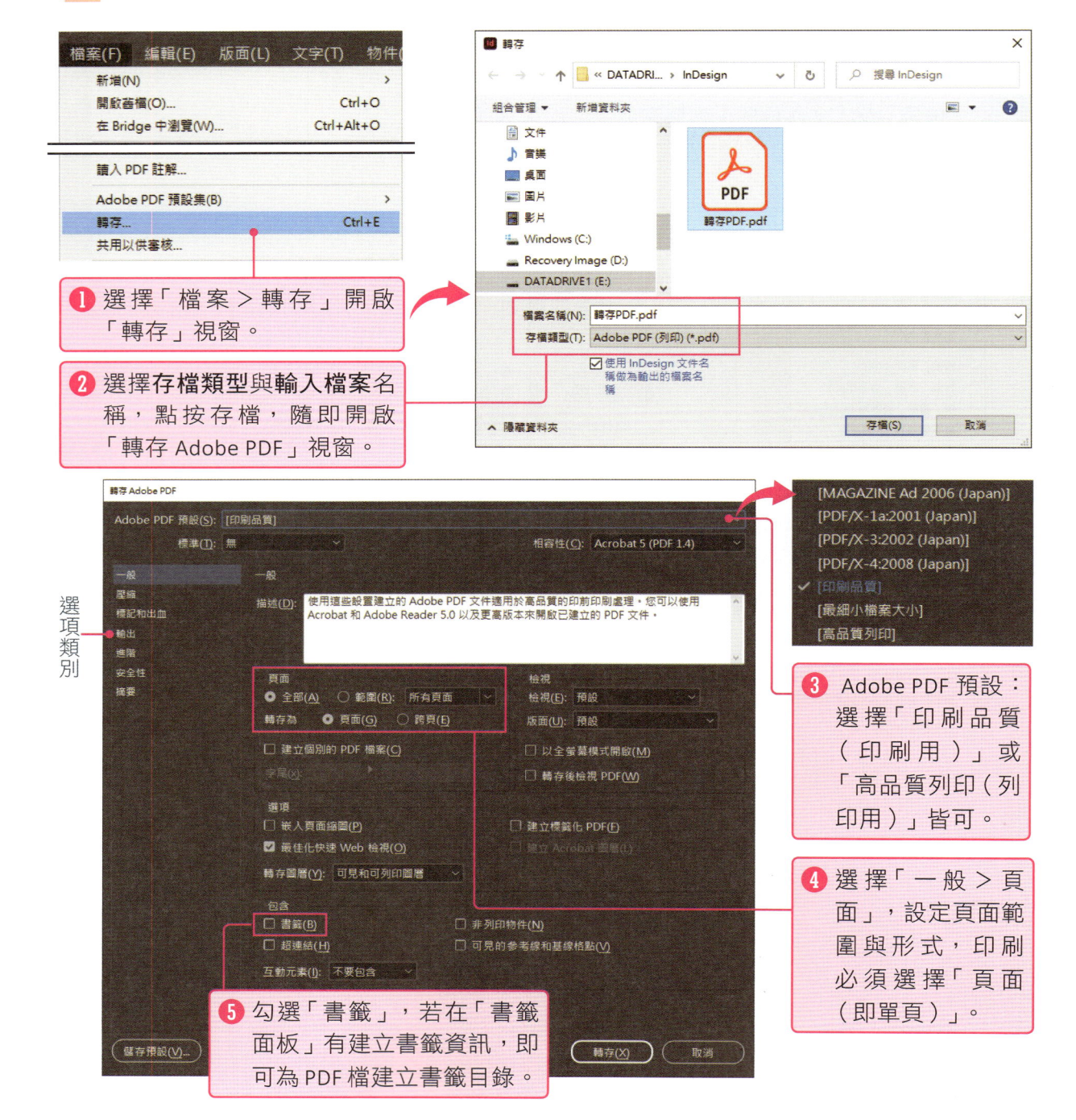

❶ 選擇「檔案 > 轉存」開啟「轉存」視窗。

❷ 選擇**存檔類型**與**輸入檔案**名稱，點按存檔，隨即開啟「轉存 Adobe PDF」視窗。

❸ Adobe PDF 預設：選擇「印刷品質（印刷用）」或「高品質列印（列印用）」皆可。

[MAGAZINE Ad 2006 (Japan)]
[PDF/X-1a:2001 (Japan)]
[PDF/X-3:2002 (Japan)]
[PDF/X-4:2008 (Japan)]
✓ [印刷品質]
[最細小檔案大小]
[高品質列印]

❹ 選擇「一般 > 頁面」，設定頁面範圍與形式，印刷必須選擇「頁面（即單頁）」。

❺ 勾選「書籤」，若在「書籤面板」有建立書籤資訊，即可為 PDF 檔建立書籤目錄。

10-4 封裝輸出

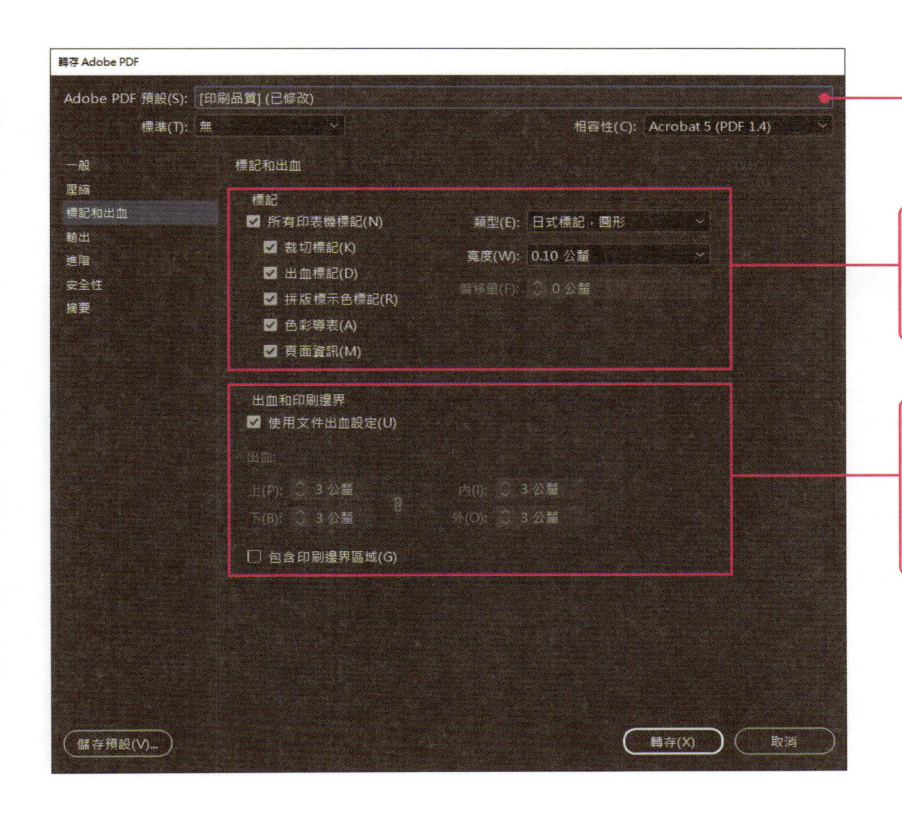

當轉存 PDF 時，只要有修改任何選項設定，Adobe PDF 預設名稱就會多出「已修改」字樣。

❻ 選擇「標記和出血＞標記」，選擇性的勾選「所有印表機標記」。

❼ 選擇「標記和出血＞出血和印刷邊界」，必須勾選「使用文件出血設定」。

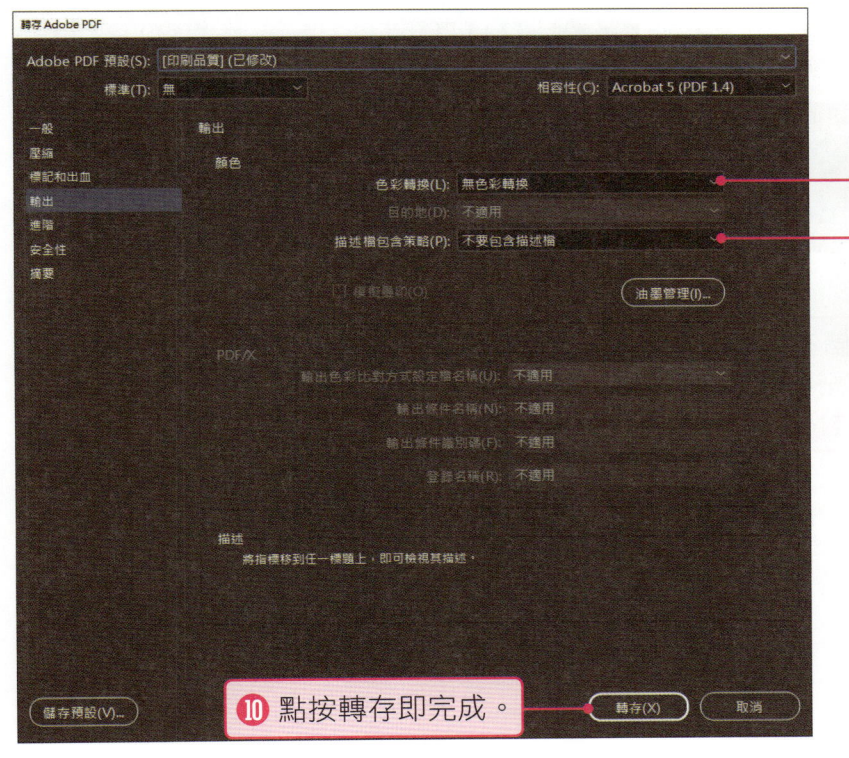

❽ 選擇「輸出＞顏色」，色彩轉換：選擇「無色彩轉換」保留色彩資訊不予更動。

❾ 選擇「輸出＞顏色」，描述檔包含策略：選擇「不要包含描述檔」不內嵌色彩描述檔。除非文件檔案與影像皆有制定統一性的色彩管理（色彩描述檔）。

❿ 點按轉存即完成。

10 目錄與轉檔

2 檔案封裝

將 indd、idml 和 pdf 等文件檔案,以及相關聯的字型檔案與連結影像,備份彙整至同一個檔案夾。

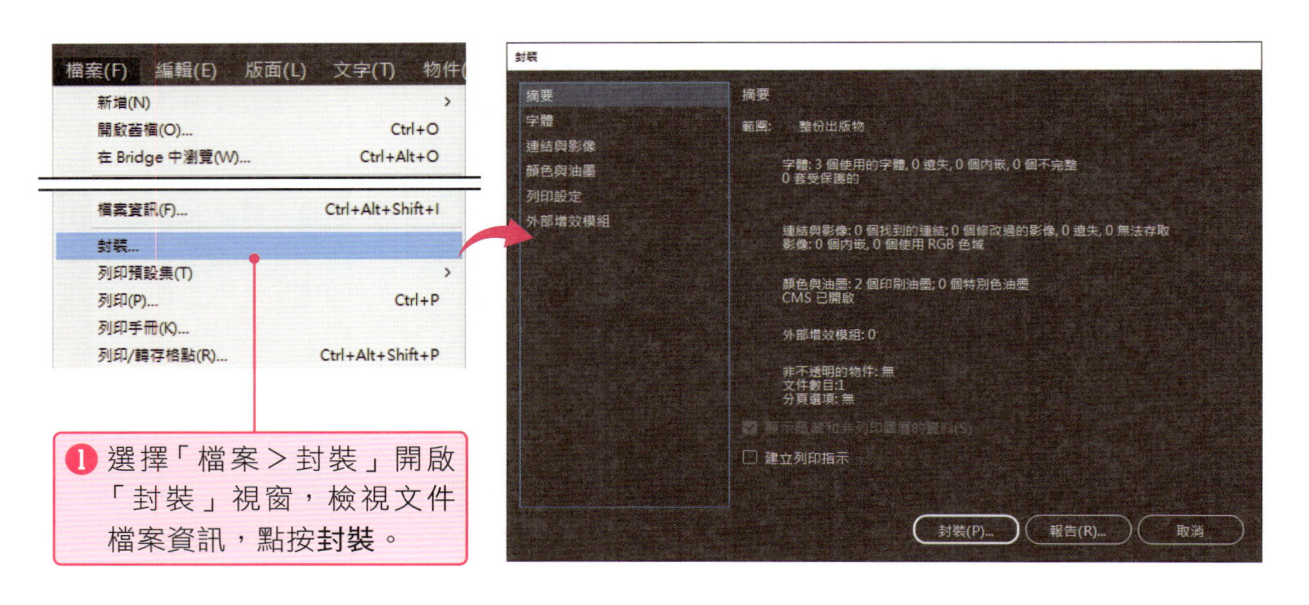

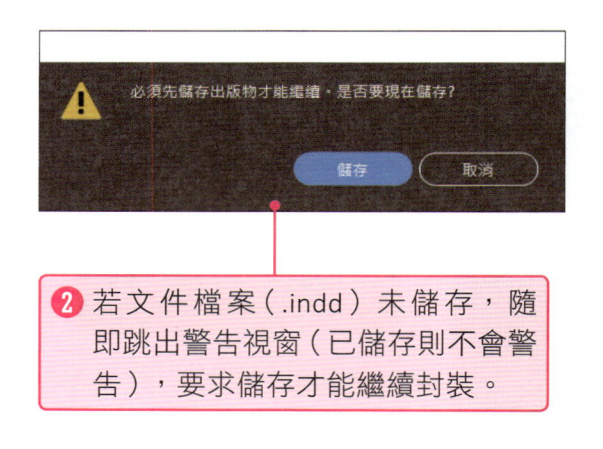

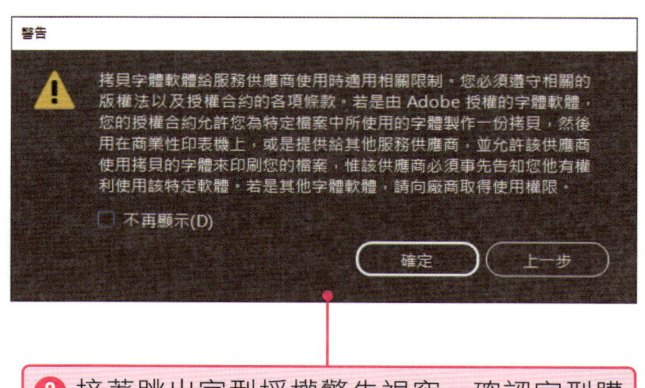

❶ 選擇「檔案＞封裝」開啟「封裝」視窗,檢視文件檔案資訊,點按**封裝**。

❷ 若文件檔案(.indd)未儲存,隨即跳出警告視窗(已儲存則不會警告),要求儲存才能繼續封裝。

❸ 接著跳出字型授權警告視窗,確認字型購買授權,點按**確定**。

10-4 封裝輸出

❹ 承上，開啟「封裝出版物」視窗，依需求勾選設定，點按封裝即完成。

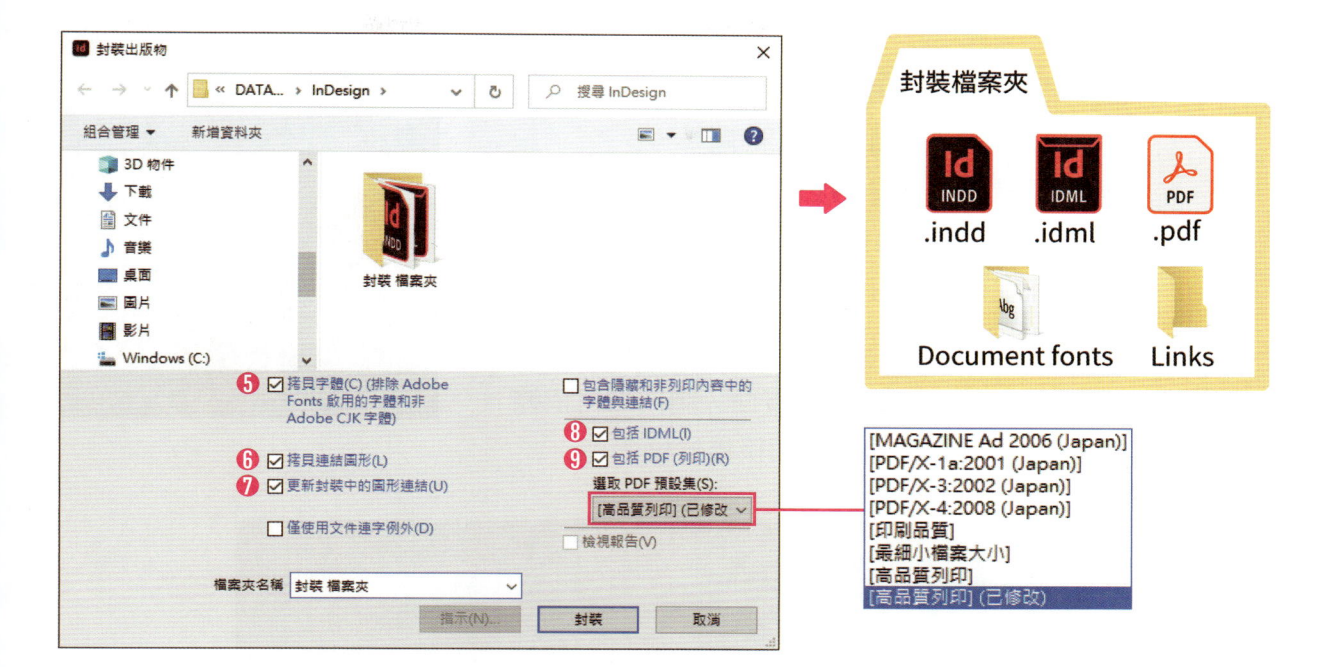

❺ 勾選「拷貝字體」，將文件檔案中所使用字型的檔案，拷貝至封裝檔案夾。僅支援英文字型，中文字型需自行拷貝。

❻ 勾選「拷貝連結圖形」，將文件檔案中所連結的圖檔，拷貝至封裝檔案夾。

❼ 勾選「更新封裝中的圖形連結」，將圖檔連結變更為封裝檔案夾的位置。

❽ 勾選「包括 IDML」，.idml 檔為降存版本檔案，可供舊版的 InDesign 軟體開啟。

❾ 勾選「包括 PDF（列印）」，封裝時包含 PDF 檔，「PDF 預設集」會預設停留在最後一次轉存 PDF 的設定，可依需求選取其他的 PDF 預設集。

10 課後習題

選擇題

( ) 1. 右圖顯示預檢面板中檢測到的錯誤，如何快速跳轉至錯誤所在頁面來修正問題？
  (A) 選擇錯誤項目按快捷鍵 Ctrl + E
  (B) 點擊頁面欄的頁碼即可跳至錯誤頁面位置
  (C) 只能在「頁面面板」中進行操作
  (D) 使用「物件面板」中的選項

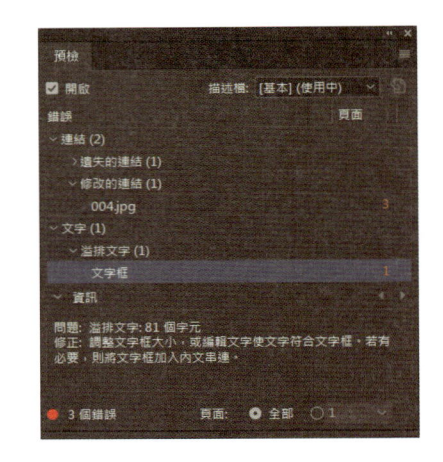

( ) 2. 下圖為預檢描述檔的設定頁面，請問如何依據自己的需求，設定自訂的預檢描述檔？
  (A) 在「預檢面板」中點擊選單，選擇「自訂預檢描述檔」 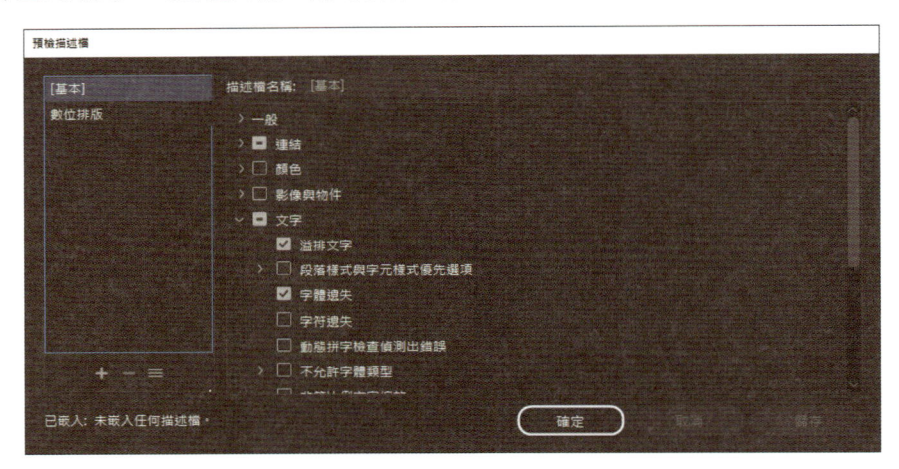
  (B) 使用「檔案＞預檢設定」
  (C) 在屬性面板中進行設置
  (D) 使用快捷鍵 Ctrl + Shift + D

( ) 3. 可以透過目錄樣式視窗定義目錄的樣式，請問如何開啟目錄樣式視窗來製作目錄？
  (A) 選擇「版面＞目錄樣式」
  (B) 使用快捷鍵 Ctrl + M
  (C) 在「段落面板」中設置
  (D) 選擇「檔案＞開啟目錄」

(　　) 4. 如何更新目錄以反映章節標題的變更？
　　　　(A) 使用「物件面板」進行更新
　　　　(B) 使用快捷鍵 Ctrl + U
　　　　(C) 選擇「版面＞更新目錄」
　　　　(D) 在屬性面板中選擇「更新目錄」

(　　) 5. 如何如右圖一般，在目錄的頁碼前中插入前置字元「．」？
　　　　(A) 使用「定位點面板」來插入符號
　　　　(B) 使用快捷鍵 Ctrl + S 來插入符號
　　　　(C) 在屬性面板中輸入符號
　　　　(D) 使用「段落面板」中的符號插入選項

(　　) 6. Indesign 可以讓多個文件檔案（.indd）使用共用相同的樣式、色票和主版，並且集結儲存為一個書冊檔案（.indb），請問如何新增一個書冊檔案？
　　　　(A) 選擇「檔案＞新增＞書冊」，並輸入書冊檔名
　　　　(B) 使用快捷鍵 Ctrl + N
　　　　(C) 點擊「書冊面板＞新增書冊」
　　　　(D) 使用「物件面板」進行新增

(　　) 7. 右圖表示檔案 01 為書冊中的「樣式來源」，「樣式來源」的主要功能是什麼？
　　　　(A) 用來設定書冊的封面樣式
　　　　(B) 控制書冊中的顏色樣式
　　　　(C) 主要負責同步書冊中所有文件的樣式與色票
　　　　(D) 控制書冊中頁碼的順序

(　　) 8. 書冊如何調整文件的順序，讓頁碼自動按照順序編碼？
　　　　(A) 使用快捷鍵 Ctrl + Shift + M
　　　　(B) 使用「物件面板」來重新排列文件
　　　　(C) 在檔案面板中設定頁碼順序
　　　　(D) 點擊並拖移書冊面板中的文件來更改其位置

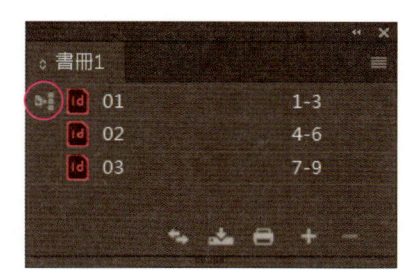

(　　) 9. 輸出 PDF 檔案進行印刷時，可以利用書冊將多個文件檔案一次輸出為一個 PDF 檔案，請問應如何操作？
   (A) 使用快捷鍵 Ctrl + P
   (B) 選擇「書冊＞將書冊轉存為 PDF」
   (C) 在「檔案＞儲存」中選擇 PDF 格式
   (D) 使用「物件面板」來儲存

(　　) 10. 如何進行封裝輸出？
   (A) 選擇「檔案＞封裝」來開啟封裝視窗
   (B) 使用快捷鍵 Ctrl + P
   (C) 在「物件面板」中進行封裝
   (D) 使用「段落面板」選項進行封裝

單元小實作

將檔案中「內頁」的內容，產生「目錄」於「目錄頁」，並且使用「定位點」將頁碼位置調整為靠右對齊（所有屬性皆為自訂）。

目錄與轉檔_單元小實作.idml

參考範例

提示重點　選擇「版面＞目錄樣式」設定「目錄」層級，以及與「內頁」標題的連結。

11

資料管理與加值功能

資料檔案為設計師的重要資產,無論是豐富多樣的設計素材,還是費盡心思與腦力激盪下的創作產物,存取資料的便利性,直接影響著工作效率。

- ▶ 11-1 內容收集與置入
- ▶ 11-2 程式庫
- ▶ 11-3 資料庫(CC Libraries)
- ▶ 11-4 指令碼
- ▶ 11-5 產生 QR 碼
- ▶ 課後習題

11 資料管理與加值功能

11-1 內容收集與置入

利用「內容輸送帶」的收集與置入功能，可於文件頁面快速地移轉內容。

❶ 選取「內容收集器工具」隨即開啟「內容輸送帶」視窗。

❷ 接著在文件頁面中點按圖形、文字或影像等物件內容，即可將內容置入「內容輸送帶」，按 ESC 鍵可刪除置入的內容。

❸ 勾選「收集所有串連框架」，針對兩個以上的串連文字框，可綁在一起置入到「內容輸送帶」。

❹ 游標點按「載入輸送帶」圖示，開啟「載入輸送帶」視窗，可指定單頁或全部頁面，一次全部置入到「載入輸送帶」。勾選「建立單一組合」，則是所有物件內容綁在一起置入。

11-1 內容收集與置入　201

❺ 選取「內容置入器工具」，單點或拖曳游標將物件內容置入於文件頁面中。

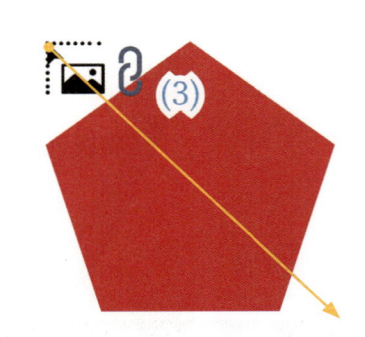

❿ 游標點按上一個或下一個，以瀏覽「內容輸送帶」的項目。

❻ 勾選「建立連結」，將目前欲置入的物件，與原始位置的物件相連結，並可使用「連結面板」管理連結與設定。

❼ 勾選「對應樣式」，將目前欲置入物件的段落、字元、表格或儲存格樣式，與原始位置物件的樣式相對應。

❾ 置入選項：（由左至右）
- 置入後從輸送帶移除，載入下一個。
- 置入多個項目，並保留在輸送帶上。
- 置入後從輸送帶移除，載入下一個。

❽ 自訂樣式對應。

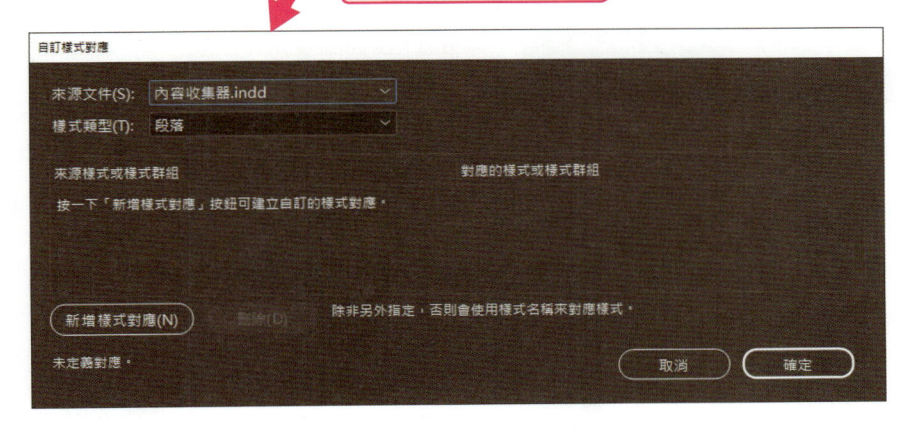

11 資料管理與加值功能

11-2 程式庫

可將常用的物件素材儲存於程式庫，便於編排設計時能夠快速存取。

❶ 選擇「檔案＞新增＞程式庫」即開啟「CC 程式庫」視窗，並詢問是否要轉移試用 CC Libraries 資料庫。點按「否」開啟「新增程式庫」視窗。

❷ 輸入檔案名稱，點按存檔，隨即顯示「程式庫」視窗。

❸ 以「選取工具」選取物件，點按游標拖移至「程式庫」。

❹ 游標連按兩下物件縮圖或點按「程式庫項目資訊」圖示，開啟「項目資訊」視窗，可輸入項目名稱與描述、設定物件類型。

❺ 移轉程式庫項目至 CC 程式庫。

❻ 顯示程式庫子集。

❼ 新增程式庫項目。

❽ 刪除程式庫項目。

❾ 游標點按物件拖移至文件頁面，即可開始編輯。

❿ 「程式庫」選單。

11-3 資料庫（CC Librabries）

　　藉由桌上型電腦、筆電、手機或平板等裝置，透過下載安裝 Adobe 應用程式，以及雲端資料庫功能，可以將影像、圖形、顏色、樣式和筆刷存取於雲端，作為跨平台和跨裝置，儲存或分享資料的雲端功能。

1 建立新資料庫

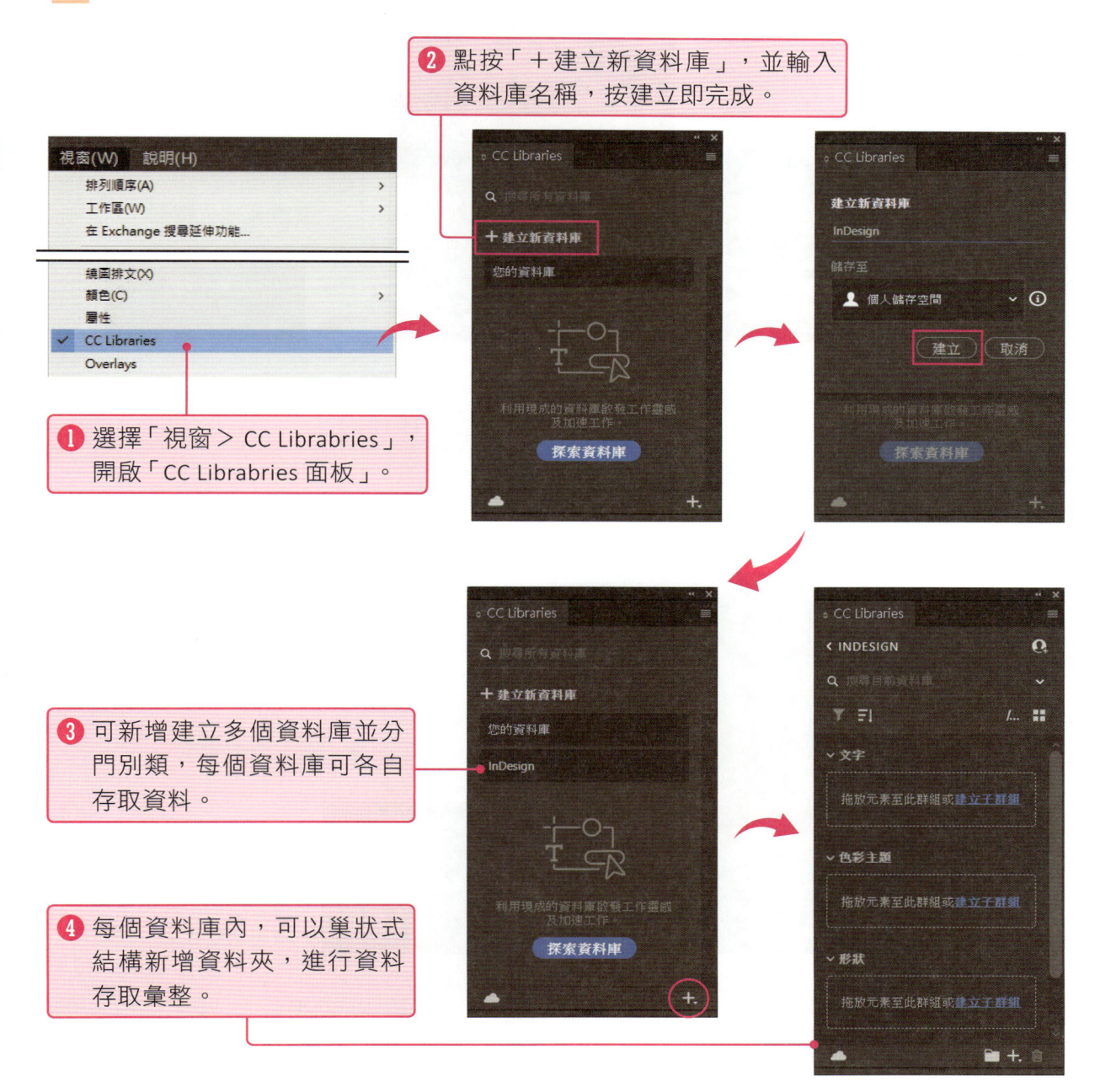

❶ 選擇「視窗 > CC Librabries」，開啟「CC Librabries 面板」。

❷ 點按「＋建立新資料庫」，並輸入資料庫名稱，按建立即完成。

❸ 可新增建立多個資料庫並分門別類，每個資料庫可各自存取資料。

❹ 每個資料庫內，可以巢狀式結構新增資料夾，進行資料存取彙整。

2 存取資料

將影像、圖形、顏色、樣式和筆刷儲存至雲端資料庫，可於 Adobe 電腦軟體或行動裝置 App，從雲端資料庫取得素材來使用（本章節以影像、圖形和顏色做為說明）。

影像

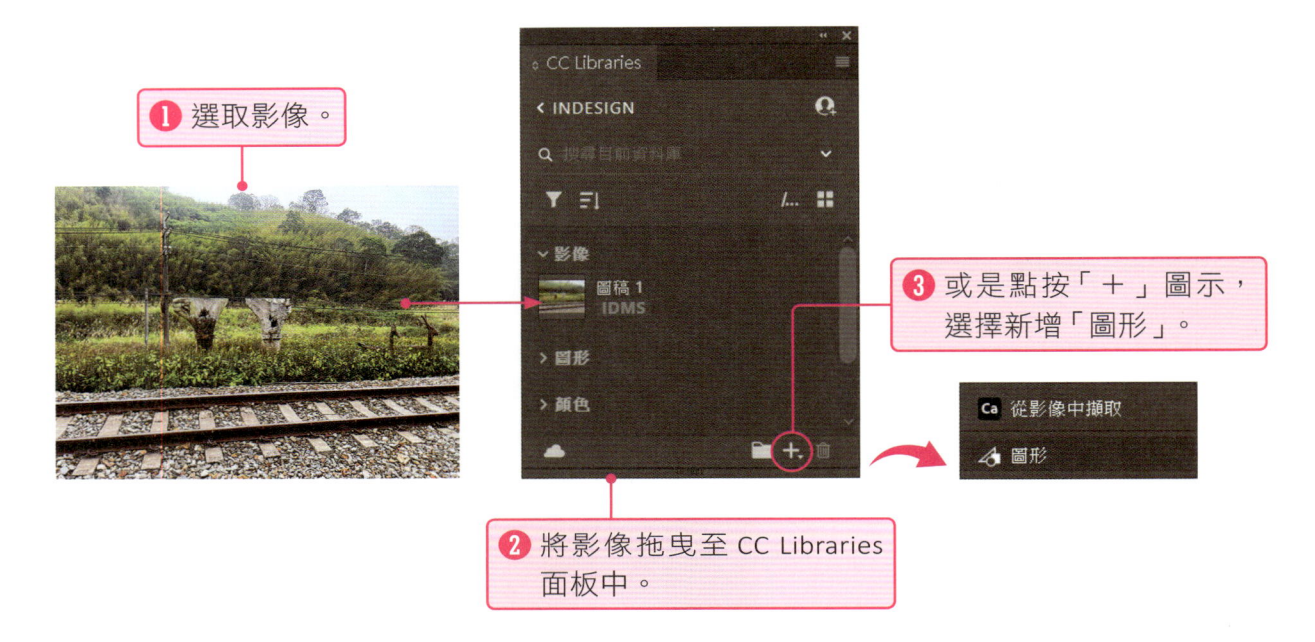

❶ 選取影像。

❷ 將影像拖曳至 CC Libraries 面板中。

❸ 或是點按「＋」圖示，選擇新增「圖形」。

圖形與顏色

❶ 選取圖形。

❷ 若將圖形拖曳至資料庫面板中，僅新增圖形。

❸ 或是點按「＋」圖示，選擇新增「填色顏色」、「筆畫顏色」、「圖形」或「全部新增」。

- 填色顏色 — 依據填色設定的顏色新增
- 筆畫顏色 — 依據線條設定的顏色新增
- 圖形 — 依據選取的圖形新增
- 全部新增 — 填色顏色和圖形皆新增

3 Capture

將「影像、圖案、圖形」轉換為「色彩主題、形狀、文字」等設計元素,並儲存至雲端資料庫,提供 Adobe 軟體或 App 下載素材來使用。

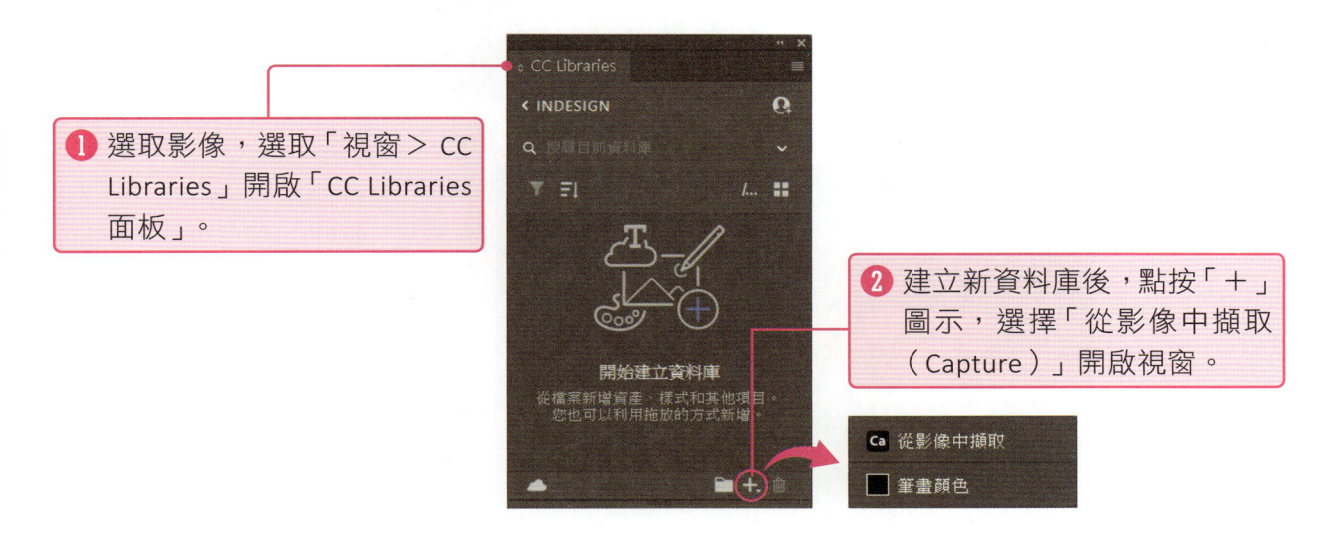

❶ 選取影像,選取「視窗 > CC Libraries」開啟「CC Libraries 面板」。

❷ 建立新資料庫後,點按「+」圖示,選擇「從影像中擷取(Capture)」開啟視窗。

❸ 新增影像。

❺ 以手機或平板掃 QR Code 下載 Adobe Capture 的應用程式(App)。

❹ 預視畫面。

❻ 儲存至資料庫。

11
資料管理與加值功能

色彩主題

從影像中汲取色彩。

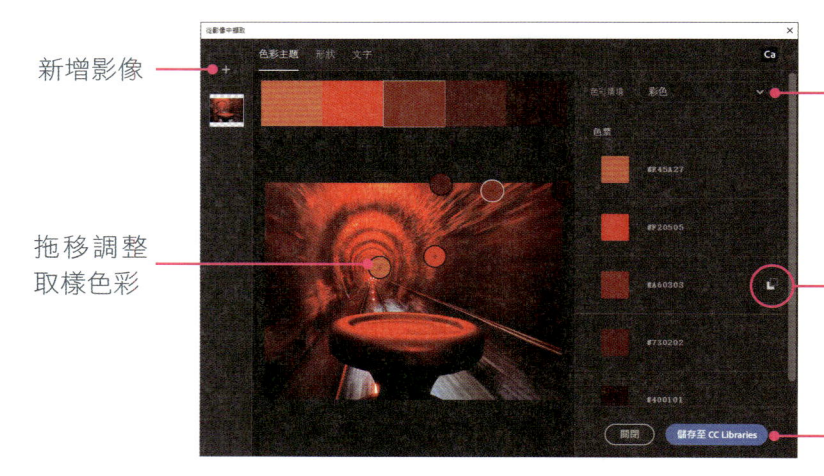

新增影像

拖移調整取樣色彩

選擇汲取時的色彩情境：
明亮、柔和、深色、暗色、無。

點按複製「HTML 網頁色碼」

儲存至資料庫

形狀

將影像轉換為向量圖。

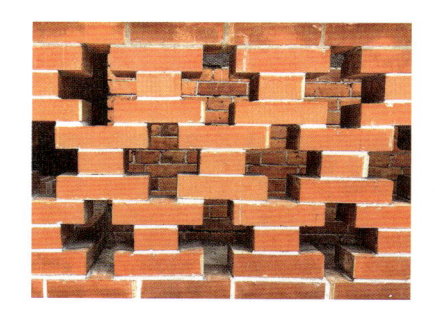

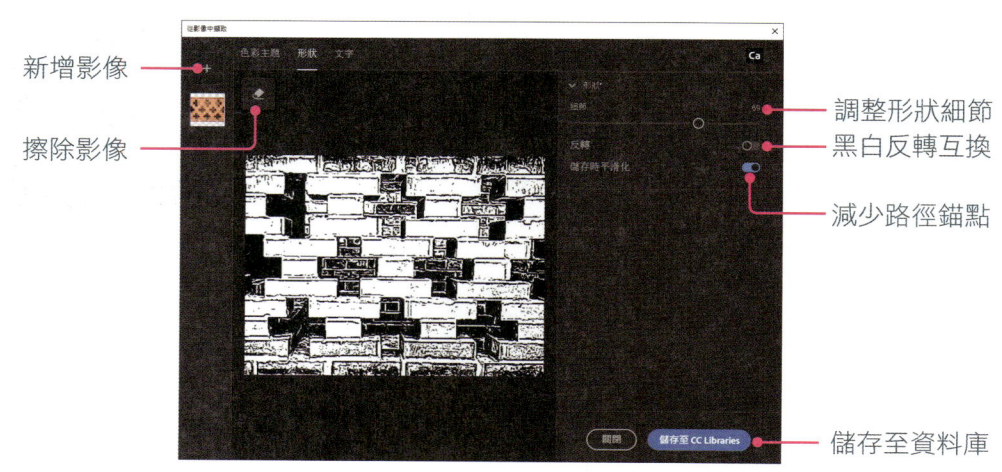

新增影像

擦除影像

調整形狀細節

黑白反轉互換

減少路徑錨點

儲存至資料庫

11-3 資料庫（CC Librabries）

文字

偵測影像文字的字型。

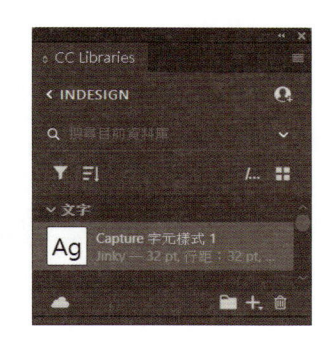

新增影像

將尋找字型的文字選取範圍包覆

開始尋找字型

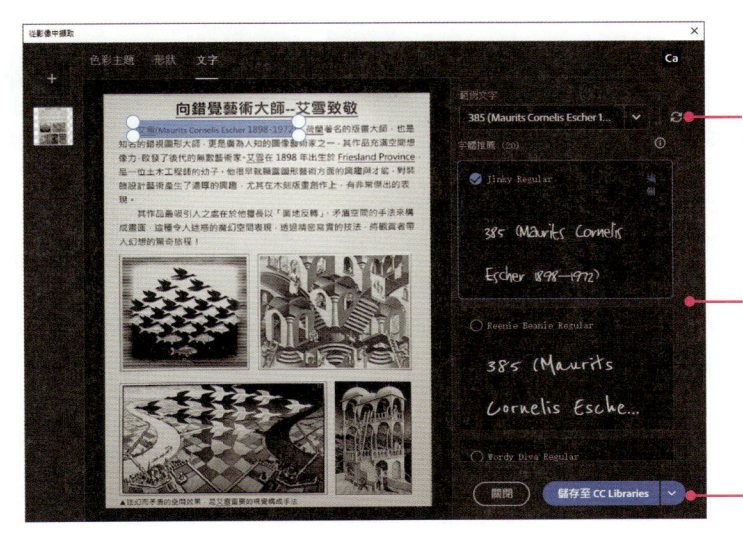

選擇顯示於下方「字體推薦」預視的範例文字。

偵測影像後，建議的字型結果。

儲存至資料庫

11-4 指令碼

指令碼為一種快速或重複執行功能的自動化工具；可使用 InDesign 軟體內建，或是網路分享供使用者下載，以及自行撰寫程式的指令碼。

❶ 選擇「視窗＞公用程式＞指令碼」開啟「指令碼面板」。

❷ 點按 ▶ 圖示可開合各分類資料夾，尋找欲執行的指令碼。

❸ 以「選取工具」選取物件，將游標停置在指令碼上（本單元以 AlignToPage.jsx 作說明），點按兩下游標，即開啟「AlignToPage」視窗。

❹ 設定選項，按確定即完成。

❺ 執行指令碼的過程中，若有步驟或設定錯誤，皆會顯示警告視窗。

執行指令碼前須先選取物件。

❻ 若需使用自行撰寫程式或是網路搜尋下載的指令碼，將游標停留在「指令碼面板」中的「使用者」資料夾上方，按滑鼠右鍵，選擇在「檔案總管」中顯現，即開啟「檔案總管」視窗。

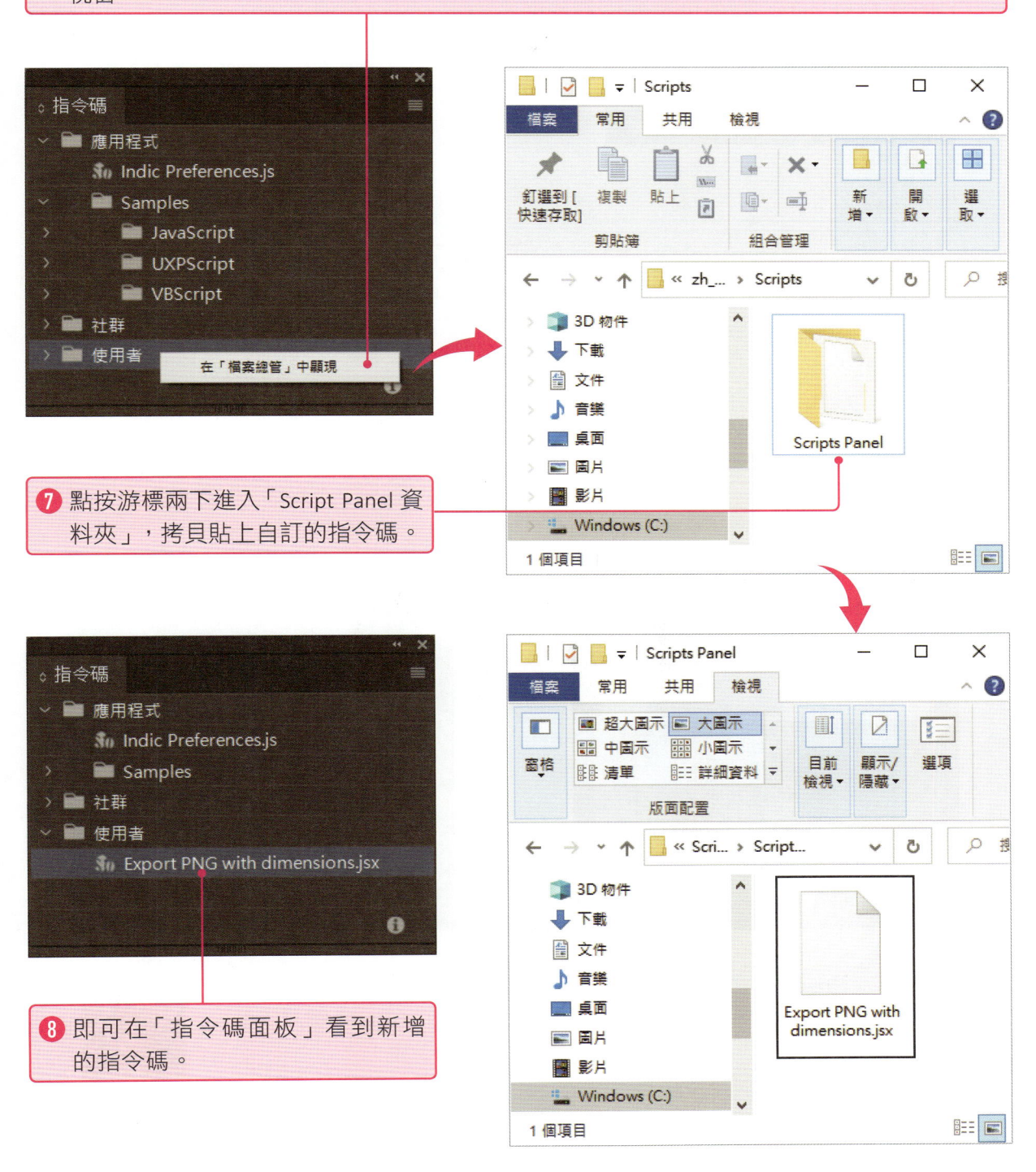

❼ 點按游標兩下進入「Script Panel 資料夾」，拷貝貼上自訂的指令碼。

❽ 即可在「指令碼面板」看到新增的指令碼。

11-5 產生 QR 碼

QR 碼（QR code）為提供讀取資料的圖形表示方法，可使用各式裝置掃描而取得資訊。

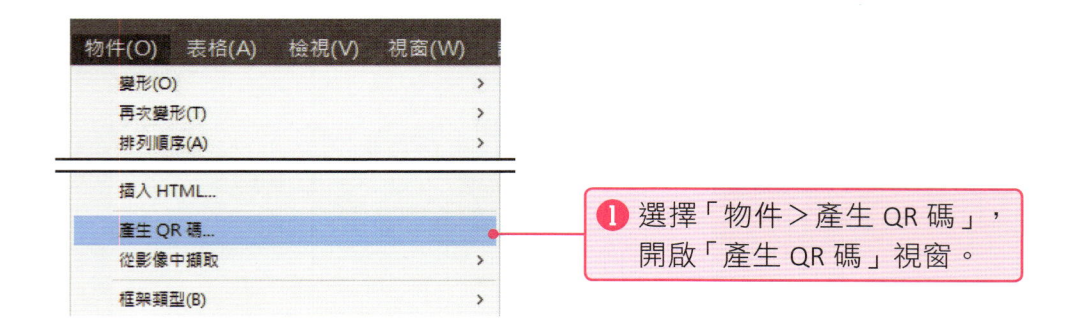

❶ 選擇「物件＞產生 QR 碼」，開啟「產生 QR 碼」視窗。

❷ 選擇 QR code 類型。

❸ 游標點按「顏色」標籤，可調整 QR code 圖形的顏色。

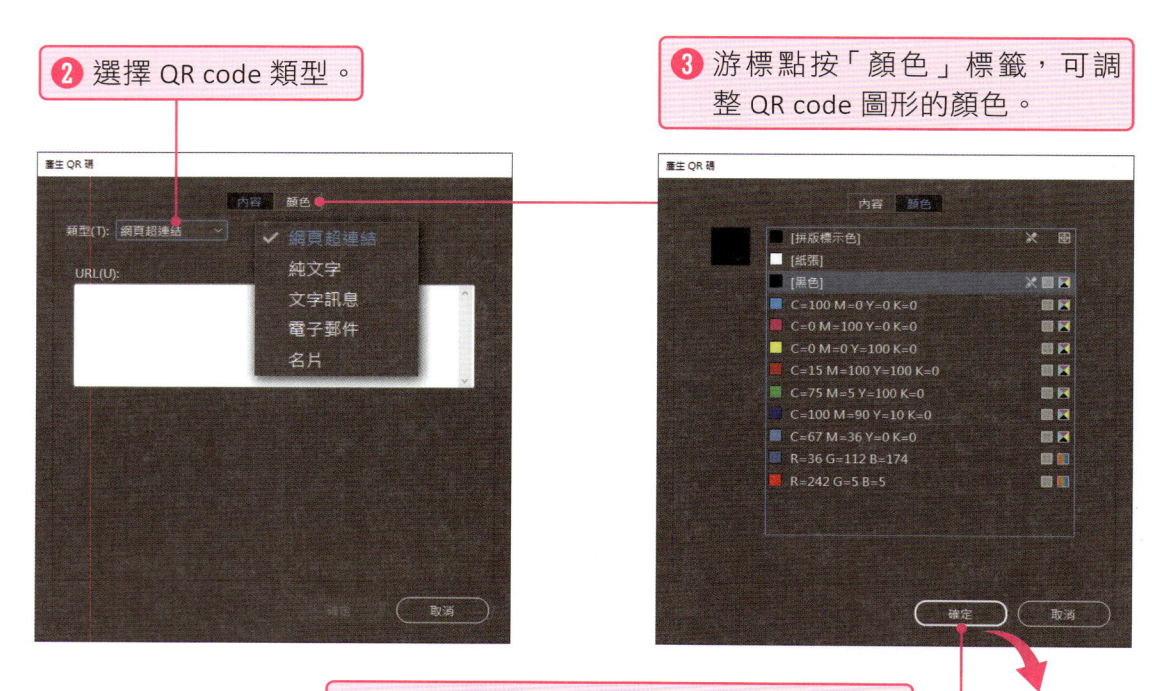

❹ 按確定即完成。InDesign 產生的 QR code 具向量特性，可拷貝至 Illustrator 使用，以及應用於數位或印刷媒介。

11-5 產生 QR 碼

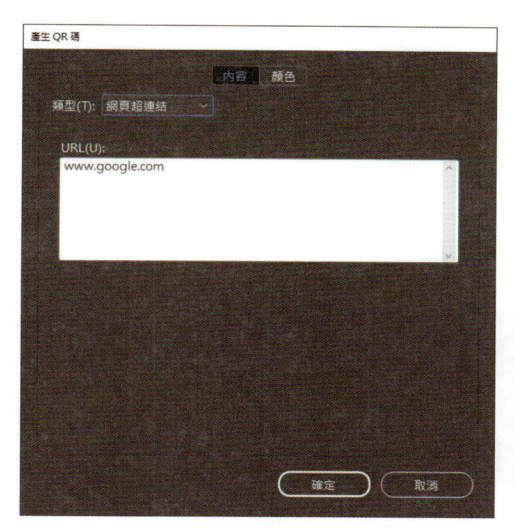

網頁超連結

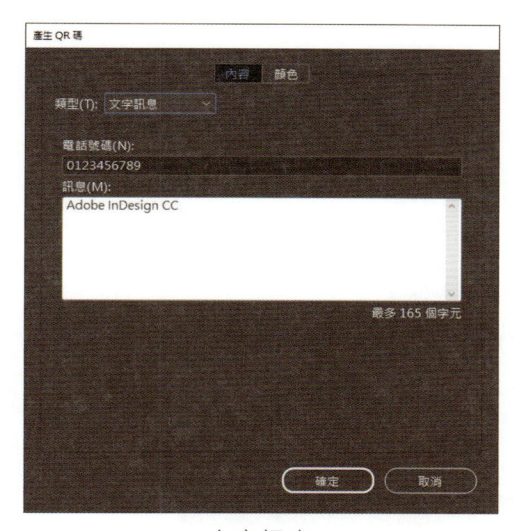

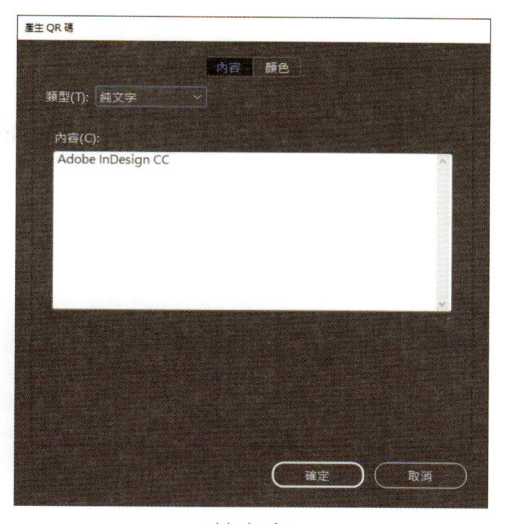

純文字

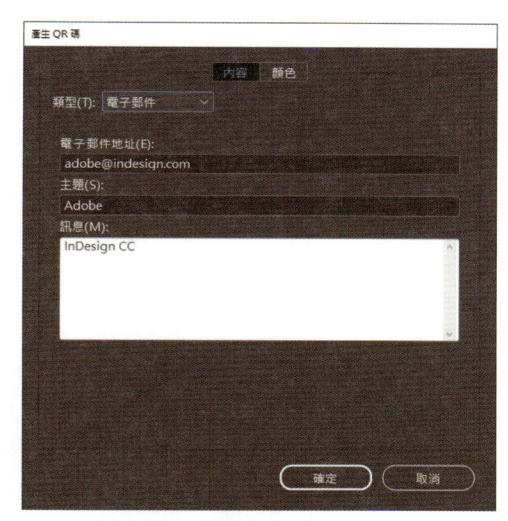

文字訊息

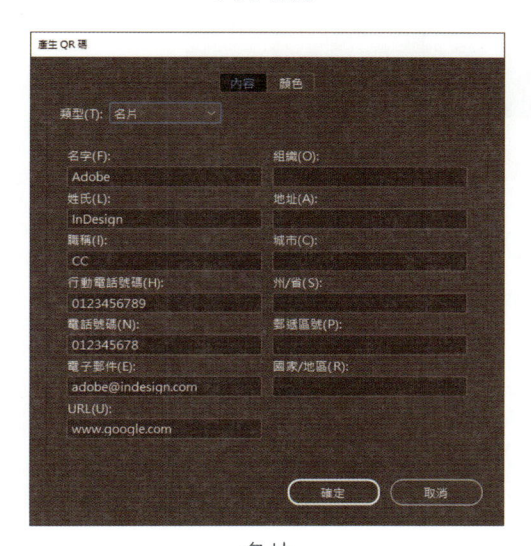

電子郵件

名片

❺ 選取完成的 QR code，選擇「物件＞編輯 QR 碼」可再次編輯 QR code 的選項與設定。

11 課後習題

選擇題

( ) 1. 為了方便將內容從一個頁面收集並傳送至另一個頁面,我們會使用內容收集器的功能,如何將內容從內容傳送帶置入文件頁面?

  (A) 使用「段落面板」進行置入
  (B) 選取「內容置入器工具」,單點或拖曳游標,將物件置入於頁面中。
  (C) 使用「物件面板」完成置入
  (D) 使用快捷鍵 Ctrl + T 將內容置入

( ) 2. 使用「內容輸送帶」功能時,若要將兩個以上串連的文字框視為一個整體置入,需要在開啟「內容輸送帶」視窗後勾選哪個選項?
  (A) 建立連結　　　　　　　　　　(B) 對應樣式
  (C) 收集所有串連框架　　　　　　(D) 建立單一組合

( ) 3. 使用 InDesign 的「內容置入器工具」置入物件時,若要使置入的物件與原始位置的物件保持連結,應勾選下列哪個選項?

  (A) ①建立連結　　　　　　　　　(B) ②對應樣式
  (C) ③編輯自訂樣式對應　　　　　(D) ④收集所有串連框架

( ) 4. 在 InDesign 中,若想將常用的圖形物件儲存起來以便日後快速使用,應該儲存至何處?
  (A) CC Libraries 資料庫　　　　　(B) 色票
  (C) 指令碼面板　　　　　　　　　(D) 內容輸送帶

(　　) 5. 如何開啟「程式庫」視窗？
　　　　(A) 選擇「檔案＞新增＞程式庫」
　　　　(B) 使用快捷鍵 Ctrl + L
　　　　(C) 點擊「物件面板＞程式庫」
　　　　(D) 選擇「視窗＞程式庫管理」

(　　) 6. 我們可以利用程式庫管理常用素材，要將物件加入程式庫，應如何進行操作？
　　　　(A) 選取物件後，使用「內容收集器工具」點按物件
　　　　(B) 使用「選取工具」選取物件並拖移至「程式庫」
　　　　(C) 使用快捷鍵 Ctrl + V
　　　　(D) 使用快捷鍵 Ctrl + C

(　　) 7. 在 InDesign 的「程式庫」視窗中，若要查看或編輯已儲存物件的名稱、描述和物件類型等資訊，應該如何操作？
　　　　(A) 游標連按兩下物件縮圖或點按「程式庫項目資訊」圖示
　　　　(B) 將游標拖移至物件縮圖上方停留
　　　　(C) 在物件縮圖上按滑鼠右鍵並選擇「屬性」
　　　　(D) 點按「新增程式庫項目」圖示後選擇現有物件

(　　) 8. 如何建立新的 CC Libraries 資料庫？
　　　　(A) 選擇「視窗＞ CC Libraries」，然後點擊「＋建立新資料庫」
　　　　(B) 使用快捷鍵 Ctrl + L
　　　　(C) 點擊「物件面板＞程式庫」，然後點擊「＋建立新資料庫」
　　　　(D) 選擇「檔案＞新增 CC 資料庫」，然後點擊「＋建立新資料庫」

(　　) 9. CC Libraries 資料庫的主要功能是什麼？
(A) 儲存和整理段落樣式
(B) 創建文件範本
(C) 管理頁面佈局
(D) 儲存和跨平台存取影像、圖形、顏色、樣式等素材

(　　) 10. CC Libraries 可以將「影像、圖案、圖形」轉換為「色彩主題、形狀、文字」等設計元素，並儲存至雲端資料庫。如何將影像中的色彩新增至資料庫？
(A) 點擊「＋」圖示，選擇新增「圖形」。
(B) 將影像拖曳至 CC Libraries 面板中
(C) 點擊「＋」圖示，選擇「從影像中擷取」
(D) 點擊「＋」圖示，選擇新增「填色顏色」

單元小實作

於「CC Librabries 面板」建立新資料庫（命名：Adobe icon），將文件內頁中的 Ai、Ps 和 Id 三個圖形，儲存於雲端空間。

資料管理與加值功能 ＿ 單元小實作 .idml

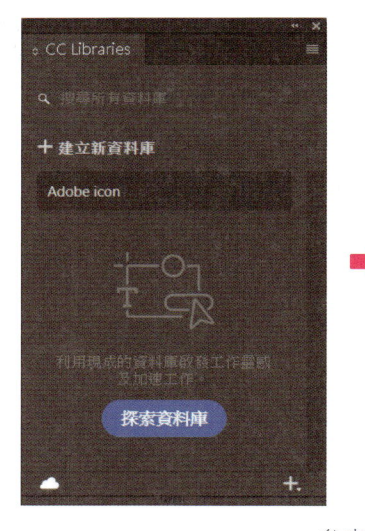

參考範例

提示重點 游標點選圖形不放，拖移至「CC Librabries 面板」即存放雲端完成。

12

EPUB 電子書

EPUB 為目前主要的電子書標準格式（.epub），各大書城與網站平台皆是以 EPUB 格式出版。

- ▶ 12-1 EPUB 介紹
- ▶ 12-2 可重排版面 Reflow layout
- ▶ 12-3 固定版面 Fixed layout
- ▶ 12-4 EPUB 檢閱
- ▶ 課後習題

12-1 EPUB 介紹

InDesign 可將文件轉存為 EPUB 格式，上架至書城與數位平台，提供使用者透過電腦或行動裝置裡的閱讀器（Reader），以電子檔型式連結網路下載瀏覽。

1 EPUB 發展

EPUB（Electronic Publication）是由國際數位出版論壇（International Digital Publishing Forum，IDPF）（https://idpf.org/）提出，於 2007 年宣佈 EPUB 為電子書標準格式。2011 年初公佈 3.0 版本。2017 年 2 月 1 日，W3C 宣布與 IDPF 正式合併（https://www.w3.org/publishing/），共創發展 EPUB 電子書出版技術。

EPUB	idpf	W3C

※資料來源：Alex Wang 彙整製作

2 EPUB 格式特性

EPUB 為多數平台通用的電子書格式，html 架構的壓縮檔，相容性高，具有目錄、書籤、標註和自訂文字屬性功能，支援智慧型手機、平板、電腦等跨平台裝置。現行閱讀器（reader）和瀏覽器（browser）的技術皆足以支援 EPUB 格式。

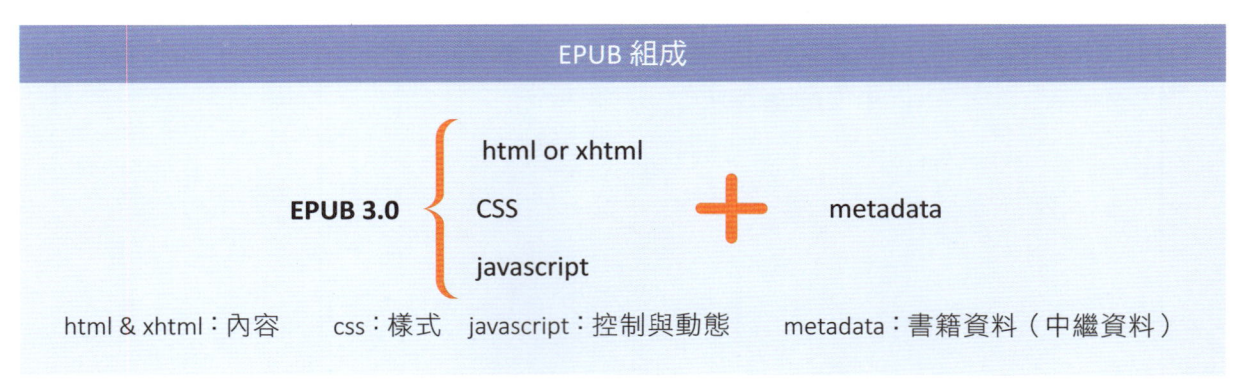

EPUB 組成

EPUB 3.0 { html or xhtml / CSS / javascript } + metadata

- html & xhtml：內容
- css：樣式
- javascript：控制與動態
- metadata：書籍資料（中繼資料）

※資料來源：Alex Wang 彙整製作

12-2 可重排版面 Reflow layout

　　以文字為主的書籍,例如:小說、簡易版型的圖文書,適合採用可重排版面的 EPUB 格式。使用者可在閱讀器裡自訂合適的文字大小、字型和顏色,甚至還可調整底圖顏色,並且會依據每個電腦或行動裝置的螢幕大小,自動重新排列適當的圖文版面順序,為使用者提供最佳化的呈現。

1 EPUB 格式架構

　　EPUB 為一個壓縮檔,將附檔名修改為 .zip 解壓縮後,即可檢視 EPUB 格式架構,下述為 InDesign 轉存 EPUB 解壓縮後的說明。

ebook.epub → 修改附檔名解壓縮 → ebook.zip → 解壓縮 → mimetype　META-INF　OEBPS

※資料來源:Alex Wang 彙整製作

Mimetype
- application epub + zip　　epub 壓縮檔

META-INF
- Container.xml　　容器
- Encryption.xml　　加密

OEBPS(Open eBook Publication Structure)
- CSS—idGeneratedStyle.css　　樣式
- Font—MicrosoftJhengHeiRegular.ttf,Arial.ttf　　字型
- Image—pic_01,pic_02　　圖片
- XXXXX.opf (Open Publication Format)
　　metadata　書籍資料(中繼資料)
　　manifest　文件清單
　　spine　閱覽順序
　　tour　閱覽途徑
　　guide　導引指南
- CoverImage.xhtml　　封面
- XXX.ncx ⎫
- XXX.xhtml ⎭ 目錄
- XXX.xhtml ⎫
- XXX-1.xhtml ⎬ 內文
- XXX-2.xhtml ⎭

2 EPUB 編輯媒介

編輯產製 EPUB 方式眾多，僅需符合 EPUB 內容架構的規格標準，使用任何軟體、編輯器或撰寫程式，皆可製作為 EPUB 電子書，本章節以 InDesign 作說明。

Sigil	Calibre	Adobe InDesign	撰寫程式碼 ▶ HTML、CSS、JS

※資料來源：Alex Wang 彙整製作

3 EPUB 製作重點

英數命名

各個名稱皆需以英數命名，例如檔案名稱或樣式名稱。

單一文章編排

文字框需以串連方式組成單一文章，圖片和表格亦必需錨定編排於其中，使圖片表格與文字連動。

套用段落樣式和字元樣式

編排內文必需套用段落樣式和字元樣式，如此方能對應 EPUB 架構，進行後續的編輯程式作業。

圖片解析度

所有圖片皆需符合各式裝置螢幕呈現的解析，適切的解析度可讓使用者的閱讀體驗更佳更流暢。

物件點陣化

複雜物件，以及套用濾鏡特效或透明度，皆需作點陣化處理，才不會導致物件或影像缺損。

4 物件轉存選項

具不透明度、混合模式或特效之物件，甚至漸層，以及美化設計的表格，皆需作點陣化處理。

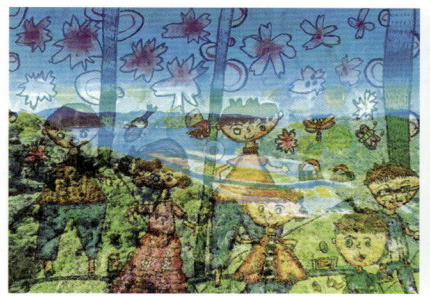

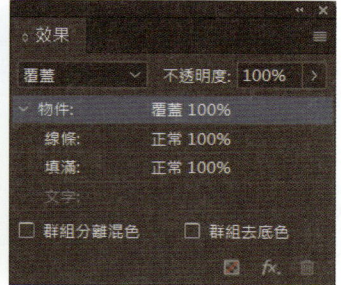

混合模式

表格

❶ 選取物件，選擇「物件＞物件轉存選項」開啟「物件轉存選項」視窗。

❷ 選擇「保留布局的外觀：點陣化物件框」，即可將物件點陣化為圖片。

❸ 選擇「大小：相對於文字流向」，使點陣化的圖片，隨著螢幕中閱讀區域所顯示的文字，依相對比例重新調整影像尺寸。

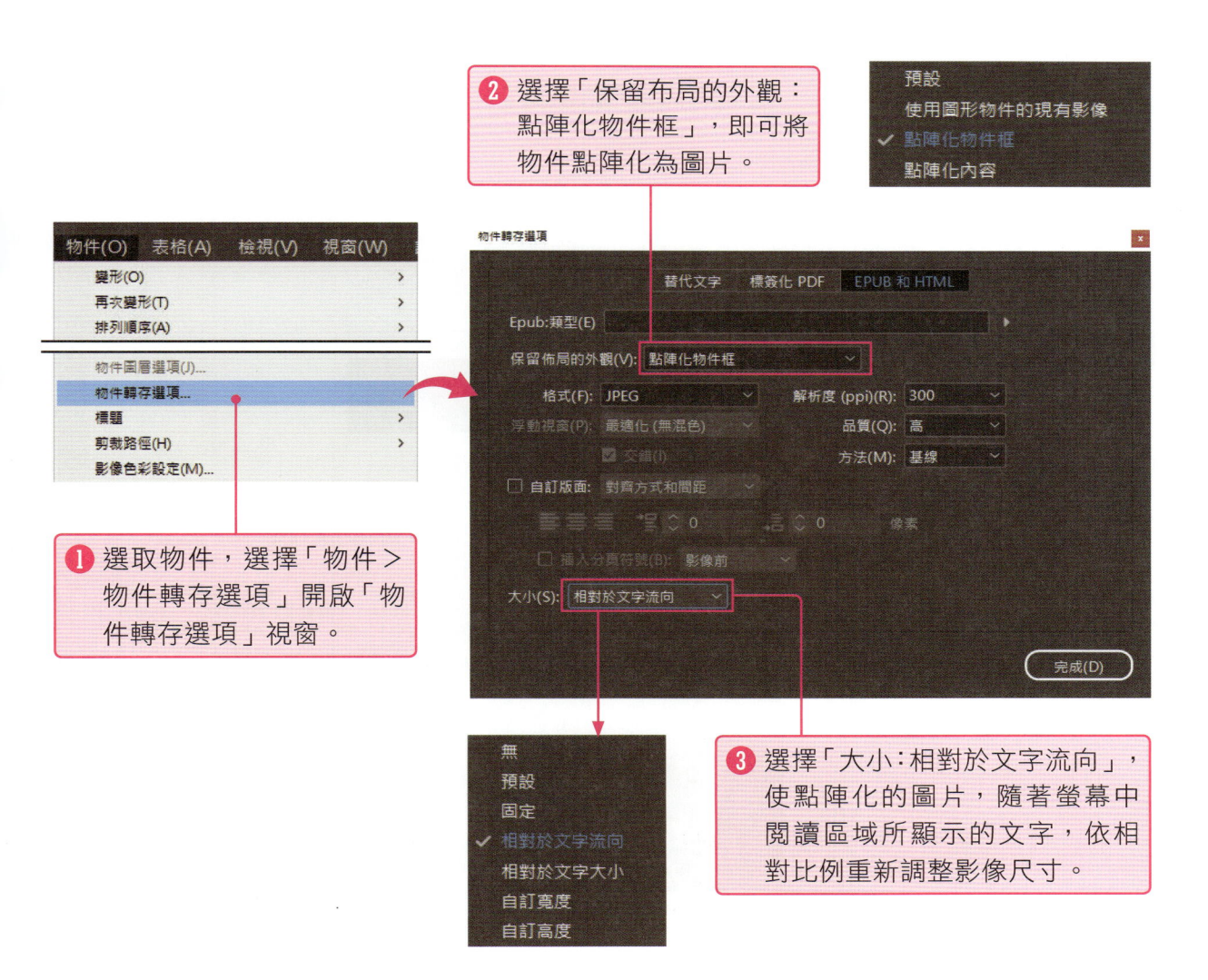

5 錨定物件

將物件附加錨定到文字框內的指定位置,編輯文字重新排列時,錨定物件會隨著包含文字流移動。

❷ 游標點按住「藍色小方塊」圖示,拖移至文字框內,即可將物件錨定於文字之中。

❸ 承上,拖移游標時,按住 Shift 鍵,可將物件內嵌於文字框之中。

❶ 產生空行,以插入錨定物件。

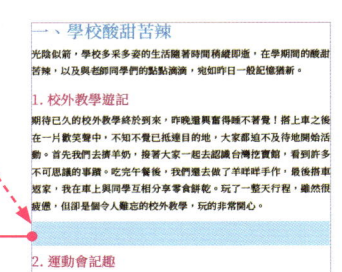

❺ 選取錨定物件,選擇「物件 > 錨定物件 > 選項」;或將游標移置錨定物件上方,點按滑鼠右鍵,選擇「錨定物件 > 選項」,開啟「錨定物件」視窗,位置設定「行上方」,可讓編排視覺呈現較佳。

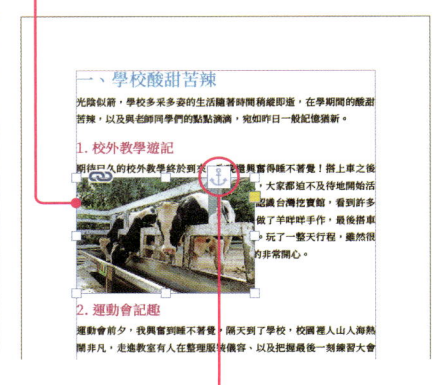

❹ 若原本「藍色小方塊」圖示位置顯示為「錨定」圖示,表示已轉換為錨定物件。

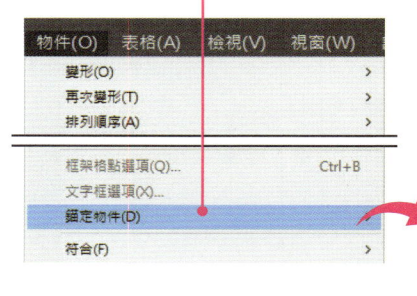

❻ 選取錨定物件,選擇「物件 > 錨定物件 > 釋放」;或將游標移置錨定物件上方,點按滑鼠右鍵,選擇「錨定物件 > 釋放」,可釋放**未內嵌**的錨定物件。

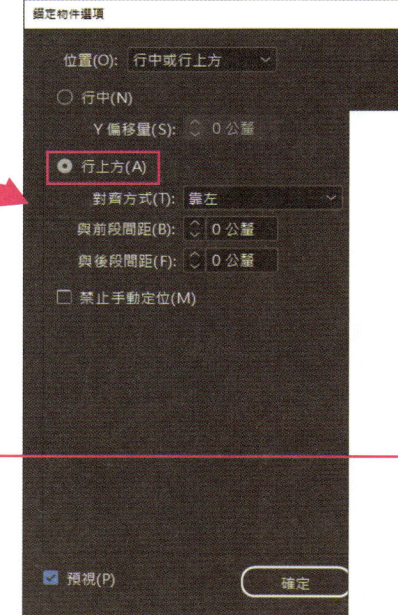

❼ 選取錨定物件,選擇「編輯 > 剪下」,接著選擇「編輯 > 貼上」將錨定物件貼至於文字框外,可釋放**內嵌**的錨定物件。

6 EPUB 電子書目錄

欲在 EPUB 電子書產生目錄，必須按照本書「10-2 製作目錄」單元的方式製作目錄，使目錄設定與內文的標題產生連結，如此才能正確地產生電子書目錄，而電子目錄建議做 2 個層級即可。

❶ 選擇「版面＞目錄樣式」設定目錄樣式與內文標題的連結，以及相關選項設定。

❷ 選擇「版面＞目錄」於文件頁面中產生目錄。

❸ 在「編輯目錄樣式」視窗設定目錄時，欲使內頁中的目錄文字具內部連結功能，則需勾選「在來源段落中設定文字錨點」。

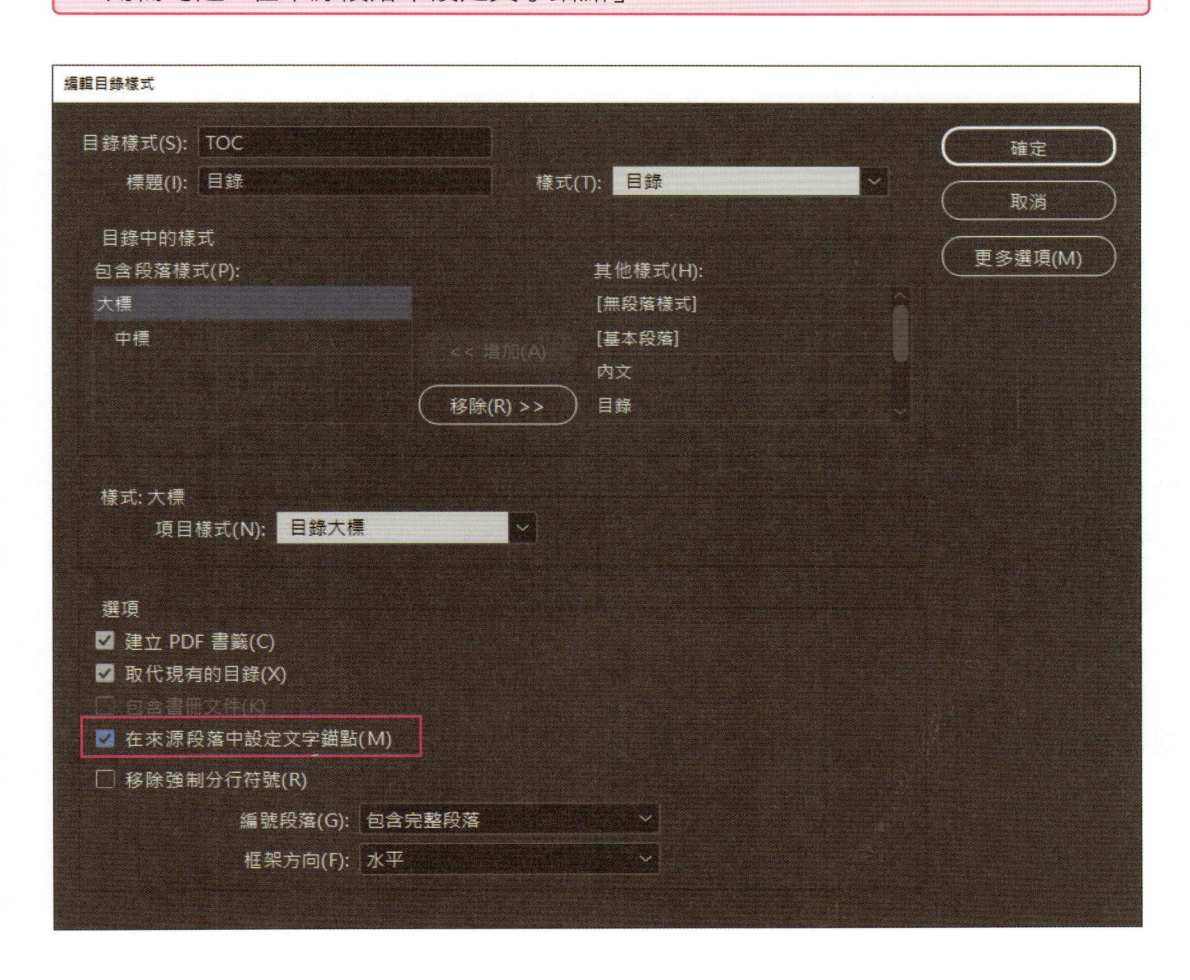

7 編輯所有轉存標記

將文件檔案中,文字內容套用的段落樣式,以「轉存標記」方式,轉換為 HTML 與 CSS 樣式能夠連結對應。

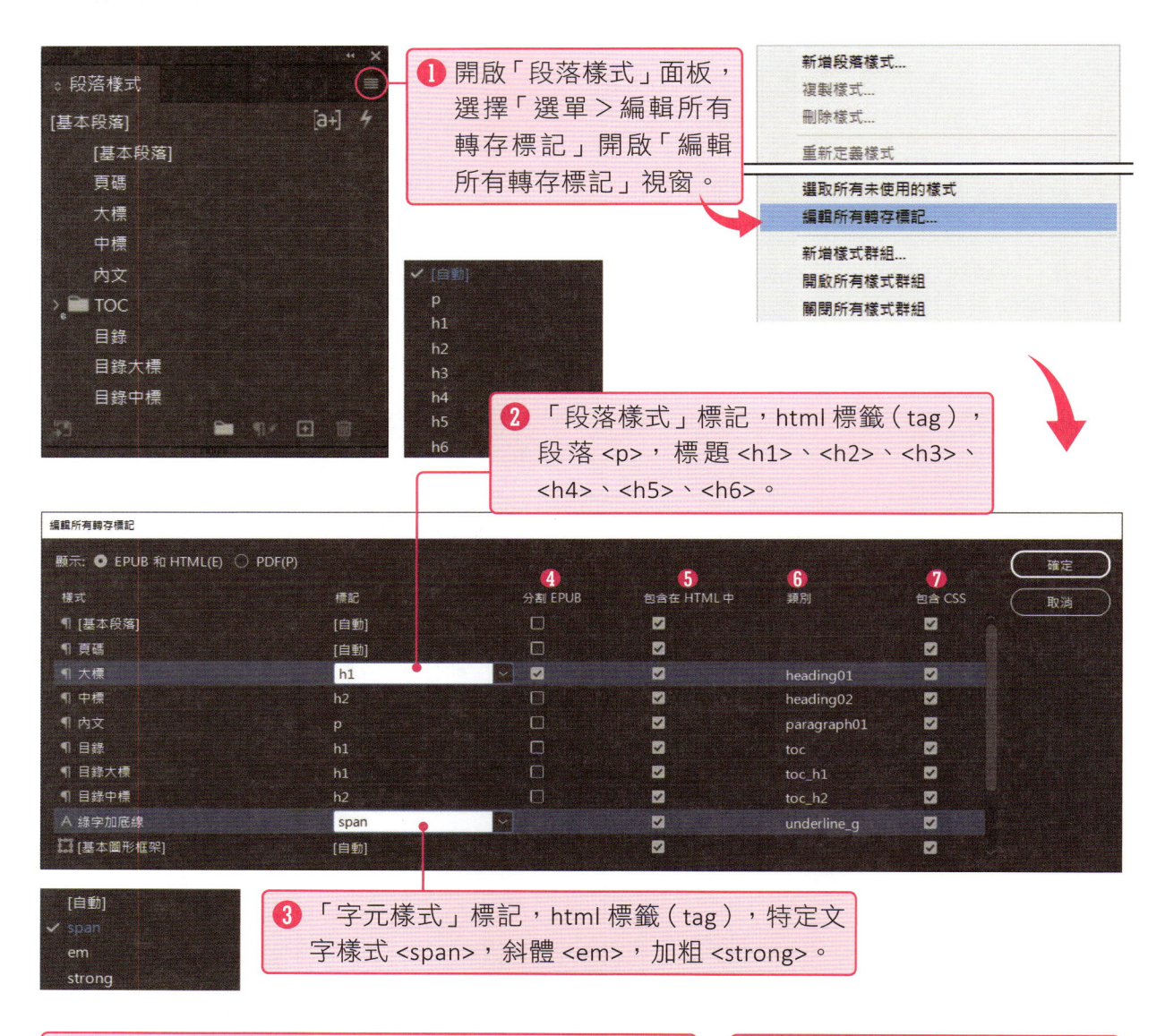

❶ 開啟「段落樣式」面板,選擇「選單 > 編輯所有轉存標記」開啟「編輯所有轉存標記」視窗。

❷「段落樣式」標記,html 標籤(tag),段落 <p>,標題 <h1>、<h2>、<h3>、<h4>、<h5>、<h6>。

❸「字元樣式」標記,html 標籤(tag),特定文字樣式 <span>,斜體 <em>,加粗 <strong>。

❹ 分割 EPUB,意即是將 EPUB 檔案內容劃分多少個 html,建議以層級架構最高的章節進行分割。

❺ 包含在 HTML 中,轉存 EPUB 時,自動包含生成 html。

❻「段落樣式」或「字元樣式」類別,自訂類別(class)名稱,讓 css 樣式辨識套用屬性。

❼ 包含 css,轉存 EPUB 時,自動包含生成 css。

8 轉存 EPUB

❶ 選擇「檔案＞轉存」開啟「轉存」視窗。

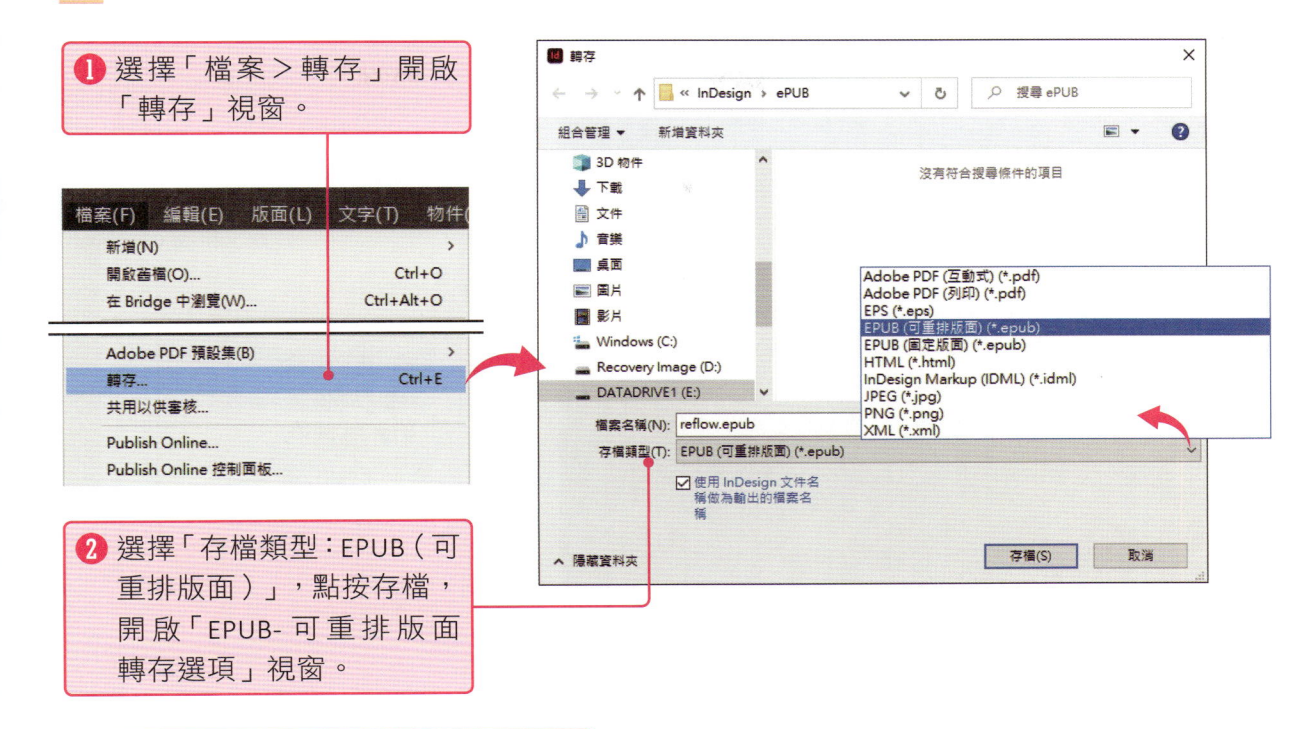

❷ 選擇「存檔類型：EPUB（可重排版面）」，點按存檔，開啟「EPUB-可重排版面轉存選項」視窗。

❸ EPUB-可重排版面轉存選項＞一般。

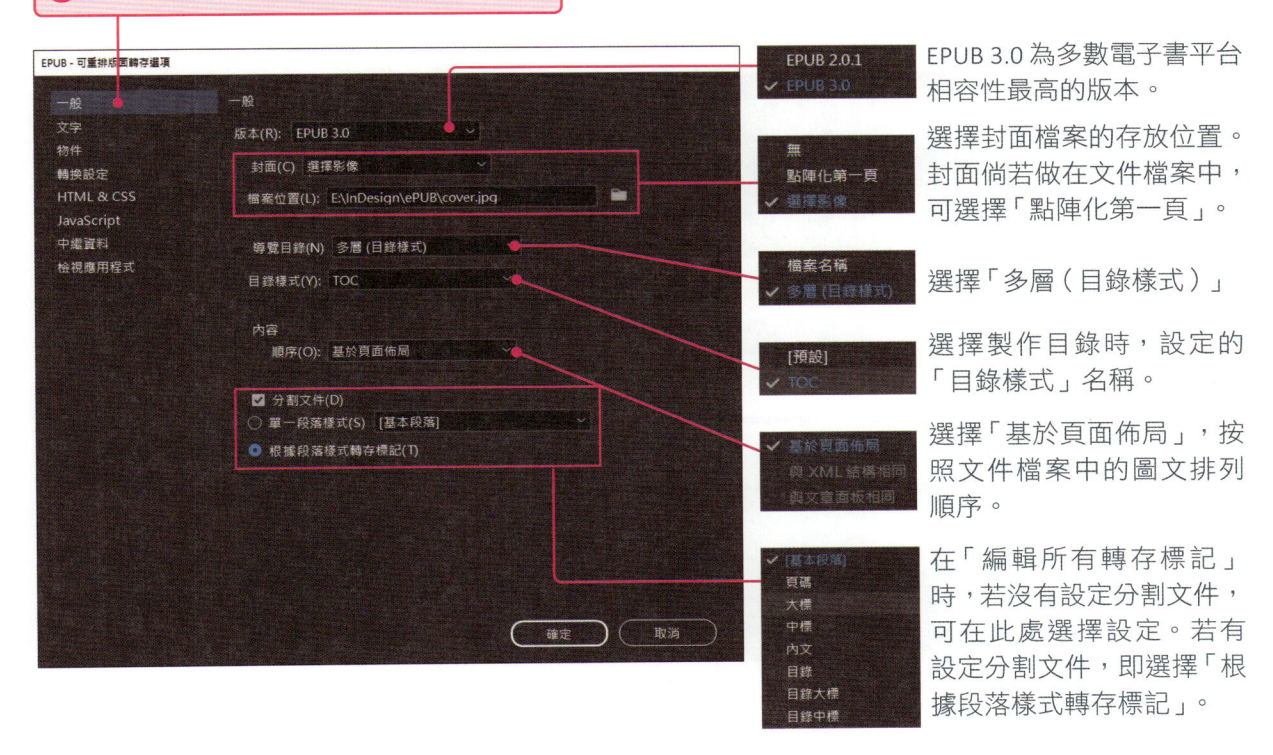

EPUB 2.0.1
✓ EPUB 3.0

EPUB 3.0 為多數電子書平台相容性最高的版本。

無
點陣化第一頁
✓ 選擇影像

選擇封面檔案的存放位置。封面倘若做在文件檔案中，可選擇「點陣化第一頁」。

檔案名稱
✓ 多層 (目錄樣式)

選擇「多層（目錄樣式）」

[預設]
✓ TOC

選擇製作目錄時，設定的「目錄樣式」名稱。

✓ 基於頁面佈局
與 XML 結構相同
與文章面板相同

選擇「基於頁面佈局」，按照文件檔案中的圖文排列順序。

✓ [基本段落]
頁碼
大標
中標
內文
目錄
目錄大標
目錄中標

在「編輯所有轉存標記」時，若沒有設定分割文件，可在此處選擇設定。若有設定分割文件，即選擇「根據段落樣式轉存標記」。

12 EPUB 電子書

❹ EPUB-可重排版面轉存選項＞HTML & CSS。

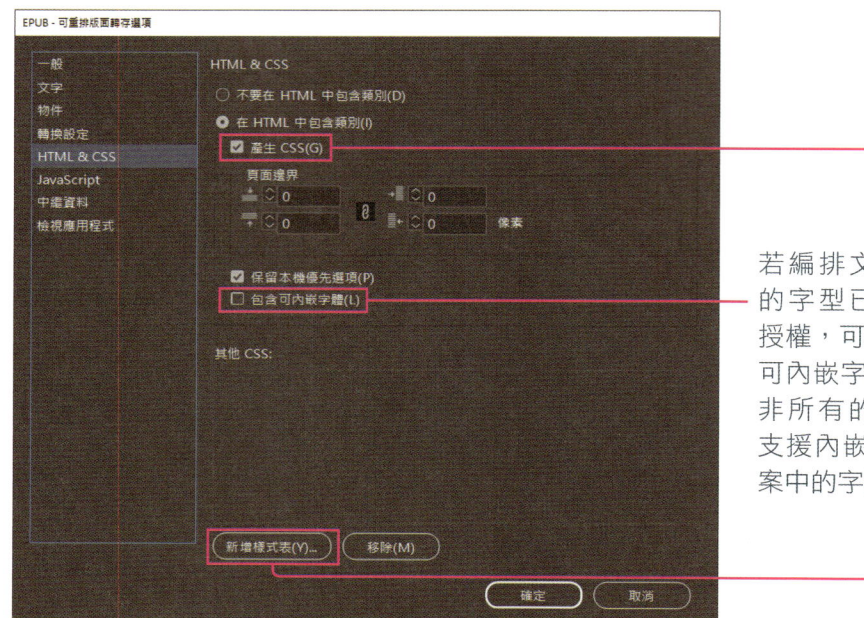

若會自行撰寫 css 樣式，可以不勾選「產生 css」，另外選擇「新增樣式表」新增 css 樣式。

若編排文字所使用的字型已獲得字型授權，可勾選「包含可內嵌字體」。但並非所有的閱讀器皆支援內嵌於 EPUB 檔案中的字型。

❺ EPUB-可重排版面轉存選項＞中繼資料。

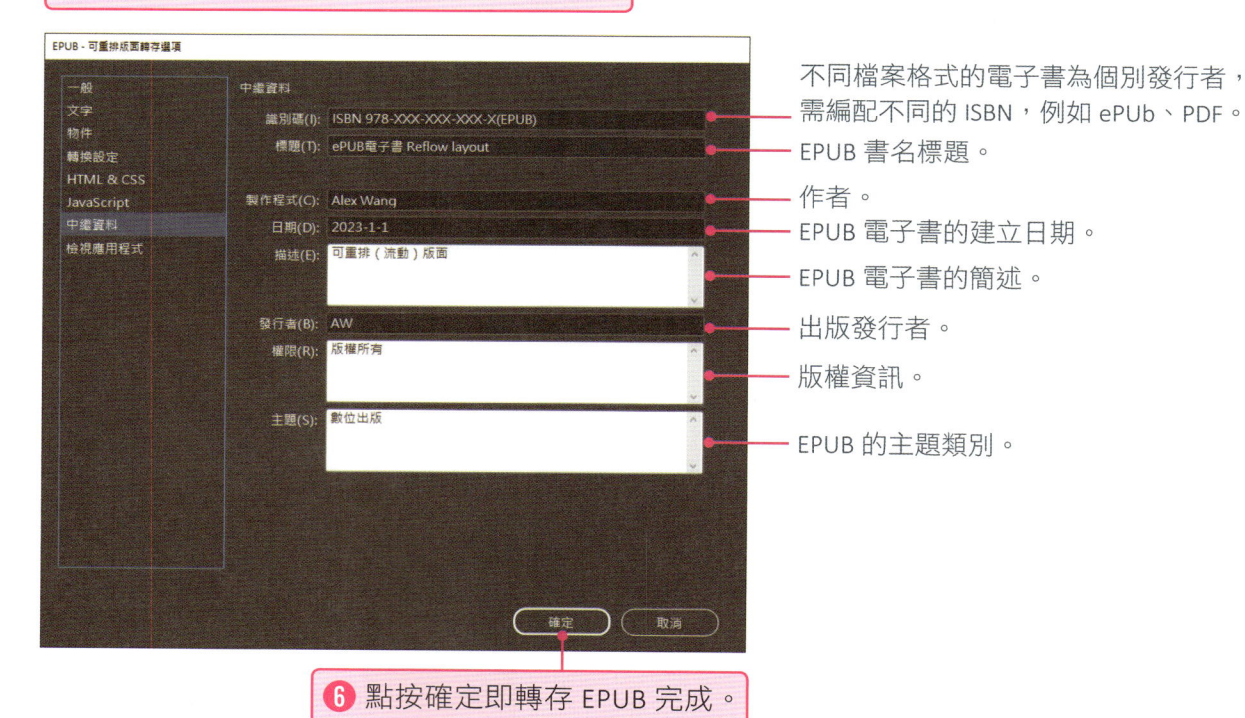

不同檔案格式的電子書為個別發行者，需編配不同的 ISBN，例如 ePUb、PDF。

EPUB 書名標題。

作者。

EPUB 電子書的建立日期。

EPUB 電子書的簡述。

出版發行者。

版權資訊。

EPUB 的主題類別。

❻ 點按確定即轉存 EPUB 完成。

9 編輯 html 與 CSS

EPUB 電子書的檔案是一個壓縮檔，僅需將附檔名 .epub 修改為 .zip，解縮縮後即可編輯檢視。

❶ 將附檔名 **.epub** 修改為 **.zip**，並將 **relow.zip** 解壓縮。

❷ 進入「OEBPS 資料夾」編輯 EPUB 內容，依需求修改 html 內容和 css 樣式，亦可編修 image 圖片。

OEBPS 資料夾內容：
- css
- image
- content.opf
- cover.xhtml
- reflow.xhtml
- reflow-1.xhtml
- toc.ncx
- toc.xhtml

編輯 html 和 css 的常用軟體

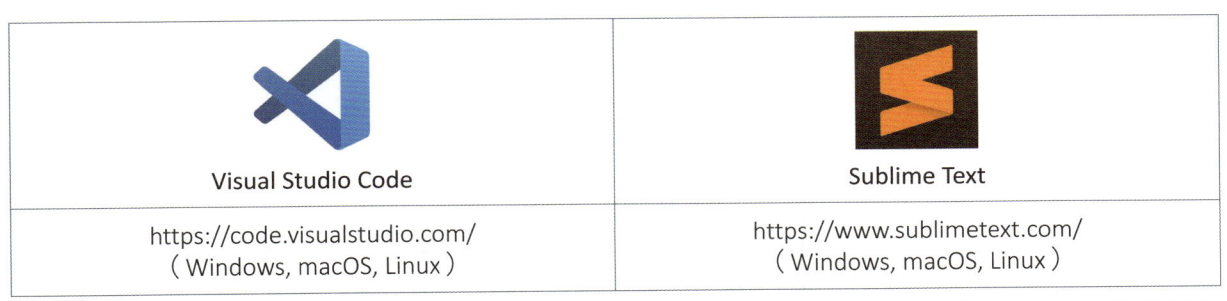

Visual Studio Code	Sublime Text
https://code.visualstudio.com/ （Windows, macOS, Linux）	https://www.sublimetext.com/ （Windows, macOS, Linux）

※資料來源：Alex Wang 彙整製作

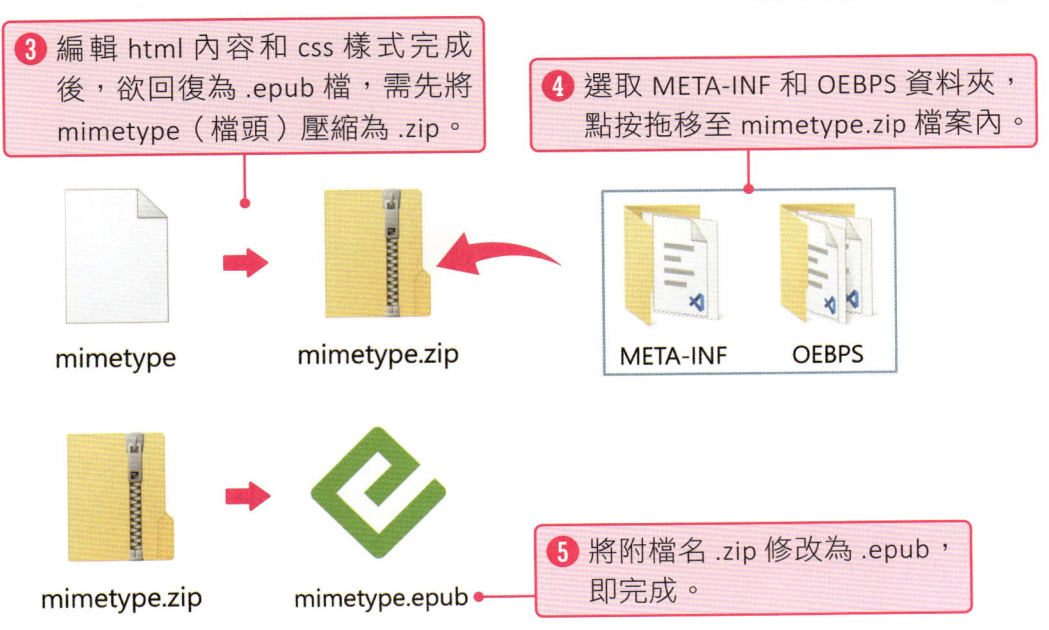

❸ 編輯 html 內容和 css 樣式完成後，欲回復為 .epub 檔，需先將 mimetype（檔頭）壓縮為 .zip。

❹ 選取 META-INF 和 OEBPS 資料夾，點按拖移至 mimetype.zip 檔案內。

❺ 將附檔名 .zip 修改為 .epub，即完成。

10 EPUB 驗證檢查

以「EPUB Checker」檢查 EPUB 是否有錯誤，此驗證器亦可用作壓縮封包為 .epub 檔。

EPUB 驗證程式

pagina EPUB-Checker	pagina EPUB-Checker Created by pagina GmbH, Tübingen, Germany https://www.pagina.gmbh/produkte/epub-checker/ This tool uses the official EPUBCheck library (https://github.com/w3c/epubcheck)

pagina ▶ https://pagina.gmbh/startseite/leistungen/publishing-softwareloesungen/epub-checker/
W3C ▶ https://github.com/w3c/epubcheck

※資料來源：Alex Wang 彙整製作

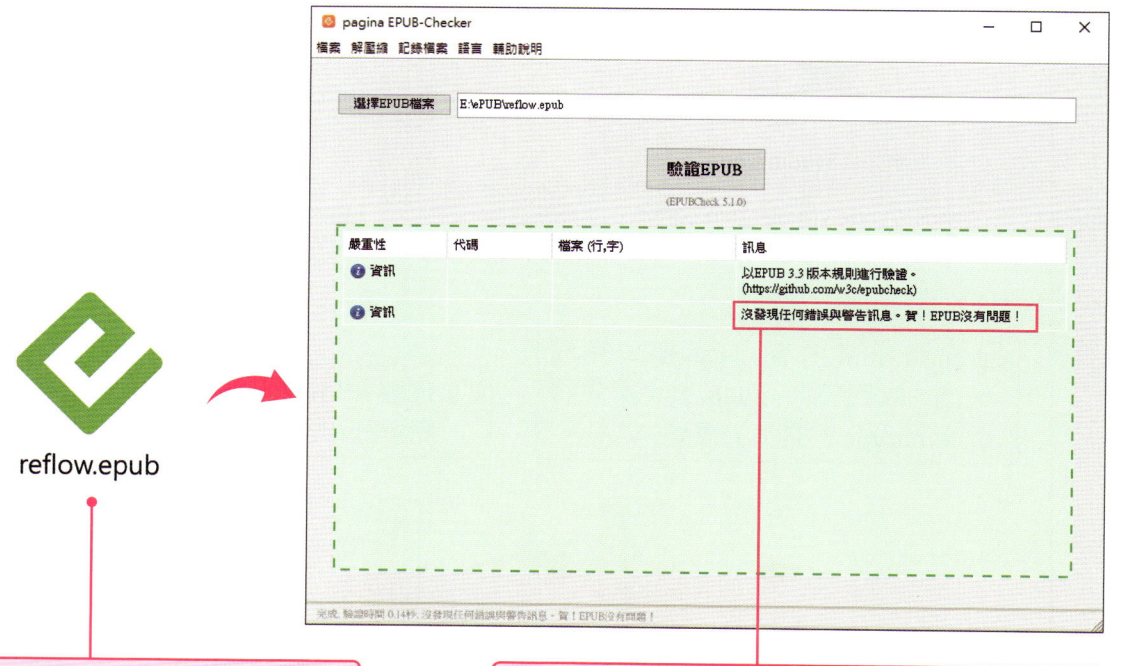

❶ 開啟 pagina EPUB-Checker，從「選擇 EPUB 檔案」加入 EPUB 檔案，或是將 EPUB 檔案拖移至「EPUB-Checker」內，執行「驗證 EPUB」。

❷ 沒發現任何問題，即可上架平台。

❸ 若發現問題，需依照「EPUB-Checker」訊息排除錯誤，抑或尋求專業（資訊）人員協助 debug（除錯）。

12-3 固定版面 Fixed layout

版型不受限，圖文可編排於版面中的絕對位置，內容涵蓋超連結、多媒體影音和互動效果，例如：教科書、漫畫書、兒童繪本和互動電子雜誌。雖可置入多元互動內容，但因為結構複雜、製作成本較高，且受限於閱讀器的支援性，目前以漫畫和 PDF 完整版面的出版為主。

❶ 版型設計與編排內容。

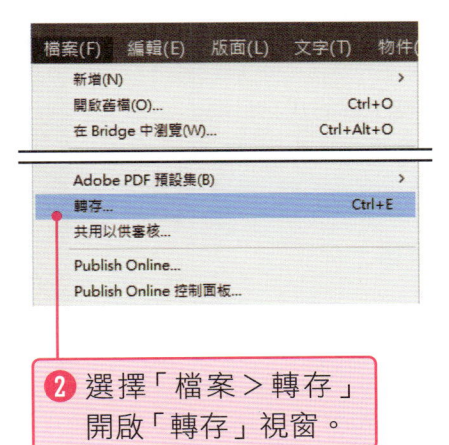

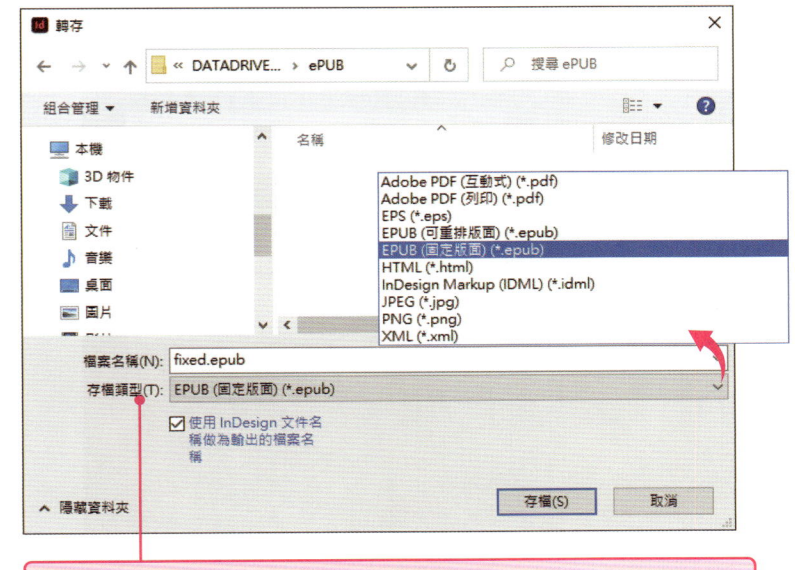

❷ 選擇「檔案＞轉存」開啟「轉存」視窗。

❸ 選擇「存檔類型：EPUB（固定版面）」，點按存檔，開啟「EPUB-固定版面轉存選項」視窗。

12 EPUB 電子書

❹ EPUB- 固定版面轉存選項＞一般。

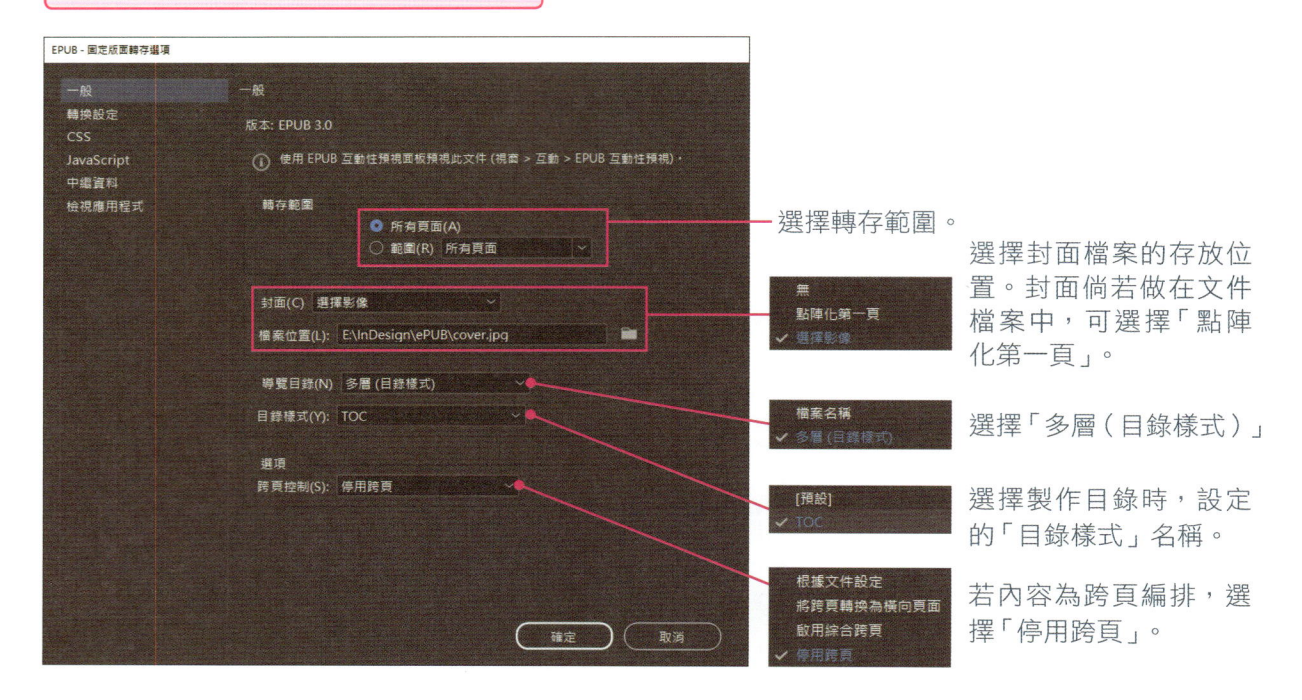

選擇轉存範圍。

選擇封面檔案的存放位置。封面倘若做在文件檔案中，可選擇「點陣化第一頁」。

選擇「多層（目錄樣式）」

選擇製作目錄時，設定的「目錄樣式」名稱。

若內容為跨頁編排，選擇「停用跨頁」。

❺ EPUB- 固定版面轉存選項＞中繼資料。

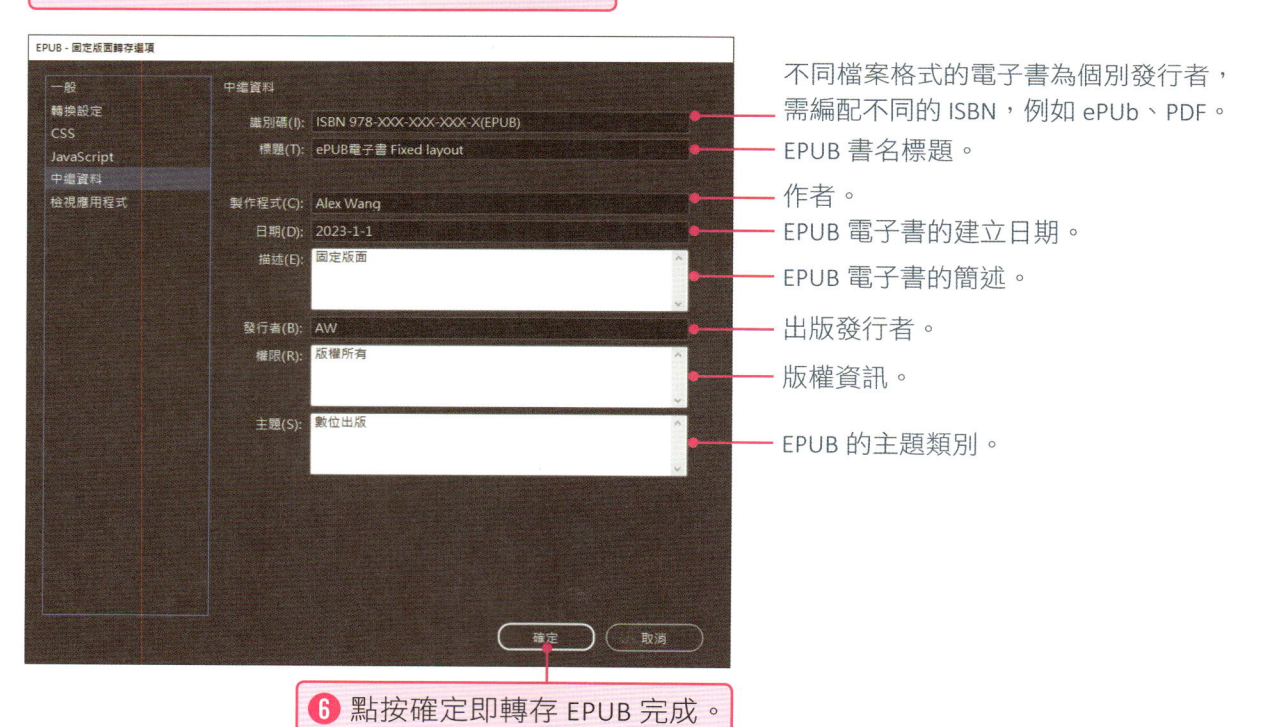

不同檔案格式的電子書為個別發行者，需編配不同的 ISBN，例如 ePUb、PDF。

EPUB 書名標題。

作者。

EPUB 電子書的建立日期。

EPUB 電子書的簡述。

出版發行者。

版權資訊。

EPUB 的主題類別。

❻ 點按確定即轉存 EPUB 完成。

12-4　EPUB 檢閱

檢閱 EPUB 電子書內容的閱讀程式眾多，以下為相容性較高之閱讀器 App。

Apple Books （iOS, Android）	Google Play 圖書 （iOS, Android）

　　製作 EPUB 電子書最基本的就是內容層級與設定樣式，定義結構完善的 html 與 css 樣式，以及考慮平台系統與閱讀器的支援度。不單是完成版面設計，而是完成一個符合多裝置平台呈現的內容。

12 課後習題

選擇題

(　　) 1. EPUB 格式的主要組成部分包括了什麼內容？
　　　　(A) 只有 HTML 和 CSS
　　　　(B) HTML、CSS、JavaScript 和 metadata
　　　　(C) 只有 CSS 和圖片
　　　　(D) 圖片和文字而已

(　　) 2. EPUB 格式相容於哪些設備？
　　　　(A) 支援智慧手機、平板、電腦等多種跨平台裝置
　　　　(B) 僅適用於電腦
　　　　(C) 僅適用於行動裝置
　　　　(D) 僅限於特定品牌的閱讀器

(　　) 3. EPUB 可重排版面（Reflow layout）的特點是什麼？
　　　　(A) 使用者可以調整文字大小與排版，自適應螢幕尺寸
　　　　(B) 版型固定，無法調整文字與排版
　　　　(C) 適合圖片為主的內容
　　　　(D) 僅適用於桌上型電腦

(　　) 4. 在 EPUB 格式的檔案結構中，哪個資料夾主要包含電子書的內容、樣式和中繼資料等核心檔案？
　　　　(A) META-INF
　　　　(B) OEBPS（Open eBook Publication Structure）
　　　　(C) mimetype
　　　　(D) epubzip

(　　) 5. 下圖顯示的 EPUB 格式架構中，應修改哪個檔案來調整樣式？

　　　　(A) OEBPS 資料夾中的 images
　　　　(B) OEBPS 資料夾中的 CSS
　　　　(C) mimetype 檔案
　　　　(D) META-INF 資料夾

(　) 6. 如何將檔案轉存為 EPUB 格式？
(A) 選擇「檔案＞封裝」並選擇 EPUB 格式
(B) 選擇「檔案＞另存新檔」並選擇 EPUB 格式
(C) 選擇「檔案＞新增」並選擇 EPUB 格式
(D) 選擇「檔案＞轉存」並選擇 EPUB 格式

(　) 7. 對於以文字為主的書籍，例如小說，下列哪種 EPUB 版面格式較為適合？
(A) 固定版面（Fixed layout）
(B) 可重排版面（Reflow layout）
(C) 混合版面
(D) 互動式版面

(　) 8. 如何在 EPUB 中確保圖片自適應螢幕？
(A) 使用固定大小的圖片
(B) 選擇「物件＞物件轉存選項」，並選擇「大小：相對於文字流向」
(C) 使用「段落面板」中的自適應選項
(D) 手動設定每個裝置的圖片大小

(　) 9. 固定版面 EPUB 的主要特點是什麼？
(A) 內容在所有裝置上保持固定的頁面設計
(B) 內容會隨著裝置的螢幕大小自動重新排列
(C) 可以動態調整字型大小和格式
(D) 自動生成多種頁面佈局供使用者選擇

(　) 10. 何時應該使用固定版面的 EPUB？
(A) 當需要讓內容隨裝置螢幕大小自動調整時
(B) 當文件只包含文字且不需複雜排版時
(C) 當文件中包含大量圖片、特殊排版或設計元素時
(D) 當需要動態生成目錄和頁碼時

單元小實作

將檔案文件內容，轉製為 EPUB 電子書。

EPUB 電子書 _ 單元小實作 .idml

提示重點
- 所有名稱皆以英數命名。
- 內容須以單一文章方式編排。
- 轉存標記設定完整，html 與 css 對應正確。
- 以「EPUB Checker」檢查檔案除錯。

13

實作範例練習

學習基礎知識和基本操作之後,經由多次的實務範例練習,才會知道應用技巧和細節重點,並且能夠發現問題所在。

- ▶ 13-1 文字書籍
- ▶ 13-2 圖文書籍
- ▶ 課後習題

13 實作範例練習

13-1 文字書籍

範例說明 直排版面設計，尺寸：A5（148×210mm），方向：縱向，裝訂：由右至左（右翻書）。

使用功能 版面格點、垂直格點工具、文字屬性樣式、轉存 PDF。

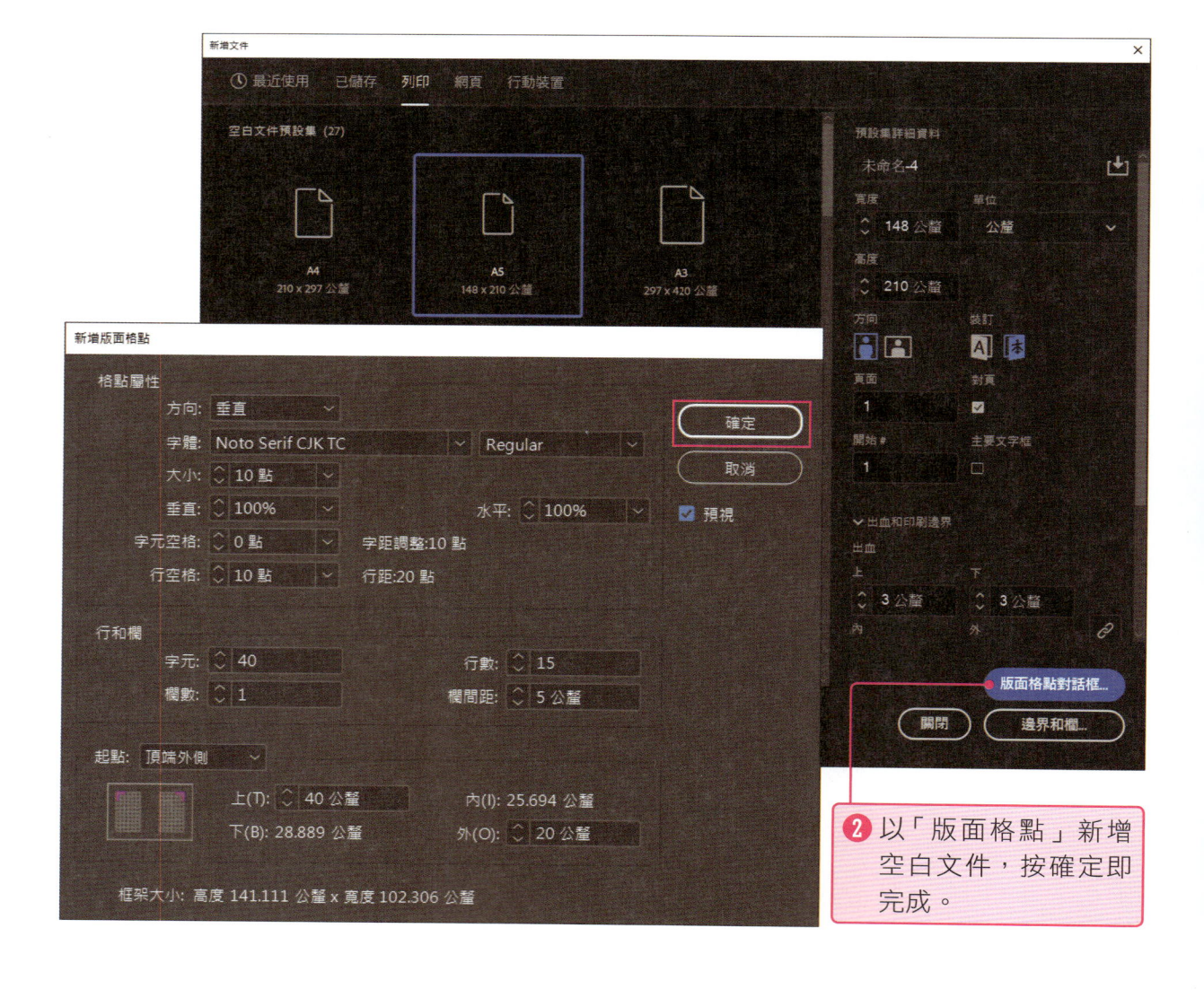

❶ 彙整文字檔，刪除多餘的空格與空行，接著於每個段落賦予標記。

空格
一、家庭生活記趣 h1 ── 標記
1. 公園野餐趣 h2 ── 標記
── 空行
今天是個風和日麗適合出遊的好
們去運動公園遊玩和野餐。 我 ── 空格
座三層樓高的溜滑梯，宛如高聳
造型組成的溜滑梯，我迫不及待

❷ 以「版面格點」新增空白文件，按確定即完成。

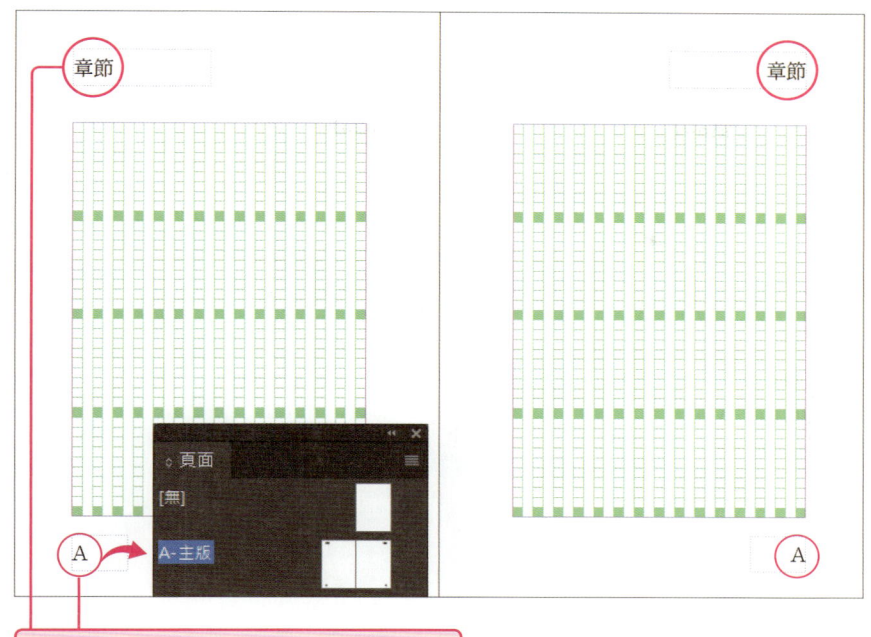

- **眉標**：於文件頁面的眉標位置新增文字框，選擇「文字＞插入特殊字元＞標記＞章節標記」，文字框內即顯現「章節」兩字，章節標題設定完成。最後於「段落樣式面板」設定眉標的段落樣式。

- **頁碼**：於文件主版頁面的頁碼位置新增文字框，選擇「文字＞插入特殊字元＞標記＞目前頁碼」即顯現「主版前方的英文字母」，頁碼設定完成。最後於「段落樣式面板」設定頁碼的段落樣式。

❸ 於主版頁面製作眉標與頁碼。

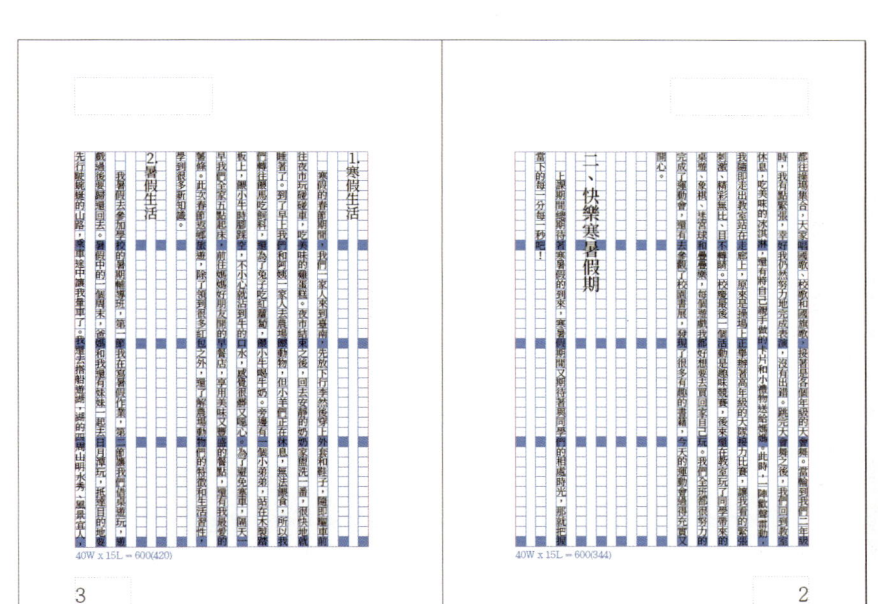

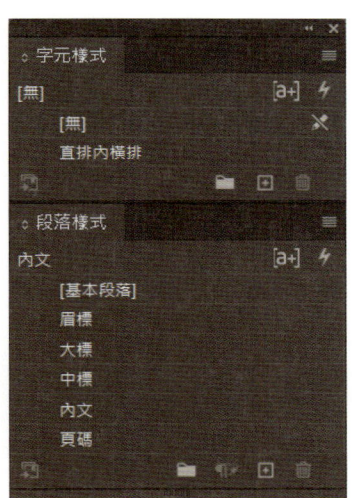

❹ 於內頁頁面以「垂直格點工具」置入文字，「段落樣式面板」設定大標、中標和內文的段落樣式，使用「尋找／變更」更新套用整份文件，以及 GREP 功能處理直排內橫排的英數和符號文字。

13 實作範例練習

❺ 在「頁面面板」中選擇**每個章節的起始第一頁**，點按滑鼠右鍵，選擇「編頁與章節選項」開啟「新增章節」視窗，接著於章節標記欄位輸入「章節標題」文字，按確定即顯示於內頁眉標位置。

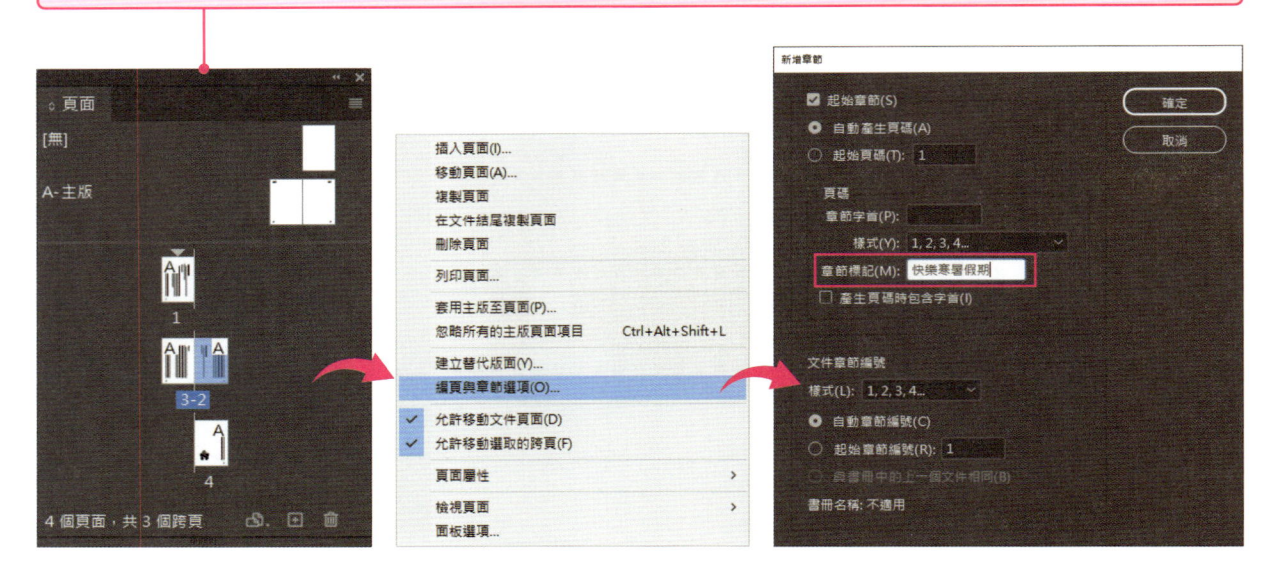

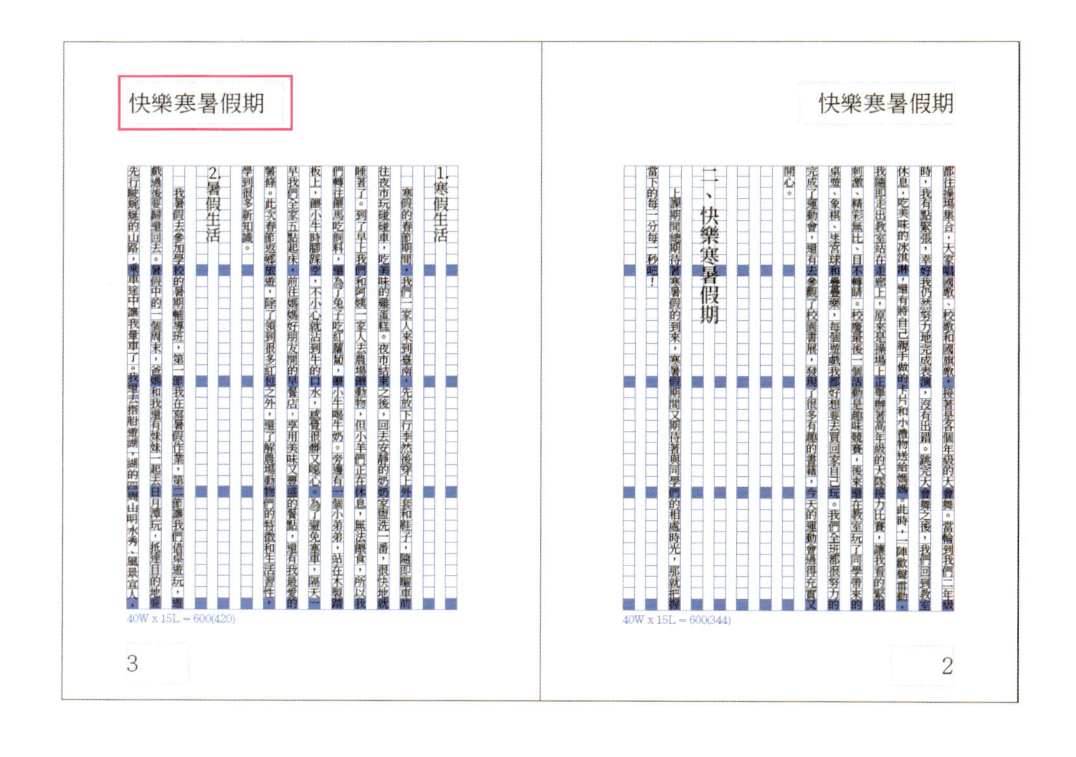

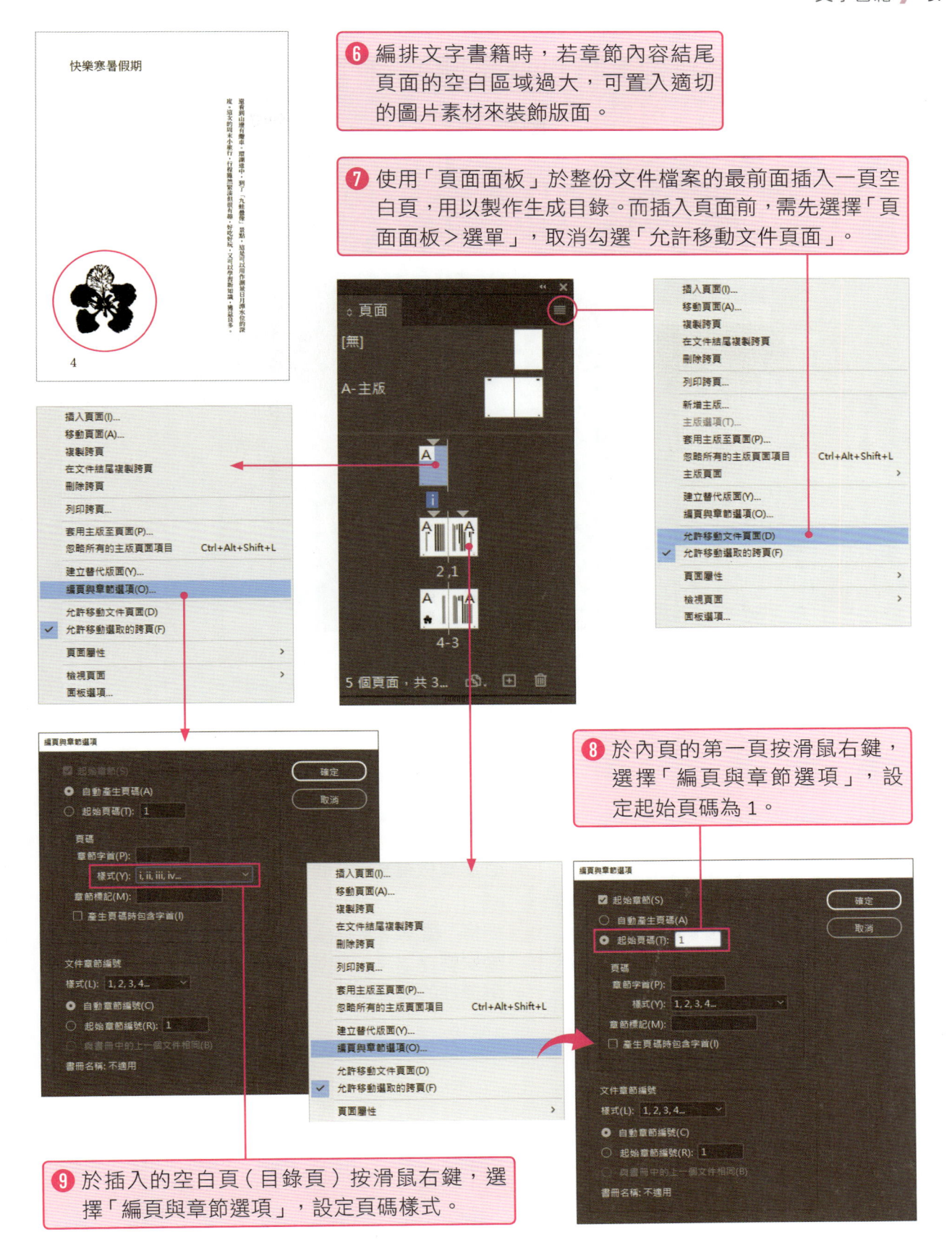

❻ 編排文字書籍時，若章節內容結尾頁面的空白區域過大，可置入適切的圖片素材來裝飾版面。

❼ 使用「頁面面板」於整份文件檔案的最前面插入一頁空白頁，用以製作生成目錄。而插入頁面前，需先選擇「頁面面板＞選單」，取消勾選「允許移動文件頁面」。

❽ 於內頁的第一頁按滑鼠右鍵，選擇「編頁與章節選項」，設定起始頁碼為 1。

❾ 於插入的空白頁（目錄頁）按滑鼠右鍵，選擇「編頁與章節選項」，設定頁碼樣式。

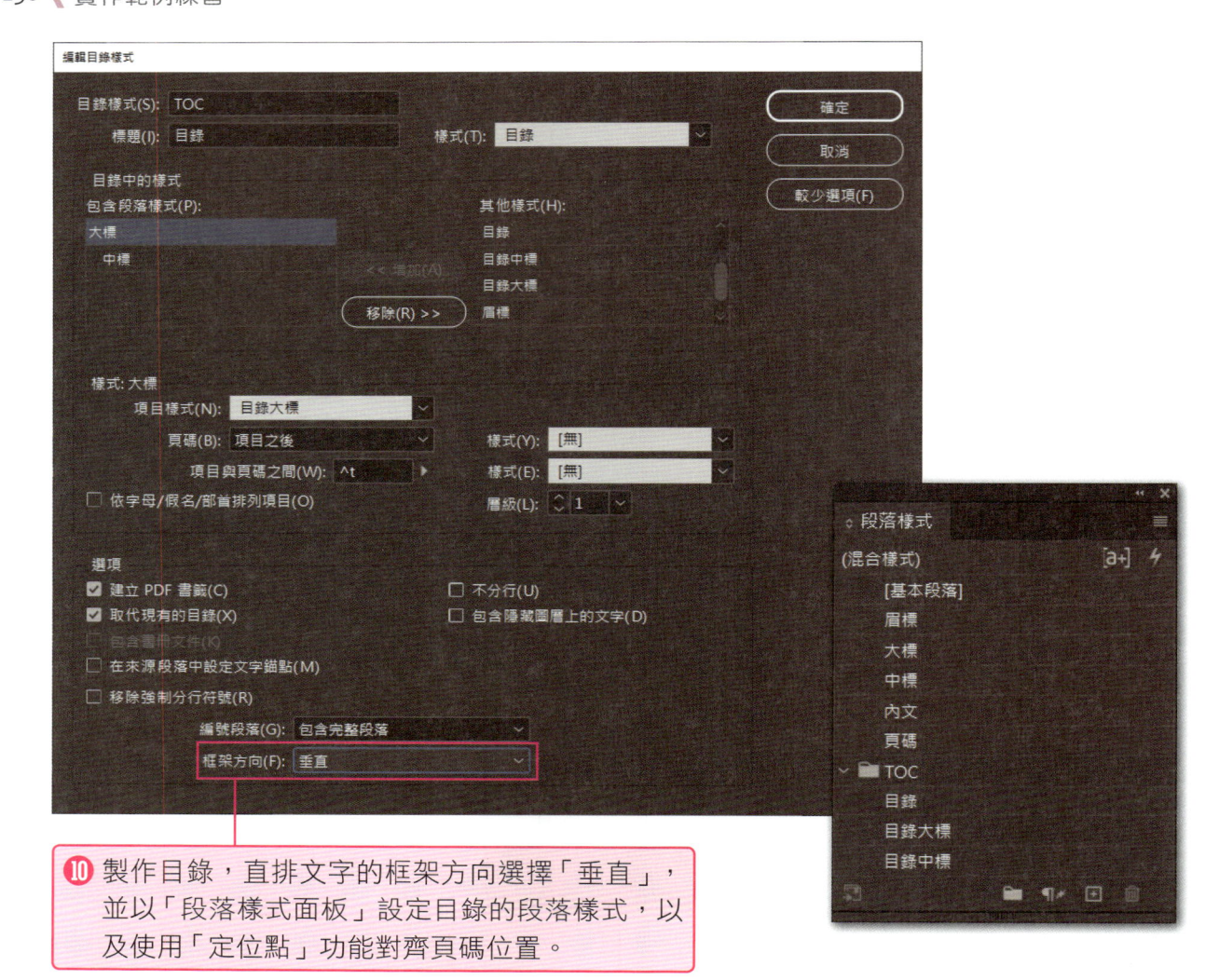

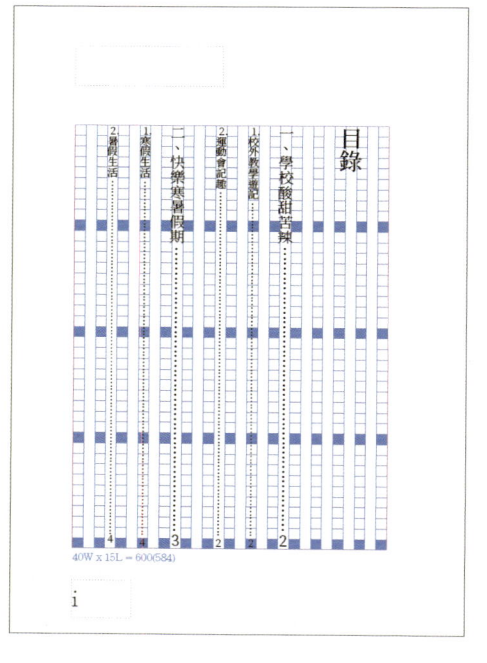

⑩ 製作目錄，直排文字的框架方向選擇「垂直」，並以「段落樣式面板」設定目錄的段落樣式，以及使用「定位點」功能對齊頁碼位置。

⑪ 使用「預檢」功能檢查文件檔案是否有錯誤，並且瀏覽檢視文件是否有遺漏之處或其他問題。

⑫ 選擇「檔案＞轉存」轉存 PDF 檔，印刷的 PDF 檔必須轉存單頁，若是自行檢視或印表機列印，可選擇性的轉存跨頁。

13-2 圖文書籍

範例說明 橫排版面設計，尺寸：A5（148×210mm），方向：橫向，裝訂：由左至右（左翻書）。

使用功能 版型規劃、文字屬性樣式、繞圖排文、轉存 PDF 與封裝。

一、學校酸甜苦辣 h1 ── 標記
空格 ── 光陰似箭，學校多采多姿的生
縱即逝，在學期間的酸甜苦辣，
學們的點點滴滴，宛如昨日一般
──────────── 空行
1.校外教學遊記 h2 ── 標記
期待已久的校外教學終於到來，
到要出遊，還興奮得睡不著覺！
一片歡笑聲中，不知不覺已抵達

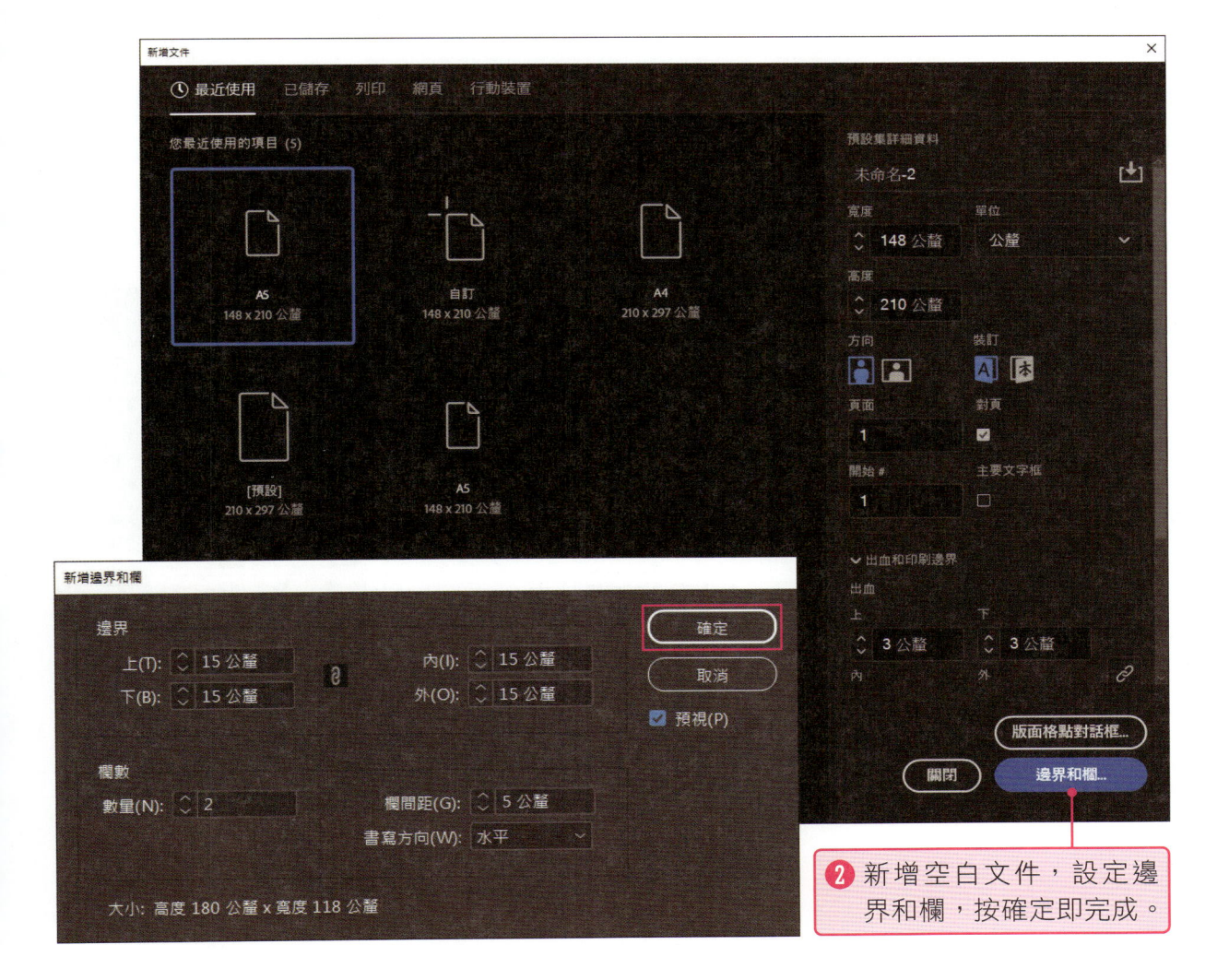

❶ 彙整文字檔，刪除多餘的空格與空行，接著於每個段落賦予標記。

❷ 新增空白文件，設定邊界和欄，按確定即完成。

13 實作範例練習

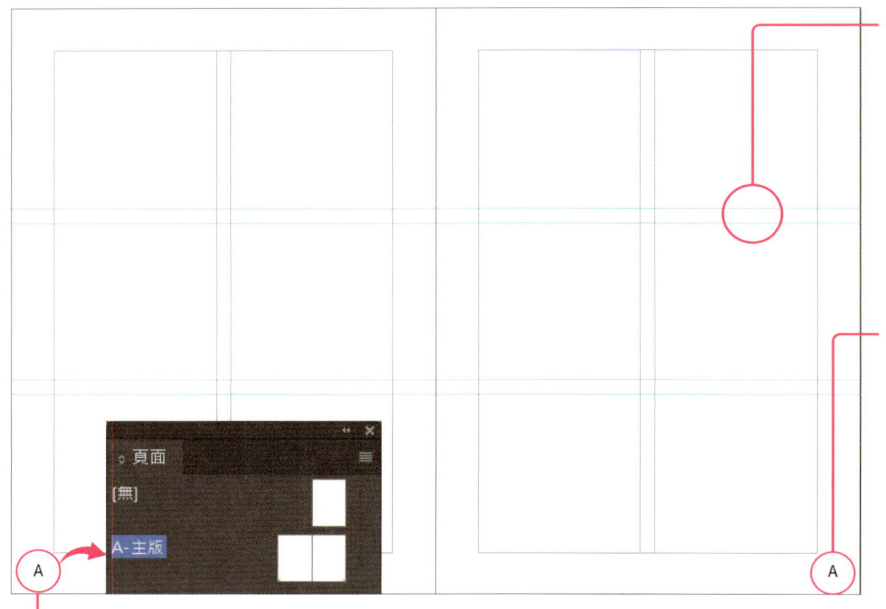

- **參考線**：於文件的主版頁面，以參考線規劃版型配置。

- **頁碼**：於文件主版頁面的頁碼位置新增文字框，選擇「文字＞插入特殊字元＞標記＞目前頁碼」，即顯現「主版前方的英文字母」，頁碼設定完成。最後於「段落樣式面板」設定頁碼的段落樣式。

❸ 於主版頁面設計版型與製作頁碼。

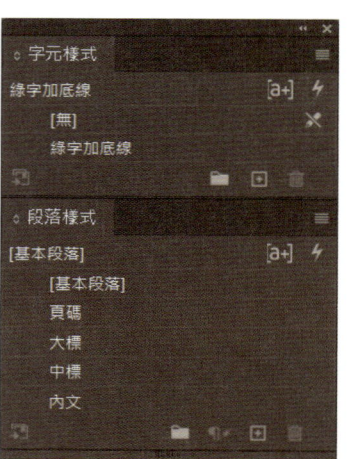

❹ 於內頁頁面以「文字工具」置入文字，「段落樣式面板」設定大標、中標和內文的段落樣式，「字元樣式面板」設定強調顯示的文字,使用「尋找／變更」更新套用整份文件。

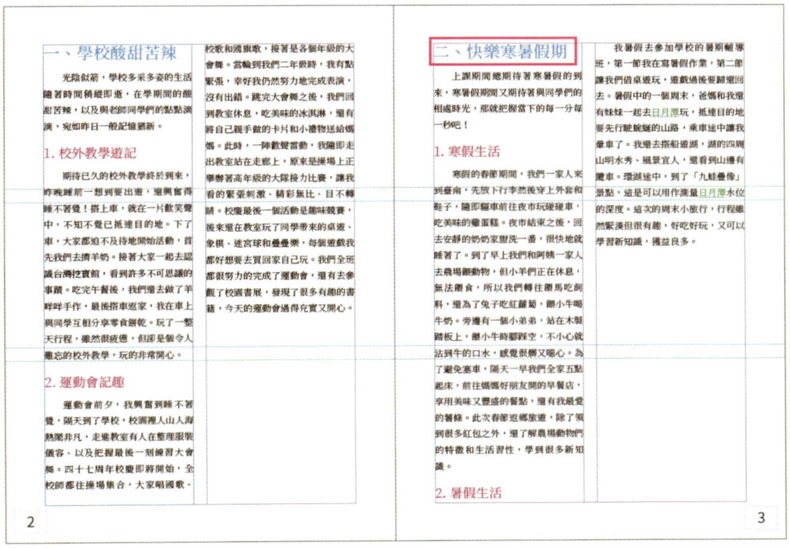

❺ 選擇「段落面板＞選單＞保留選項」開啟「保留選項」視窗，將大標設定為永遠起始於下一頁。

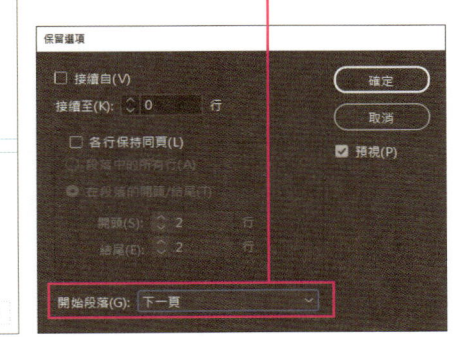

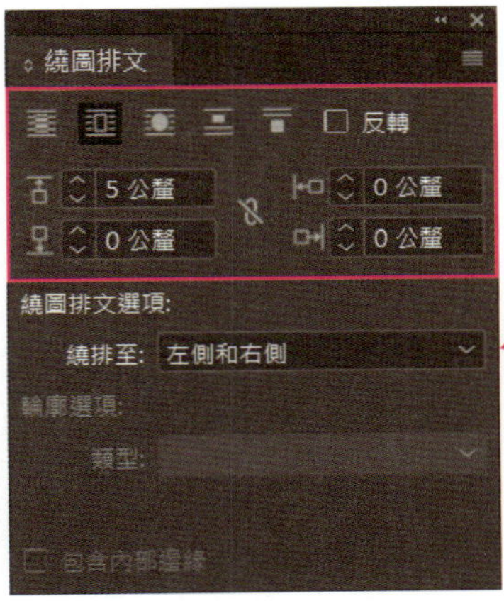

❻ 選擇「檔案＞置入」將圖片置入於文件頁面，執行「物件＞符合＞等比例填滿框架」將圖片等比例填滿整個圖框。接著以「繞圖排文面板」使文字避開繞過圖片編排文字。

❼ 若為單元形式且多元變化的版型，可適時的調整文字框與其位置。

❽ 使用「預檢」功能檢查文件檔案是否有錯誤發生，並且瀏覽檢視文件是否有遺漏之處或其他問題。

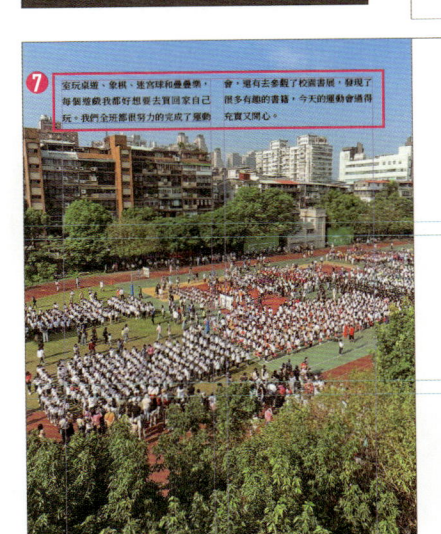

❾ 選擇「檔案＞轉存」轉存 PDF 檔，印刷的 PDF 檔必須轉存單頁，若是自行檢視或印表機列印，可選擇性的轉存跨頁。

❿ 選擇「檔案＞封裝」封裝完整的文件檔案與連結資料，並拷貝儲存彙整於新增的資料夾中。

Note

附錄

課後習題簡答

第 1 章

選擇題

1. (C)　2. (A)　3. (C)　4. (A)　5. (B)
6. (B)　7. (B)　8. (C)　9. (B)　10. (C)

1. Adobe InDesign 適用於多頁式的版面設計，像是文字書籍、簡介、手冊和型錄，報章雜誌更是將其用作主要編排的工具軟體。Photoshop 主要用於影像處理；Illustrator 主要用於向量圖形設計；Acrobat 主要用於處理 PDF 文件。

2. (B) 向量圖與點陣圖一樣可以展現豐富的色彩，色彩的表現方式不是點陣圖和向量圖之間的主要差異。
    (C) 點陣圖是否能在不破壞影像品質的前提下放大影像，應視其解析度而決定；向量圖可以無損地放大，而不會出現鋸齒邊緣。
    (D) 向量圖像也常用於印刷品。由於其無損放大的特性，向量圖在需要高品質印刷的情況下也是一個常見的選擇。

3. 設定過高解析度會增加 PDF 電子書檔案大小。

4. 向量圖是基於數學公式繪製的，無論縮放多少倍，圖像的品質不會失真，因此適合應用於標誌、圖形等需要保持高解析度的設計。

5. 點陣圖是由像素組成的，具有豐富的色彩層次，但當放大時容易失真。這類圖像適合呈現照片或其他陰影、漸層效果豐富的圖像。

6. RGB 色彩模式代表紅、綠、藍三種顏色，它們的範圍從 0 到 255，這三種色光相互混合時，可以生成許多不同的顏色。

7. PNG 是一種無失真壓縮格式，支援透明度，常用於網頁設計中。JPG 是破壞性壓縮格式；GIF 支援動態圖像但顏色受限。

8. TIF 是一種高品質、無壓縮的影像檔案格式，適合高階印刷與精細的色彩控制，常用於專業的印刷出版物中。

9. CMYK 是專為印刷設計的色彩模式，分別代表青（Cyan）、洋紅（Magenta）、黃（Yellow）、黑（Key）。它是減法混色，用於紙張印刷中。

10. InDesign 的原生檔案格式是 .indd，這是 InDesign 的標準檔案格式，適用於跨媒體出版物的設計與排版。

第 2 章

選擇題

1. (B)　2. (C)　3. (A)　4. (D)　5. (C)
6. (A)　7. (D)　8. (B)　9. (A)　10. (B)

1. 標準出血尺寸通常設定為 3mm，這是為了確保在印刷裁切時不會露出白邊。

2. 勾選「主要文字框」可以在主版頁生成一個空白文字框，用來統一文字排版。

3. IDML 檔案格式可以使新版 InDesign 文件在舊版本中打開，保持相容性。

4. 轉存功能允許用戶將 InDesign 文件轉存為不同檔案格式，如 PDF、JPG 等。

5. 按住 Alt 鍵時，縮放工具會切換為縮小顯示模式。

6. 使用手形工具可以在文件頁面中進行平移顯示。

7. 從水平與垂直尺標交會處點按游標不放，拖移至工作區域中放開，釋放位置即新的座標原點。連按兩下水平與垂直尺標交會處則可將原點恢復到預設位置。

選項 (A) 可以更改顯示尺標的單位，但無法調整座標原點。

選項 (B) 可以調整頁面邊界和欄的設定，無法調整座標原點。

選項 (C)「度量工具」用於測量兩點之間的距離，並非用於調整座標原點。

8. 基線格點可通過「檢視＞格點與參考線」來顯示，協助對齊文字。
9. 頁面工具可以用來調整頁面的大小和方向，並且支持視覺化的調整方式。
10. 紅框中的數字代表文件當前的顯示比例，用來調整文件的縮放顯示。

8. 選取不需要的圖層後，點按「刪除選取的圖層」圖示，可以刪除該圖層。
9. 選取多個物件後，可以通過拖移圖層中的彩色小方塊來跨圖層移動它們。
10. 選取多個物件後，通過「物件＞群組」選項，可以將它們合併為一個群組。

第 3 章

選擇題

1. (C)　2. (A)　3. (C)　4. (D)　5. (C)
6. (D)　7. (B)　8. (B)　9. (D)　10. (A)

1. 主版頁面用來設置重複性元素，如頁碼、背景等，這些變更會自動套用到其他內頁。
2. 按住 Shift 鍵並點選第一個和最後一個頁面，會同時選取區間內的所有頁面。
3. 在頁面面板中，選擇「插入頁面」來將新頁面插入文件中，並設定插入的位置。
4. 在圖層面板中，選取某個圖層後點按「建立新圖層」圖示，可以在該圖層上方新增一個圖層。
5. 按住 Ctrl 鍵並點按「建立新圖層」圖示，可以在當前選定的圖層下方新增圖層。
6. 按住 Ctrl 鍵並點選圖層，可以加選或減選圖層。
7. 將圖層拖移至「建立新圖層」圖示上方，會快速完成圖層的複製。

第 4 章

選擇題

1. (B)　2. (A)　3. (D)　4. (B)　5. (A)
6. (B)　7. (A)　8. (C)　9. (A)　10. (B)

1. 使用鋼筆工具繪製曲線時，需要在點按建立錨點後，點按游標並向外拖曳，產生方向控制把手。這些把手決定了曲線的方向和彎度，是建立平滑曲線的關鍵步驟。

    選項 (A) 描述的是建立直線的方法。

    選項 (C) 描述的是後續的調整工具。

    選項 (D) 在鋼筆工具繪製曲線時沒有直接產生平滑曲線的效果。

2. 按住 Shift 鍵可以等比例繪製圓形。
3. 矩形框架工具主要用來預留圖文的位置，這些框架可以放置圖像或文字。
4. 按住 Alt 鍵不放，矩形框架會以中心為基準進行繪製。
5. 按住 Shift 鍵可以讓直線工具繪製水平或垂直的直線。
6. 路徑管理員主要用於編輯路徑和錨點，並進行形狀組合與轉換。
7. 在路徑管理員中，使用「封閉路徑」選項可以封閉一個開放的路徑。
8. 連按兩下「平滑工具」圖示會開啟偏好設定面板，允許用戶調整精確度和平滑度。

9. 選取路徑後，使用擦除工具沿著路徑點按拖移即可擦除部分路徑。
10. 選取剪刀工具後，點按欲剪斷的路徑或錨點即可剪斷路徑線條。

第 5 章

選擇題

1. (B)　2. (C)　3. (A)　4. (B)　5. (B)
6. (A)　7. (B)　8. (D)　9. (A)　10. (D)

1. 印刷色使用 CMYK 色彩模式，即青色（Cyan）、洋紅色（Magenta）、黃色（Yellow）和黑色（Black）。
2. 要新增自訂色票，可以點選「色票面板＞新增色票」。
3. 「無色票」會刪除物件的填色或線條顏色，使其變得透明。
4. 選取欲組成的色票後，點擊「新增顏色群組」圖示，即可完成群組建立。
5. 特別色是使用預先調配的油墨，適合需要特殊印刷效果的場景，如金屬色和螢光色。
6. 點擊色票，選擇「新增至 CC Libraries」即可將色票儲存至 Adobe 的雲端庫。
7. 「拼板標示色」色票的 CMYK 數值皆為 100，主要用作印刷色版在分色印刷時，可以精準校正對齊。
8. 漸層填色的滑桿用於調整顏色的分布。
9. 在 InDesign 中，可以使用「顏色主題工具」點按圖片來自動提取其顏色主題。
10. 可以在「線條面板」中選擇箭頭的起始與結束樣式。

第 6 章

選擇題

1. (B)　2. (B)　3. (C)　4. (C)　5. (A)
6. (B)　7. (B)　8. (A)　9. (B)　10. (A)

1. 按住 Shift 鍵不放，游標點按欲選取的物件或群組物件，即可增加選取。按住 Alt 鍵通常用於複製物件或改變變形基準點。Ctrl 鍵在選取多個物件時沒有提及，但在調整間隙工具時有不同功能。Tab 鍵通常用於切換面板或輸入焦點，與物件選取無直接關係。
2. 直接選取工具可選取和調整錨點，改變路徑和形狀。選項 (A) 描述的是「選取工具」的功能。選項 (C) 描述的是「任意變形工具」或「縮放工具」、「旋轉工具」、「傾斜工具」等的功能。選項 (D) 描述的是「間隙工具」的功能。
3. 按住 Alt + Shift 鍵，會以中心為基準，等比例縮放。單獨按住 Shift 鍵是等比例縮放，但不一定以中心為基準。單獨按住 Alt 鍵是以中心為基準進行任意水平或垂直縮放。
4. 一般物件以中心位置為基準點，若要改變旋轉時的基準點，可於選取物件後，選取「旋轉工具」，接著按住 Alt 鍵不放點按游標，此時點按的位置即為新基準點。
5. 旋轉工具可以用來拖曳旋轉物件，設定特定的旋轉角度。
6. 按住 Shift 鍵不放可以等比例縮放物件，或以 45 度角進行旋轉。
7. 按住 Shift 鍵，拖移調整單一「彼此相鄰的物件」間隙位置。
8. InDesign 提供「物件＞效果＞陰影」選項來為選取的物件添加陰影效果。

9. 物件樣式可以將建立完成的效果儲存為物件樣式,並且可以套用至其他物件」。其步驟包括「繪製圖形,並以效果面板調整設定」,然後開啟「物件樣式面板」並「點按建立新樣式」。選項 (A) 的「物件變形」是用於改變物件的形狀、大小和方向。選項 (C) 的「物件特效」是用於為物件添加陰影、光暈等視覺效果。選項 (D) 的「混合模式」是用於控制物件顏色與下方物件顏色的混合方式。
10. 在物件樣式面板中,可以將已應用的效果保存為物件樣式,便於將相同效果應用到其他物件。

6. 點擊文字框的輸入或輸出埠後,游標會顯示特殊符號,拖曳到另一個文字框即可串連文字框。
7. 在「字元面板」中,可以調整字元的水平縮放百分比,來改變字元的寬度。
8. 直排內橫排功能用於將直排中的部分文字,例如數字、日期等,旋轉方向調整為水平。字元旋轉是旋轉單個字元。基線位移是調整文字的基準線位置。文字傾斜則是傾斜文字。
9. 段落對齊方式可以在「段落面板」中進行調整,提供左對齊、右對齊、置中等選項。
10. 版面格點能讓文字依照設定格線對齊,確保每一個字元都排在適當的位置。

第 7 章

選擇題

1. (A)　2. (C)　3. (B)　4. (A)　5. (D)
6. (B)　7. (A)　8. (B)　9. (A)　10. (A)

1. 當文字框上顯示「紅色十字」圖示,表示有溢排文字,即是部分文字被文字框遮蔽未完整顯現。
2. 路徑文字工具可以在任意繪製的路徑或形狀上新增文字。垂直文字工具用於建立垂直排列的文字。文字工具用於建立一般的文字框。垂直路徑文字工具則是在路徑上建立垂直排列的文字。
3. 選擇「文字 > 以預留位置文字填滿」可以快速填入預覽文字,便於設計文字排版。
4. 按住 Shift 鍵可以自動新增文字框和頁面,直到所有文字都排完。
5. 在文字框選項中可以設置欄數,將一個文字框分成多欄。

第 8 章

選擇題

1. (A)　2. (B)　3. (C)　4. (A)　5. (C)
6. (C)　7. (D)　8. (C)　9. (A)　10. (C)

1. InDesign 提供「檔案 > 置入」功能,允許使用者將外部影像檔案置入至頁面上。
2. 按住 Shift 鍵不放,然後拖曳游標可以以自訂的框架尺寸來放置影像。
3. 雖然可以使用「縮放工具」或在屬性面板中調整數值來改變影像比例,利用「物件框架內容符合 > 符合內容比例」的功能可以直接讓影像內容等比縮放以完整顯示在框架內,避免手動調整可能造成的變形。選項 (A) 需要手動調整,可能不精確。選項 (B) 雖然可以達成目的,但不如選項 (C) 快速。選項 (D) 的「直接選取工具」主要用於調整框架內影像的位置或局部顯示範圍,而非整體比例。

4. 在 InDesign 中，使用「連結面板」可以快速檢查所有置入檔案的連結狀態。
5. 當影像連結被修改但尚未更新時，會在「連結面板」中顯示三角警告圖示。
6. 當影像被修改時，可以在「連結面板」中點擊更新圖示，快速更新修改後的影像。
7. 在「連結面板」中，選擇影像並點擊「跳至連結」可快速導航到該影像在文件中的位置。
8. 混合模式選項可以在「效果面板」中找到，選擇適當的混合模式可以將圖層之間的顏色進行特殊處理。
9. 可以將物件效果儲存為物件樣式，然後將該樣式應用到其他物件上，以保持一致的效果。
10. 可以通過「效果面板」中的「清除所有效果」來移除物件上已經應用的所有效果。

第 9 章

選擇題

1. (C)　2. (D)　3. (A)　4. (D)　5. (A)
6. (A)　7. (B)　8. (A)　9. (B)　10. (D)

1. 在表格中，將游標移到欄的頂端，當顯示箭頭圖示時，點擊游標即可選取整個欄。
2. 表格樣式可以通過「表格樣式面板」來創建和套用，幫助統一表格的外觀。
3. 要設定重複顯示表頭或表尾列，可以使用「表格選項>表頭與表尾」功能來選擇設定。
4. 框線的設定可以在「表格選項」中進行調整，設置框線的粗細與顏色。
5. 要插入 Word 中的表格，使用「檔案>置入」功能可以將 Word 文件中的表格匯入到 InDesign。
6. 儲存格內縮可以設置文字與儲存格框線的距離，以確保文字不會緊貼邊界。
7. 可以通過「表格>合併儲存格」來將多個儲存格合併為一個。
8. 儲存格的填色可以在「表格>儲存格選項>線條與填色」中進行設定，選擇適合的顏色來填充儲存格背景。
9. 儲存格中的文字可以通過「儲存格選項」中的垂直齊行選項設置，確保文字在儲存格內垂直置中。
10. 可以通過「儲存格選項>文字」來設定書寫方向，選擇文字的水平或垂直排列方式。

第 10 章

選擇題

1. (B)　2. (A)　3. (A)　4. (C)　5. (A)
6. (A)　7. (C)　8. (D)　9. (B)　10. (A)

1. 在預檢面板中點擊錯誤的頁碼，系統會自動跳轉到該頁面的錯誤位置。
2. 自訂的預檢描述檔可以在「預檢面板」中定義，用於指定要偵測的項目。
3. 在 InDesign 中，可以通過「版面>目錄樣式」來開啟目錄樣式視窗，設定目錄的格式與樣式。
4. 如果章節標題或頁碼發生變更，可以選擇「版面>更新目錄」，以確保目錄中的信息是最新的。
5. 可以通過「文字>定位點」開啟定位點面板，並在前置字元欄位中輸入符號，以插入頁碼符號或其他前置字元。

6. 可以通過「檔案＞新增＞書冊」來建立一個新的書冊檔案,並輸入所需的檔名。
7. 樣式來源會確保書冊中的文件使用相同的樣式與色票,以保持一致性。
8. 可以通過點擊並拖移書冊面板中的文件,來調整文件的順序,並確保頁碼順序自動更新。
9. 可以在書冊面板中選擇「將書冊轉存為 PDF」,進行書冊檔案的 PDF 輸出。
10. 可以通過「檔案＞封裝」來開啟封裝視窗,確保所有相關文件一起打包。

7. 游標連按兩下物件縮圖或點按「程式庫項目資訊」圖示,即可開啟「項目資訊」視窗,可輸入項目名稱與描述、設定物件類型。
8. 可以通過「視窗＞ CC Libraries」開啟資料庫面板,並點擊「＋建立新資料庫」來建立新的資料庫。
9. CC Libraries 資料庫的主要功能是儲存和跨平台存取素材,適用於不同的 Adobe 軟體和裝置。
10. 可以使用「從影像中擷取」功能來汲取影像中的色彩主題,並將其新增到 CC Libraries 資料庫。

第 11 章

選擇題

1. (B)　2. (C)　3. (A)　4. (A)　5. (A)
6. (B)　7. (A)　8. (A)　9. (D)　10. (C)

1. 使用「內容置入器工具」後,可透過單點或拖曳游標,將物件從輸送帶置入於文件頁面的指定位置。
2. 勾選「收集所有串連框架」,可以將兩個以上的串連文字框綁在一起置入到「內容輸送帶」。
3. 根據來源,勾選「建立連結」,可將目前欲置入的物件,與原始位置的物件相連結,並可使用「連結面板」管理連結與設定。
4. 可將常用的物件素材儲存於 CC Libraries 資料庫,便於編排設計時能夠快速存取。
5. 可以通過「檔案＞新增＞程式庫」來開啟程式庫視窗,從而管理常用素材。
6. 通過選取工具,您可以將物件拖曳至「程式庫」視窗,以便將其儲存為常用素材。

第 12 章

選擇題

1. (B)　2. (A)　3. (A)　4. (B)　5. (B)
6. (D)　7. (B)　8. (B)　9. (A)　10. (C)

1. EPUB 格式包括 HTML 用於內容,CSS 用於樣式,JavaScript 用於互動,metadata 則記錄書籍資料。
2. EPUB 格式具有高度相容性,支援多種平台和裝置,包括智慧手機、平板、電腦等。
3. EPUB 的可重排版面允許使用者根據裝置調整文字大小與版面,使其適應不同的螢幕尺寸。
4. EPUB 檔案解壓縮後的主要結構包含 mimetype、META-INF 和 OEBPS(Open eBook Publication Structure)。其中,OEBPS 資料夾是用於組織電子書內容的,包含 HTML 或 XHTML(內容)、CSS(樣式)、JavaScript(控制與動態)、metadata(書籍資料)等核心檔案。
5. EPUB 檔案中的樣式是通過 OEBPS 資料夾中的 CSS 文件來定義和調整的。

6. 在 InDesign 中,可以通過「檔案 > 轉存」來將文件匯出為 EPUB 格式。

7. 以文字為主的書籍,例如:小說、簡易版型的圖文書,適合採用可重排版面的 EPUB 格式。使用者可在閱讀器裡自訂合適的文字大小、字型和顏色,甚至還可調整底圖顏色,並且會依據每個電腦或行動裝置的螢幕大小,自動重新排列適當的圖文版面順序,為使用者提供最佳化的呈現。

8. 在 EPUB 中,可以選擇「物件轉存選項」中的「相對於文字流向」,以確保圖片隨螢幕自適應。

9. 固定版面的 EPUB 保持所有裝置上的版面一致,適合含有大量圖片或特殊排版的文件。

10. 固定版面 EPUB 適合包含大量圖片或複雜排版的文件,如電子書或設計手冊,因為它可以保持原有的設計佈局。

課後解答

WIA 職場智能應用國際認證
Workplace Intelligence Application Certification

📖 WIA認證 簡介

在現代職場中，對於熟悉並能夠應用各種軟體工具人才的需求越來越高。WIA 職場智能應用國際認證是一個全面的認證，涵蓋了多個領域，包括 Office、平面設計、影音處理和電腦作業系統等職場必備軟體。透過參與這項認證，可以證明個人具備現代職場中常用軟體和電腦資訊工具的操作技巧，並能夠在職場中高效地應用這些工具。不僅可提升個人競爭力，更能在職場中取得競爭優勢並實現更好的職業發展。

WIA 國際證書樣式

📖 WIA認證 考試說明

• Office 辦公室軟體

科目	等級	考試大綱、題數	測驗時間	題型	滿分	通過分數	評分方式
文書處理 Documents Using Microsoft® Word	Specialist	圖文編輯：一題 (10 小題) 表格設計：一題 (10 小題) 合併列印：一題 (10 小題) 共三大題 (30 小題)	90 分鐘	電腦實作題	1000 分	700 分	即測即評
電子試算表 Spreadsheets Using Microsoft® Excel®	Specialist	資料編修與格式設定：一題 (10 小題) 基本統計圖表設計：一題 (10 小題) 基本試算表函數應用：一題 (10 小題) 共三大題 (30 小題)	90 分鐘	電腦實作題	1000 分	700 分	即測即評
商業簡報 Presentations Using Microsoft® PowerPoint®	Specialist	投影片編修與母片設計：一題 (10 小題) 多媒體簡報設計與應用：一題 (10 小題) 投影片放映與輸出：一題 (10 小題) 共三大題 (30 小題)	90 分鐘	電腦實作題	1000 分	700 分	即測即評

【註】通過 Documents 文書處理、Spreadsheets 電子試算表、Presentations 商業簡報共三科，可自費 $600 並上傳考試心得，即獲頒 Master 證書。

• Graphic Design 平面設計

科目	等級	題數	測驗時間	題型	滿分	通過分數	評分方式
影像處理 Image Processing-Using Adobe Photoshop CC	Specialist	50 題	40 分鐘	單選題	1000 分	700 分	即測即評
向量插圖設計 Vector Illustration Design -Using Adobe Illustrator CC	Specialist	50 題	40 分鐘	單選題	1000 分	700 分	即測即評
版面設計 Layout Design-Using Adobe InDesign CC	Specialist	50 題	40 分鐘	單選題	1000 分	700 分	即測即評
視覺設計 Visual Design-Using Canva	Specialist	50 題	40 分鐘	單選題	1000 分	700 分	即測即評

• Video Editing 影音編輯

科目	等級	題數	測驗時間	題型	滿分	通過分數	評分方式
影音編輯 Video Editing-Using Adobe Premiere Pro CC	Specialist	50 題	40 分鐘	單選題	1000 分	700 分	即測即評

※ 以上價格僅供參考 依實際報價為準

勁園科教 www.jyic.net　諮詢專線：02-2908-5945 或洽轄區業務
歡迎辦理師資研習課程

WIA認證 考試大綱

科目	考試大綱
影像處理	• Overview and Basic Operations of Photoshop　Photoshop 概述與基本操作 • Image Editing 影像編修 • Selection Tool 選取範圍 • Layers 圖層 • Color and Graphics 色彩與繪圖 • Text and Graphics 文字與圖形 • Advanced Applications and Cloud Functions 延伸應用與雲端功能
向量插圖設計	• Overview and Basic Operations of illustrator　Illustrator 概述與基本操作 • Objects 物件 • Graphics and Paths 圖形與路徑 • Color and Coloring 色彩與上色 • Brushes and Symbols 筆刷與符號 • Text 文字 • Layers 圖層 • Images and Links 影像與連結 • Effects 效果 • Perspective and 3D 透視與 3D • Charts and Databases 圖表與資料庫
版面設計	• Overview and Basic Operations of InDesign　InDesign 概述與基本操作 • Pages and Layers 頁面與圖層 • Graphics and Paths 圖形與路徑 • Color and Coloring 色彩與上色 • Objects 物件 • Text 文字 • Images and Links 影像與連結 • Tables and Table of Contents 表格與目錄 • Preflight, Output, and Data Storage 預檢輸出與資料儲存 • EPUB eBooks EPUB 電子書
視覺設計	• Introduction to Canva and Design Fundamentals　Canva 基礎入門與設計概念 • Canva Interface and Basic Editing　Canva 介面操作與基礎編輯 • Visual Design and Video Editing in Canva　Canva 影像視覺設計與影片剪輯 • Practical Applications of Canva　Canva 實務應用 • AI Creative Tools in Canva　Canva AI 創意工具應用 • Advanced Tools and Techniques in Canva　Canva 進階工具與技巧
影音編輯	• Project Setup, Media Import, and Video Export　專案建立、素材導入與影片輸出 • Video Editing and Clip Arrangement 影片剪輯與片段編排 • Visual Transitions and Animation Production　視覺轉場與動畫製作 • Text and Graphics Design in Video 影片文字與圖形設計 • Audio Editing and Sound Integration 聲音編輯與音訊整合 • Color Correction and Visual Stylization 色彩校正與影像風格化 • AI-Powered Features in Premiere Pro　Premiere 原生 AI 功能應用

WIA認證 證照售價

產品編號	產品名稱	建議售價	備註
SV00057a	WIA 職場智能應用國際認證 - 文書處理 Documents Using Microsoft® Word 電子試卷	$1,200	考生可自行線上下載證書副本，如有紙本證書的需求，亦可另外付費申請 紙本證書費用 $600
SV00058a	WIA 職場智能應用國際認證 - 電子試算表 Spreadsheets Using Microsoft® Excel® 電子試卷	$1,200	
SV00059a	WIA 職場智能應用國際認證 - 商業簡報 Presentations Using Microsoft® PowerPoint® 電子試卷	$1,200	
SV00061a	WIA 職場智能應用國際認證 - 影像處理 Using Adobe Photoshop CC 電子試卷	$1,200	
SV00062a	WIA 職場智能應用國際認證 - 向量插圖設計 Using Adobe Illustrator CC 電子試卷	$1,200	
SV00063a	WIA 職場智能應用國際認證 - 版面設計 Using Adobe InDesign CC 電子試卷	$1,200	
SV00064a	WIA 職場智能應用國際認證 - 影音編輯 Using Adobe Premiere Pro CC 電子試卷	$1,200	
SV00104a	WIA 職場智能應用國際認證 - 視覺設計 Using Canva 電子試卷	$1,200	
SV00060a	WIA 職場智能應用國際認證 -Master 證書審查費	$600	審查通過，考生自行下載電子證書

WIA認證 推薦教材

產品編號	產品名稱	建議售價
FF360	Office 與 Copilot AI 應用實務含 WIA 職場智能應用國際認證 Master Level - 最新版 - 附贈 MOSME Office 學習系統（範例檔、影音教學、線上評分）	$680
GB025	Adobe Photoshop CC：從新手到強者，職場必備的視覺影像特效超完全攻略含 WIA 職場智能應用國際認證 - 影像處理 Using Adobe Photoshop CC(Specialist Level)	$500
GB026	Adobe Illustrator CC：從出局到出眾，設計必備的向量繪製超詳實技巧含 WIA 職場智能應用國際認證 - 向量插圖設計 Using Adobe Illustrator CC(Specialist Level) - 最新版 - 附 MOSME 行動學習一點通：評量．詳解．加值	$500
GB027	Adobe InDesign CC：版面設計實用教學寶典含 WIA 職場智能應用國際認證 - 版面設計 Using Adobe InDesign CC(Specialist Level) - 最新版 - 附 MOSME 行動學習一點通：評量．詳解．加值	$500
GB028	Adobe Premiere Pro CC：影片製作必備的剪輯超完全攻略含 WIA 職場智能應用國際認證 - 影音編輯 Using Adobe Premiere Pro CC(Specialist Level) - 最新版 - 附贈 MOSME 行動學習一點通：評量．詳解	近期出版
PB397	人人必學 Canva 簡報與 AI 應用含 WIA 職場智能應用國際認證 - 視覺設計 Using Canva(Specialist Level) - 最新版 - 附贈 MOSME 行動學習一點通：評量．詳解	$420

※ 以上價格僅供參考 依實際報價為準

勁園科教 www.jyic.net
諮詢專線：02-2908-5945 或洽轄區業務
歡迎辦理師資研習課程

書　　　名	**Adobe InDesign CC** 從入門到專業，出版必備的排版美學超精通指南
書　　　號	GB027
版　　　次	2025 年 8 月初版
編 著 者	王智立
責 任 編 輯	黃曦緡
校 對 次 數	7 次
版 面 構 成	顏彣倩
封 面 設 計	林伊紋

```
國家圖書館出版品預行編目(CIP)資料

Adobe InDesign CC：從入門到專業，出版必備
的排版美學超精通指南 / 王智立編著. -- 初版.
-- 新北市 : 台科大圖書股份有限公司, 2025.08
    面；    公分
ISBN 978-626-391-579-4(平裝)

1.CST: InDesign(電腦程式) 2.CST: 電腦排版
3.CST: 版面設計

477.22029                          114010104
```

出 版 者	台科大圖書股份有限公司
門 市 地 址	24257 新北市新莊區中正路 649-8 號 8 樓
電　　　話	02-2908-0313
傳　　　真	02-2908-0112
網　　　址	tkdbook.jyic.net
電 子 郵 件	service@jyic.net
版 權 宣 告	**有著作權　侵害必究** 本書受著作權法保護。未經本公司事前書面授權，不得以任何方式（包括儲存於資料庫或任何存取系統內）作全部或局部之翻印、仿製或轉載。 書內圖片、資料的來源已盡查明之責，若有疏漏致著作權遭侵犯，我們在此致歉，並請有關人士致函本公司，我們將作出適當的修訂和安排。
郵 購 帳 號	19133960
戶　　　名	台科大圖書股份有限公司
	※郵撥訂購未滿 1500 元者，請付郵資，本島地區 100 元 / 外島地區 200 元
客 服 專 線	0800-000-599
網 路 購 書	勁園科教旗艦店 蝦皮商城　　博客來網路書店 台科大圖書專區　　勁園商城
各服務中心	總　　公　　司　02-2908-5945　　台中服務中心　04-2263-5882 台北服務中心　02-2908-5945　　高雄服務中心　07-555-7947
	線上讀者回函　歡迎給予鼓勵及建議 tkdbook.jyic.net/GB027